Fregeana

Christian Thiel

Fregeana

Zwölf Studien über Freges Logik

Herausgegeben von
Volker Peckhaus

BRILL
MENTIS

Bibliografische Information der Deutschen Nationalbibliothek

Die Deutsche Nationalbibliothek verzeichnet diese Publikation in der Deutschen Nationalbibliografie; detaillierte bibliografische Daten sind im Internet über http://dnb.d-nb.de abrufbar.

www.mentis.de

Einbandgestaltung: Anna Braungart, Tübingen
Wissenschaftlicher Satz: satz&sonders GmbH, Dülmen
Herstellung: Brill Deutschland GmbH, Paderborn

ISBN 978-3-95743-265-0 (hardback)
ISBN 978-3-96975-265-4 (e-book)

Inhalt

Erstveröffentlichungen

„Die Idee der Begriffsschrift", Buchkapitel 1.1 in: Christian Thiel, *Sinn und Bedeutung in der Logik Gottlob Freges*, Hain: Meisenheim am Glan 1965, 5–22. (*Thiel 1965b*)

„Die Kontamination von Ontik und Semantik", Buchkapitel 2.4 in: Christian Thiel, *Sinn und Bedeutung in der Logik Gottlob Freges*, Hain: Meisenheim am Glan 1965, 146–161. (*Thiel 1965d*)

„Entitätentafeln", in: Wilhelm Arnold / Hermann Zeltner (Hgg.), *Tradition und Kritik. Festschrift Rudolf Zocher zum 80. Geburtstag*, Frommann-Holzboog: Stuttgart-Bad Cannstatt 1967, 263–282. (*Thiel 1967*)

„Zur Inkonsistenz der Fregeschen Mengenlehre", in: Christian Thiel (Hg.), *Frege und die moderne Grundlagenforschung. Symposium, gehalten in Bad Homburg im Dezember 1973*, Hain: Meisenheim am Glan 1975 (*Studien zur Wissenschaftstheorie*, 9), 134–159. (*Thiel 1975b*)

„Wahrheitswert und Wertverlauf. Zu Freges Argumentation im § 10 der ‚Grundgesetze der Arithmetik'", in: Matthias Schirn (Hg.), *Studien zu Frege I. Logik und Philosophie der Mathematik*, Frommann-Holzboog: Stuttgart-Bad Cannstatt 1976 (*problemata*, 42), 287–299. (*Thiel 1976*)

„Bedeutungsvollständigkeit und verwandte Eigenschaften der logischen Systeme Freges", in: *„Begriffsschrift". Jenaer Frege-Konferenz, 7.–11. Mai 1979*, hg. v. Franz Bolck, Friedrich-Schiller-Universität: Jena 1979, 483–494. (*Thiel 1979*)

„Frege und die Widerspenstigkeit der Sprache", *Zeitschrift für Phonetik, Sprachwissenschaft und Kommunikationsforschung* **36** (1982), H. 6, 620–626. (*Thiel 1982*)

„Gottlob Frege: Die Abstraktion", in: Josef Speck (Hg.), *Grundprobleme der großen Philosophen. Philosophie der Gegenwart I*, Vandenhoeck & Ruprecht: Göttingen 1972, 9–44. (*Thiel 1972b*)

„‚Nicht aufs Gerathewohl und aus Neuerungssucht': Die Begriffsschrift 1879 und 1893", in: Ingolf Max / Werner Stelzner (Hgg.), *Logik und Mathematik. Frege-Kolloquium Jena 1993*, de Gruyter: Berlin / New York 1995, 20–37. (*Thiel 1995*)

„Frege und die Frösche", in: Michael Astroh / Dietfried Gerhardus / Gerhard Heinzmann (Hgg.), *Dialogisches Handeln. Eine Festschrift für Kuno Lorenz*, Spektrum Akademischer Verlag: Heidelberg / Berlin / Oxford 1997, 355–359. (*Thiel 1997*)

„Die außer Kraft gesetzte Behauptung", in: Dirk Greimann (Hg.), *Das Wahre und das Falsche. Studien zu Freges Auffassung von Wahrheit*, Georg Olms: Hildesheim / Zürich / New York 2003, 293–303. (*Thiel 2003a*)

"The Extension of the Concept Abolished? Reflexions on a Fregean Dilemma", in: Jaakko Hintikka u. a. (Hgg.), *Philosophy and Logic. In Search of the Polish Tradition. Essays in Honour of Jan Woleński on the Occasion of his 60th Birthday*, Kluwer: Dordrecht / Boston / London 2003, 269–273. (*Thiel 2003b*)

Einleitung

Dieser Band vereinigt zwölf zentrale Beiträge von Christian Thiel zur Logik Gottlob Freges aus vier Jahrzehnten. Christian Thiel ist ein national und international hochgeschätzter Pionier der Fregeforschung. Mit seinen seit Mitte der 1960er Jahre vorgelegten Frege-Studien initiierte und beförderte er eine signifikante Umorientierung der damaligen mathematischen und philosophischen Auseinandersetzung mit dem Werk des Jenenser Mathematikers Gottlob Frege (1848–1925). Thiel prägte seit jener Zeit richtungsweisend eine spezifische Form der Behandlung des Fregeschen Werkes: systematisch interessiert vor allem an Problemstellungen in Logik, Philosophie der Mathematik und Wissenschaftstheorie, philologisch genau und historisch sensibel mit einem besonderen Augenmerk auf die Einbettung Freges in die mathematik-, logik- und philosophiehistorischen Kontexte seiner Zeit.

Mitte der 1960er Jahre war die überragende Bedeutung Freges für die Geschichte der formalen, insbesondere der damals Logistik genannten mathematischen Logik erkannt. Diese Einsicht wurde nun ergänzt durch ein zunehmendes Interesse an Implikationen von Freges Arbeiten für die Theoretische Philosophie insgesamt. Dadurch wurde auch die Logik wieder näher an die Philosophie herangerückt.

Die große Wertschätzung für Frege in der Logik wurde schon in Heinrich Scholz' *Geschichte der Logik* von 1931 deutlich. Scholz hob darin die Bedeutung Freges für die moderne Gestalt der formalen Logik hervor (*Scholz 1931*, 57):

> Das größte Genie der neuen Logik im 19. Jahrhundert ist aber unstreitig der deutsche Mathematiker Gottlob *Frege* (1848–1925) gewesen; denn er hat mehr als irgendein anderer für die Interpretation der mathematischen Grundbegriffe durch die Grundbegriffe einer mit einem genau bestimmten Ausgangsmaterial operierenden Logik getan und den Logikkalkül selbst erst eigentlich auf die Stufe gehoben, auf der er zu dem Leibnizschen „Zeichenspiel" wird.

In der ihm eigenen emphatischen Rhetorik geht Scholz später noch einen Schritt weiter, wenn er Frege 1941 als einen „der größten deutschen Denker" bezeichnet: „Ja einer der größten abendländischen Denker überhaupt. Ein Denker von Rang und der Tiefe eines Leibniz und einer schöpferischen Kraft, die von der seltensten Mächtigkeit ist" (*1941; 1961a*, 268).

Diese Einschätzung Freges als Vollender genialer Leibnizscher Antizipationen und damit Begründer der modernen mathematischen Logik wurde schnell zum Gemeinplatz logikhistorischer Darstellungen. Auch J. M. Bocheński hebt in seiner Quellensammlung *Formale Logik* von 1956 Frege in besonderer Weise hervor. Im Teil über die mathematische Gestalt der Logik bemerkt er, dass G. W. Leibniz „allgemein als der erste mathematische Logiker" gelte, als ihr Begründer könne er höchstens deshalb nicht bezeichnet werden, weil seine logischen Schriften erst lange nach seinem Tod veröffentlicht worden seien (*Bocheński 1956*, 312). Nach Vorlage einer bis Kurt Gödel reichenden Auflistung der nach-leibnizschen mathematischen Logiker, bemerkt er dann über Frege (ebd., 313):

> Eine ausgezeichnete Stelle unter allen diesen Logikern nimmt Gottlob Frege ein. Seine *Begriffsschrift* kann nur mit *einem* Werk in der ganzen Geschichte der Logik verglichen werden, mit den *Ersten Analytiken* des Aristoteles. Sie darf diesen allerdings nicht ganz gleichgestellt werden – nur schon deshalb, weil Aristoteles die Logik eben begründete, und Frege sie somit doch nur weiterentwickeln konnte.

Diese besondere Stellung Freges macht Bocheński in seiner Periodisierung der Geschichte der mathematischen Logik deutlich. Der mit Leibniz beginnenden *Vorgeschichte* folgt die *Boolesche Periode*, die durch die Algebra der Logik repräsentiert ist, und dann (weitgehende Überlappungen ignorierend) die *Fregesche Periode*, welcher die *neueste Periode* nachfolgt, die durch das Vorrücken der Metalogik gekennzeichnet ist (ebd., 314 f.).

In der einflussreichen, 1962 erstmals veröffentlichten Logikgeschichte von William Kneale und Martha Kneale *The Development of Logic* stellt sich die Lage ähnlich dar. Die Logik Freges stellt in ihrer Analyse so etwas wie eine Wasserscheide der Logikentwicklung dar. Schon das Kapitel VII (*Kneale/Kneale 1962*, 435 ff.) über "Numbers, Sets, and Series" ist auf den Fregeschen Zahlbegriff konzentriert, und es wird nur ein kurzer Ausflug zum Mengenbegriff Georg Cantors gemacht. Kapitel VIII ist Freges allgemeiner Logik gewidmet. Die nächsten Kapitel betrachten Frege als Wendepunkt hin zu neueren Entwicklungen: "Formal Developments after Frege" (Kap. IX), "The Philosophy of Logic after Frege" (Kap. X) und "The Philosophy of Mathematics after Frege" (Kap. XI). Es folgt nur noch das abschließende Kap. XII über die Theorie deduktiver Systeme, das sich vor allem metatheoretischen Entwicklungen widmet.

Den genannten logikhistorischen Gesamtdarstellungen ist gemeinsam, dass sie die Vorgeschichte der damals aktuellen (mathematischen) Logik darstellten. Die Einbettung der Logikentwicklung in den breiteren Kontext der Philosophie- und Mathematikentwicklung stand noch aus. Das hier besonders interessierende 19. Jahrhundert war aber in Mathematik und Philosophie von tiefgreifenden Wandlungsprozessen geprägt. Die Mathematik sah einen Trend hin zur Strukturmathematik, während sich die Philosophie aus der Logik heraus in unterschiedliche Gebiete wie Erkenntnistheorie, Wissenschaftstheorie oder Sprachphilosophie ausdifferenzierte. Gerade die philosophische Relevanz der Fregeschen Beiträge zur systematischen Entwicklung der Philosophie rückte zunehmend in das Zentrum des Interesses, so dass Christian Thiel in der Einleitung zu seiner Dissertation von der ungewöhnlich großen Beachtung sprechen konnte, die Freges Unterscheidung von Sinn und Bedeutung eines sprachlichen Ausdrucks gefunden habe, die „nicht nur als sekundäre Erscheinung im Rahmen der (bis vor kurzem noch weitgehend auf die angelsächsischen Länder beschränkten) ‚Frege-Renaissance'" anzusehen sei (*Thiel 1965a*, 3).

Die sich hier andeutende bevorstehende breite Rezeption Fregescher Philosophie setzte die Bereitstellung der Schlüsseltexte voraus und damit eine Editionstätigkeit, die in den 1960er Jahren an Fahrt aufnahm. Die kritische Aufarbeitung und Ergänzung der im Nachlass von Heinrich Scholz aufgefundenen Fregeana war in Arbeit, die *Nachgelassenen Schriften* erschienen aber erst 1969 (2. Aufl. *Frege 1983a*), der Briefwechsel 1976 (*Frege 1976*). 1962 hatte Günther Patzig unter dem Titel *Funktion, Begriff, Bedeutung* fünf logische Studien Freges vorgelegt (*Frege 1962*), die weite Verbreitung fanden. 1964 gab Ignacio Angelelli seine Edition der *Begriffsschrift* heraus, ergänzt um weitere Aufsätze (*Frege 1964b*). Im selben Jahr erschien auch Montgomery Furths erste englische Übersetzung von Teilen der Fregeschen *Grundgesetze der Arithmetik* (*Frege 1964a*).

In diesem wissenschaftlichen Umfeld veröffentlichte Christian Thiel 1965 seine Erlanger Dissertation *Sinn und Bedeutung in der Logik Gottlob Freges*. Schon in dieser seiner ersten Schrift über Frege werden einige Merkmale deutlich, die kennzeichnend auch für spätere Schriften sind. Wenn Thiel z. B. schreibt, dass die Lehre von Sinn und Bedeutung nur dann adäquat erfasst werde könne, wenn Freges ziemlich unabhängig neben ihr stehende Theorie von Funktion, Begriff und Gegenstand berücksichtigt werde, wird sein systematisch integrativer Ansatz deutlich (*Thiel 1965a*, 3).

In seinen Frege-Studien hebt Christian Thiel Freges Beiträge zur Logik, zur Theoretischen Philosophie und zur Philosophie der Mathematik hervor, berücksichtigt aber immer den Umstand, dass sich Frege mit Problemen befasste, die aus der mathematischen Praxis heraus entstanden waren. Er bettet die Fregesche Theorie in den zeitgenössischen Entwicklungsstand dieser Gebiete ein. Er bestreitet damit nicht die Genialität von Freges Ansätzen, zeigt aber auf, dass sie nicht aus dem Nichts entstanden waren, sondern von Philosophie und Mathematik der Zeit beeinflusst waren. Thiel bezieht also immer auch eine historische Komponente in seine systematische Auseinandersetzung mit Frege ein. Schließlich nimmt er auch dessen von Zeitgenossen zumeist abgelehnte idiosynkratische zweidimensionale logische Notation ernst. Schon in seinem Buch über *Sinn und Bedeutung in der Logik Gottlob Freges* beginnt Thiel etwa mit einem Kapitel über „Die Idee der Begriffsschrift“ (*Thiel 1965b*) und damit ist das Fregesche Notationssystem gemeint, nicht die Hauptgedanken von Freges Buch *Begriffsschrift* (*Frege 1879*).

Die in diesem Band versammelten Schriften Christian Thiels zur Philosophie Gottlob Freges stellen einen repräsentativen Querschnitt durch seine Frege-Studien dar. Hier wird nicht eine kritische Ausgabe der Originalschriften vorgelegt. Die Texte wurden vielmehr satztechnisch, formal und in der Zitierweise vereinheitlicht. Sie wurden behutsam an die neue deutsche Rechtschreibung angepasst. Änderungen am Wortlaut sind nur dort vorgenommen worden, wo es die Kohärenz der Ausgabe notwendig erscheinen ließ. Gelegentlich wurden Literaturverweise ergänzt und aktualisiert. Die Literaturangaben wurden in einer gemeinsamen Bibliographie zusammengefasst.

Die ersten Planungen für die hier vorgelegte Textsammlung liegen nun schon Jahre zurück und das Projekt musste aus unterschiedlichsten Gründen lange pausieren. Dass die Arbeiten nach der Wiederaufnahme zu einem dann doch zügigen Abschluss gebracht werden konnten, ist vor allem dem unermüdlichen Einsatz von Sarah Lebock zu verdanken, die unterstützt von Sarah Eulitz mit der ihr eigenen Sorgfalt und Genauigkeit die Satzvorlage erstellte, die Texte in formaler und bibliographischer Hinsicht auf ein einheitliches Format brachte und auch eine gewisse Meisterschaft im logischen Formelsatz, insbesondere in der Fregeschen Begriffsschrift entwickelte. Sie konnte aufbauen auf Vorarbeiten ihrer „Vorgängerinnen“ Gudrun Mikus und Dr. Katharina Gefele. Ihnen allen sei herzlich gedankt.

Das Cover dieses Bandes wurde unter Verwendung der zweiten Seite des Briefes von Gottlob Frege an Bertrand Russell vom 22. Juni 1902 (Universitäts- und Landesbibliothek Münster, S. Frege A 29,036) erstellt. Ich danke der Universitäts- und Landesbibliothek Münster für die Abdruckerlaubnis.

Volker Peckhaus

STUDIE 1

Die Idee der Begriffsschrift

Seit sich zu Beginn der Neuzeit Wissenschaft von Philosophie gelöst hat und in Form einer Vielzahl von Einzelwissenschaften autonom geworden ist, hat der Gedanke der Einheitswissenschaft und einer universellen wissenschaftlichen Methode immer wieder Denker ersten Ranges in seinen Bann gezogen. Leibniz, vor dessen Blick sich die Bedeutung nicht nur sicherer und leistungsfähiger Schlussverfahren, sondern auch einer geeigneten Symbolik für das Fortschreiten der Wissenschaft abzuzeichnen begann, hat für den Aufbau einer solchen *scientia universalis* ein berühmtes Programm aufgestellt. In diesem erstrebte er „eine *Charakteristik der Vernunft*, kraft derer die Wahrheiten der Vernunft gewissermaßen durch einen Kalkül, wie in der Arithmetik und in der Algebra, so in jedem anderen Bereich, soweit er der Schlußfolgerung unterworfen ist, erreichbar würden.“ [1]

Leibniz glaubt, dass alle Urteile Subjekt-Prädikat-Form haben und folglich auf Begriffe zurückführbar sind. Unter diesen gibt es gewisse einfachste Begriffe, aus denen sich die übrigen aufbauen, so dass man sie, von den einfachsten ausgehend, durch passende Kombination oder Synthese derselben auffinden kann („inventio“). Es gilt zunächst, diese einfachsten Begriffe ausfindig zu machen und ihnen auf adäquate, auf sach- oder wesensgemäße Weise Zeichen, Charaktere zuzuweisen, durch die sie eindeutig gekennzeichnet, „charakterisiert“ würden. Dabei mag man sich die Adäquatheit etwa veranschaulichen an der Symbolsprache der Chemie, in der Elemente durch einfache Zeichen, Elementverbindungen durch Verbindungen dieser einfachen Zeichen zu Strukturformeln bezeichnet werden. Aus den gefundenen ideographischen Charakteren solle man dann ein „Alphabet der menschlichen Gedanken“ zusammenstellen, das nach dem Aufweis seiner Irreduzibilität und Vollständigkeit als Basis einer *lingua sive characteristica universalis* dienen könne. [2]

Dieser Beitrag ist zuerst erschienen als Buchkapitel 1.1 in: Christian Thiel (Hg.), *Sinn und Bedeutung in der Logik Gottlob Freges*, Hain: Meisenheim am Glan 1965, 5–22 (*Thiel 1965b*).

1 Leibniz an C. Rödeken 1708, zitiert nach *Gerhardt 1875–1890*, Bd. 7, 32; Übers. *Bocheński 1956*, 38.10.

2 „De numeris characteristicis ad linguam universalem constituendam“, *Leibniz 1999*, Nr. 66, 263–270, hier 264.

Diese hat nun dafür zu sorgen, dass auch die *Relationen* zwischen den Dingen in Relationen zwischen den Zeichen gespiegelt werden, so dass jede Relation zwischen den bezeichneten Dingen an Verhältnissen zwischen den Zeichen selbst abgelesen werden kann. Jede Zeichenverbindung, die eine zwischen Dingen tatsächlich bestehende Relation ausdrückt, ist eine wahre Aussage; und ein Verfahren, in dem verwendeten Zeichensystem alle tatsächlich bestehenden Relationen zu spiegeln, ist zugleich eine „logica inventiva" oder *ars inveniendi,* die ausgehend von den einfachsten Relationen (Identitäten und sog. Urfakten) der Reihe nach alle Wahrheiten liefert. Für gewöhnlich vollzieht sich der Übergang von einer Wahrheit zu einer anderen als *Schließen.* Leibniz verbindet die Erkenntnis „omnis humana ratiocinatio signis quibusdam sive characteribus perficitur" mit seiner Überzeugung von der Leistungsfähigkeit der Kombinatorik: das Schließen soll ein rechnendes Schließen, ein Algorithmus werden, ein *calculus ratiocinator.*[3] Die Umformungen in einem Kalkül müssen natürlich rein formal, „vi formae" vor sich gehen, in Analogie zu schematischen Verfahrensweisen etwa der Algebra; denn „*Calculus* vel *operatio* consistit in relationum productione facta per transmutationes formularum, secundum leges quasdam praescriptas factis".[4]

Die zu schaffende Charakteristik wird so zu einer *Mathesis universalis,* die insbesondere Logik und Mathematik als bloße Teilgebiete umfasst und nur mit Einschränkung als Extrapolation aus der Mathematik (und ganz sicher nicht aus der als Größenlehre verstandenen der Leibnizzeit!) aufgefasst werden kann. An der Idee dieser Mathesis universalis hat Leibniz sein Leben lang festgehalten, und er kann sich nicht genug tun, ihre Vorzüge und mannigfache Leistungsfähigkeit zu rühmen. Sie werde nicht nur eine die Nationalsprachen übergreifende, für alle Einzelwissenschaften gültige, exakte Sprache sein, die im Aufweis der allgemeinen Relationen wissenschaftlicher Begriffe die Mühe rationaler Forschung systematisch abzukürzen in der Lage sei. Sie werde nicht nur die Entdeckung neuer Wahrheiten in den sog. exakten Wissenschaften ermöglichen, sondern auch metaphysische und ethische Fragen einer rechnerischen Behandlung zuführen, und als *ars iudicandi* jede Meinungsverschiedenheit durch Bereitstellung eines rein formalen und voll kontrollierbaren Entscheidungsverfahrens beilegen können. Ihr quasi-mechanischer Charakter werde den Irrtum aus unserem Denken verbannen und damit ein *filum meditandi* liefern, „quandam

---

3 „Fundamenta calculi ratiocinatoris", *Leibniz 1999,* Nr. 192, 917–922, hier 918.

4 Ebd., 917–922, hier 921.

sensibilem et velut mechanicam mentis directionem, quam stupidissimus quisque agnoscat", einen *Ariadnefaden* also, der uns durch das Labyrinth verwickelter Schlussweisen in den verschiedenen Wissenschaften sicher geleiten werde.[5]

Dass sich Leibniz für dieses utopische und von ihm selbst nie auch nur annähernd realisierte Programm einer Universalsprache so hat begeistern können, wird erst dann überhaupt verständlich, wenn man den geistesgeschichtlichen Hintergrund in die Betrachtung einbezieht. Wir stoßen dann auf die problemgeschichtlich wichtige Tatsache, dass Leibniz die ganze Idee einer Ideographie oder Begriffsschrift aus der Barockmystik übernimmt. Hier findet sich sein eben skizziertes Programm etwa bei Komenský schon in so genauer Entsprechung, dass wir, wenn es uns nicht speziell auf die Rationalisierung und Mathematisierung bei Leibniz angekommen wäre, statt von einem „Leibnizprogramm" ebensogut von einem „Comeniusprogramm" hätten sprechen können. Selbst verschiedene Termini Leibnizens wie „lingua rationalis" stammen von daher. Leibniz hat diese Verbindung niemals geleugnet. Nicht nur vergleicht er seine Bemühungen öfters mit denen Komenskýs, er fühlt sich auch bewusst als Verbesserer der Lullschen „Ars Magna", der „Polygraphia nova et universalis ex combinatoria arte detecta" von Kircher und der Zeichensprachen Dalgarnos und Wilkins'.[6] Man kann nicht sagen, dass der Anteil Leibnizens an diesen Bestrebungen später in Vergessenheit geraten wäre. Im 19. Jahrhundert berichten Květ und Trendelenburg in ihren Leibnizarbeiten ganz natürlich davon. Doch mochte man einem Leibniz verzeihen, was einen Wissenschaftler des 19. Jahrhunderts kompromittiert hätte, so dass die Beschäftigung mit derartigen Dingen eine Sache von Außenseitern blieb.

Diese Einschätzung erfuhr einen Wandel im 20. Jahrhundert, als Vertreter der neuen mathematischen Logik oder „Logistik"[7] in der Besinnung auf die Ursprünge ihrer Wissenschaft auch in Leibniz einen ihrer Vorläufer fanden. Für das hier neu entstandene Leibnizbild, wie es etwa Lewis, Scholz und Schrecker dargestellt haben, ist charakteristisch das Zurücktre-

---

5 Leibniz an Heinrich Oldenburg (1673–1676), *Leibniz 2006*, Nr. 117, 373–381, hier 379.

6 *Lullus 1617*; *Kircher 1663* (schon in G. W. Leibnizens „Dissertatio de arte combinatoria" von 1666 genannt, vgl. *Leibniz 1990*, Nr. 8, 163–230, insbes. 201). Auch auf einen Briefwechsel mit Kircher verweist Leibniz in einem Brief an Oldenburg vom 23. Juli 1670, in *Leibniz 2006*, Nr. 26, 94–97, hier 96; *Dalgarno 1661*, vgl. *Leibniz 1980*, Nr. 12; *Wilkins 1641*; *Wilkins 1668*.

7 Wir sehen keinen Grund, heute auf eine Unterscheidung von „Logik" und „Logistik" besonderen Wert zu legen. Ideengeschichtlich erweist sie sich jedoch als nützlich.

ten des historischen gegenüber einem systematischen Gesichtspunkt, unter welchem die entwicklungsfähigen Züge des Leibnizprogramms in ganz eigentümlicher Weise akzentuiert und umgeformt werden. Der *calculus ratiocinator* erscheint jetzt als „ein Verfahren, durch dessen Ausübung das Schließen in ein Rechnen übergeführt wird", während die *lingua characteristica* eine Sprache wird, die „auf Charakteren fußt, d. i. Symbolen, aus denen sie restlos erzeugbar sein muß" (*Scholz 1961b*, 146). Mit einem exakten Mathematisierungsbegriff, einem passenden Zeichensystem und einer geeigneten Überführung der logischen Schlussregeln in schematische Deduktionsregeln kann man dann einen „Logikkalkül" erhalten[8]. Nimmt man Leibnizens Programm die Tendenz auf Universalität, und beschränkt man es auf die Logik, so kann man als eine „ars inveniendi" das Deduktionsverfahren des Logikkalküls, als „ars iudicandi" aber ein davon unabhängiges „mechanisches" Entscheidungsverfahren ansehen. In der Tat lässt sich dann zeigen, dass bei dieser Interpretation gewisse Teile des Leibnizprogramms realisierbar, gewisse andere definitiv nicht realisierbar sind.

Muss man sich, um diese Interpretation überhaupt zu ermöglichen, schon auf eine als Spezialwissenschaft verstandene Logik einschränken und damit den Leibnizschen Gedanken einer Mathesis universalis preisgeben, so ist der dabei erreichte Abstand zu den von der Barockmystik abhängigen Teilen des Leibnizprogramms der denkbar größte. Von hier aus wird man es nur als natürlich empfinden, wenn die Urheber dieses Leibnizbildes nicht nur darauf verzichtet, sondern es allem Anschein nach sorgfältig vermieden haben, Leibniz in den Zusammenhang der lullistischen Universalismus-Bewegung zu stellen. Wird man dies einseitig nennen müssen, so ist doch die Interpretation in ihrem positiven Teil nicht willkürlich. Sie hat auch zweifellos unser Leibnizverständnis in so wesentlichen Punkten gefördert, dass man auf diese einmal gefundene Deutung nicht wird verzichten wollen. Kann man daher eine Ergänzung des „logistischen" Leibnizbildes (etwa durch die aufschlussreichen Untersuchungen Mahnkes) nur dankbar

8 *Scholz 1961b*, 144. Auf dem Internationalen Kongress für wissenschaftliche Philosophie in Paris 1935 ging Scholz davon aus, dass „die exakte Logik, welche Leibniz [...] zuerst gedacht hat, im wesentlichen alles impliziert, was wir heute von einer logistischen Logik [...] verlangen: eine für die Darstellung aller wissenschaftlichen Sätze grundsätzlich ausreichende Zeichenmenge (*characteristica universalis*), ein auf diese Zeichenmenge abgestimmtes System von Umformungsregeln (*calculus ratiocinator*) und eine Definitionslehre, durch welche die Einführung von Neuzeichen genau geregelt wird (*ars combinatoria*)" (Zit. nach *Ritter 1961*, 8 f.). Die Deutung der *ars combinatoria* findet m. E. keine rechte Stütze bei Leibniz selbst.

begrüßen, so wird man seine Durchstreichung – wie sie neuerdings, übrigens nicht ganz ideologiefrei und aus Interesse an Leibniz selbst, gefordert worden ist[9] – keinesfalls für wünschenswert erachten.

Freilich erscheint die im Sinn der skizzierten Interpretation gesehene Verbindung von Leibniz zur Logistik einer eingehenderen Untersuchung durchaus noch zu bedürfen. In den wenigen vorliegenden Behandlungen stellt sich diese Verbindung als nur systematisch dar und als dadurch zustande gekommen, dass der moderne Formalismus in eigener Arbeit zu Ergebnissen gelangte, die sich dann – ganz unbeabsichtigt – als bestimmten Leibnizschen Intentionen entsprechend erwiesen. Eine solche Darstellung bedarf, mag sie für Einzelergebnisse richtig sein, doch einer Korrektur. Zu den lange als Außenseiter angesehenen Forschern des 19. Jahrhunderts, welche ganz bewusst die von Leibniz hinterlassenen „Gedankenkeime" weiterpflegten, gehörte neben Hermann Grassmann (*1847*) auch der eigentliche Schöpfer der neuen Logik, Gottlob Frege. Während die unter das Motto „Frege als Vorläufer" zu stellende Literatur fast von Jahr zu Jahr wächst, ist Freges eigene Anknüpfung an frühere Denker noch nahezu unbearbeitet. Meist pflegt man die Sache so darzustellen, dass Frege seine Logik eben „aus dem Nichts" geschaffen habe, dass also von Vorgängern im eigentlichen Sinn gar nicht die Rede sein könne. Dieser Auffassung kommt zunächst entgegen, dass Frege selbst kaum Anhaltspunkte für solche Verbindungen hinterlassen hat; nicht einmal Freges erläuternde Arbeiten zur *Begriffsschrift* von 1879 können sicherstellen, dass seine Logik oder auch nur sein Zeichensystem tatsächlich in Abhebung von den Arbeiten Booles entstanden sind (man kann es sogar für fraglich halten). Doch hätte die auffallende Häufigkeit Fregescher Anknüpfungen an Leibnizsche Gedankengänge Aufmerksamkeit erregen können; wenn sich etwa (um nur ganz wenige charakteristische Beispiele zu nennen) Frege der Leibnizschen Forderung anschließt, „dass das Verhältnis der Zeichen mit dem der Sachen in möglichstem Einklange stehe" (*Frege 1983b*, 13), oder wenn die Identifikation bis zur Verwendung Leibnizscher Beispiele und Termini geht (das Mikroskopbeispiel in *BS*, *Frege 1879*, V ist ein Lieblingsbeispiel Leibnizens, Freges „der Kraft nach" in *BS*, 25 nichts anderes als Leibnizens „vi"). Dass hier nicht nur gelegentlich die Sympathie des Rationalisten Frege für den Rationalisten Leibniz durchbricht, hat uns Frege selbst dokumentiert in der Einleitung zu seinem (erst posthum veröffentlichten) Aufsatz „Booles

9 Gemeint ist die im übrigen vorzügliche kurze Darstellung „Zur Frühgeschichte der Logistik" bei Günther Jacoby (*1962*).

rechnende Logik und die Begriffsschrift", wo er sich geradezu als Leibnizianer hinstellt und die in seiner Begriffsschrift versuchte „Wiederannäherung an den leibnizischen Gedanken einer lingua characterica" (sic!)[10] betont. Darum werden wir uns auch nicht bedingungslos der Meinung von Scholz anschließen, Frege sei „nicht durch Leibnizstudien zur Schöpfung seines Logikkalküls angeregt worden, sondern durch eine philosophische Frage", nämlich die nach der Ableitbarkeit der Arithmetik aus der Logik (*Scholz 1941; 1961c*, 271); denn ist Kant für Scholz der erste gewesen, der diese Frage in voller Schärfe gestellt (und kategorisch verneint) hat (ebd.), so ist – wir scheuen die paradoxe Formulierung nicht – nach Freges Meinung Leibniz der erste gewesen, der sie in aller Schärfe beantwortet und zwar kategorisch bejaht hat.

So nimmt die vorliegende Arbeit, in der Überzeugung von der Bedeutsamkeit der Verbindungslinie Leibniz–Frege (deren Untersuchung trotz der Aussicht auf wertvolle Aufschlüsse gerade für die philosophische Grundeinstellung Freges hier unterbleiben muss) ihren Ausgang nicht unmittelbar von der Fregeschen *Begriffsschrift*, sondern von dem, was wir das „Leibnizprogramm" genannt hatten. Leibnizens *calculus ratiocinator* galt uns nur als einer unter den zahllosen Versuchen, die Gewissheit wissenschaftlicher Erkenntnisse durch die vollständige Kontrollierbarkeit ihrer Beweisführung zu sichern, und Freges *Begriffsschrift* als ein anderer, der seine besondere Stelle in dieser Geschichte dem Umstand verdankt, dass hier für das Gebiet von Logik und Arithmetik – unter bewusstem Verzicht auf die Leibniz vorschwebende Universalität – erstmals die Aufstellung eines Zeichensystems gelang, in dem sich Beweise so formulieren ließen, dass eine strenge Kontrolle effektiv möglich wurde.

Die dabei zugrunde gelegten Auffassungen waren an sich nicht neu. So teilte Frege die begründungsbedürftigen Wahrheiten nicht nach der Art ihrer psychologischen Entstehungsweise, sondern nach der Art ihrer Beweisführung ein, indem er die rein logisch begründeten den durch Erfahrung zumindest mitbestimmten gegenüberstellte. Wie den Rationalisten galt ihm als festeste Beweisführung „die rein logische, welche, von der besonderen Beschaffenheit der Dinge absehend, sich allein auf die Gesetze gründet, auf denen alle Erkenntnis beruht" (*BS*, III). Wer wie Frege als Mathematiker

10 *Frege 1983b*, 11. Trendelenburg, von dem Frege vermutlich die Form „lingua characterica" (statt „characteristica") übernimmt, stellt den Ausdruck als Leibnizisch hin, obwohl er auf eine Überschrift eines Leibniz-Fragmentes zurückgehen dürfte, die erst Raspe diesem gegeben hat.

sein Interesse zunächst der mathematischen Erkenntnis und hier speziell den arithmetischen Wahrheiten zugewandt hatte, musste unter diesem Gesichtspunkt die zeitgenössische Gestalt der Arithmetik als äußerst unvollkommen einschätzen, denn Argumentationen aufgrund der Anschauung galten hier durchaus nicht als ungewöhnlich oder gar unzulässig. Um zu sehen, „wie weit man in der Arithmetik durch Schlüsse allein gelangen könnte, nur gestützt auf die Gesetze des Denkens, die über allen Besonderheiten erhaben sind" (*BS*, IV), suchte Frege anschauliche Beimischungen in Beweisen durch Lückenlosigkeit der Schlusskette unmöglich zu machen. Dabei stellte sich nun sehr schnell heraus, dass die natürliche Sprache die Formulierung von Schlussketten in der erforderlichen Strenge gar nicht zuließ, so dass sich Frege gezwungen sah, eine für das Genauigkeitsbedürfnis mathematischer Beweise ausreichende „künstliche Sprache" zu entwickeln. Sie verzichtete auf den Ausdruck alles dessen, was am Inhalt eines Urteils für die Schlussfolge ohne Bedeutung ist, und behielt nur das als relevant übrig, was Frege den „begrifflichen Inhalt" des Urteils nannte.

Frege veröffentlichte das von ihm erdachte Zeichensystem 1879 unter dem Titel *Begriffsschrift, eine der arithmetischen nachgebildete Formelsprache des reinen Denkens* (*BS*). Die kleine Schrift ist gegliedert in drei Abschnitte. Der erste, mit „Erklärung der Bezeichnungen" überschrieben, bringt eine Darstellung der logischen Auffassungen, die der *Begriffsschrift* zugrunde liegen und deren Gesamtheit wir mit *Bierich 1951* als Freges „erste Lehre vom Urteil" bezeichnen können. An einem (assertorischen) Urteil unterscheidet Frege den Inhalt des Urteils, die „blosse Vorstellungsverbindung", von der Anerkennung seiner Wahrheit, der Behauptung.[11] Zum ersten Mal wird nun ein solcher Unterschied in der logischen Symbolik selbst berücksichtigt. Frege verfährt dabei wie folgt. Ist *A* der Inhalt eines Urteils, so bezeichnet „$\vdash A$" das Gesamturteil, „— *A*" allein die bloße Vorstellungsverbindung, „von welcher der Schreibende nicht ausdrückt, ob er ihr Wahr-

11 Frege setzt beim Leser der *Begriffsschrift* eine gewisse Kenntnis voraus, was in der Logik unter einem Urteil verstanden werde. Die Schwierigkeit, dass in der traditionellen Logik doch recht Verschiedenes als „Urteil" bezeichnet wird, lässt sich hier glücklicherweise umgehen. Es gibt nämlich zahlreiche Gründe, sich im vorliegenden Fall in erster Linie an die Auffassung Kants, an deren Interpretation bei Lotze sowie an Lotzes eigene Urteilslehre zu halten. Dies ist auch in Bierichs Arbeit vorausgesetzt, die durch eine Text- und Inhaltsanalyse u. a. zu zeigen versucht, dass Frege in der *Begriffsschrift* unter einem Urteil stets ein „assertorisches Urteil" versteht. Freilich liegt diese Annahme von vornherein nahe, da Frege beide Ausdrücke in der *Begriffsschrift* promiscue verwendet.

heit zuerkenne oder nicht“ (*BS*, 2). Frege umschreibt „— *A*“ mit den Worten „der Umstand, dass *A*“, oder mit „der Satz, dass *A*“. Allerdings lässt sich nicht jeder Inhalt als Inhalt eines Urteils auffassen, z. B. ist dies bei der Vorstellung (dem Inhalt) „Haus“ nicht möglich. Demgemäß unterscheidet Frege zwischen „beurtheilbaren“ und „unbeurtheilbaren“ Inhalten. Er setzt fest, das Zeichen „⊢ “ solle sinnvoll nur vor Zeichen von Inhalten der ersten, nicht der zweiten Art gesetzt werden können, so dass etwa die Zeichenverbindung „⊢ Haus“ als sinnlos gilt (*BS*, 2). Das Zeichen „⊢ “ selbst wird aufgefasst als zusammengesetzt aus dem „Urtheilsstrich“ „ | “ und dem „Inhaltsstrich“ „— “, wobei die Begriffsschrift so erdacht ist, dass der Inhaltsstrich die zusätzliche Aufgabe hat, die auf ihn folgenden Zeichen zu einem Ganzen zu verbinden, auf dessen Inhalt sich dann die durch „ | “ ausgedrückte Behauptung bezieht. Im Folgenden wird deutlich werden, wie sich diese „Klammerung“ durch den Inhaltsstrich auswirkt.

Trotz der erwähnten losen Verbindung zu Kant und Lotze beansprucht Freges Auffassung des Urteils schon insofern eine Sonderstellung, als in ihr die traditionelle Einteilung der Urteile fast völlig aufgegeben ist. Streng genommen werden auch nicht die Urteile selbst, sondern ihre Inhalte klassifiziert. Dabei zeigt sich, dass gewisse traditionelle Unterscheidungen überflüssig sind, andere wieder die Berechtigung zur Urteilsfällung, nicht aber den Urteilsinhalt betreffen und damit für die Begriffsschrift irrelevant sind. So unterscheidet Frege der Quantität nach lediglich allgemeine und besondere Urteile (*BS*, 4), wobei Allgemeinheit und Besonderheit vom Inhalt ausgesagt werden: „Diese Eigenschaften kommen nämlich dem Inhalte auch zu, wenn er *nicht* als Urtheil hingestellt wird, sondern als Satz“ (ebd.). Ebenso muss die Urteilsqualität eigentlich Qualität des Inhalts sein, geht doch schon jeder indirekte Beweis von der Verneinung eines Inhalts aus, ohne dass dieser behauptet wird (die Verneinung soll ja gerade als unhaltbar erwiesen werden). „Es haftet also die Verneinung am Inhalte, einerlei ob dieser als Urtheil auftrete oder nicht. Ich halte es daher für angemessener, die Verneinung als ein Merkmal eines *beurtheilbaren Inhalts* anzusehen“ (ebd.). Über diese besondere Stellung der Verneinung wird später noch zu reden sein.

Was die Urteilsmodalität angeht, so unterscheidet sich das apodiktische Urteil vom assertorischen nur „dadurch, dass das Bestehen allgemeiner Urtheile angedeutet wird, aus denen der Satz geschlossen werden kann“ (ebd.); denn „wenn ich einen Satz als nothwendig bezeichne, so gebe ich dadurch einen Wink über meine Urtheilsgründe“ (ebd.). Da dies aber nicht den Inhalt des Urteils berührt, kann es in der Begriffsschrift unberücksichtigt bleiben. Ähnlich haben wir das problematische Urteil zu interpretieren: „Wenn ein

Satz als möglich hingestellt wird, so enthält sich der Sprechende entweder des Urtheils, indem er andeutet, dass ihm keine Gesetze bekannt seien, aus denen die Verneinung folgen würde; oder er sagt, dass die Verneinung des Satzes in ihrer Allgemeinheit falsch sei“ (*BS*, 5). Im ersten Fall hat die Begriffsschrift wiederum keine Notiz zu nehmen, im zweiten handelt es sich um ein partikulär bejahendes (assertorisches) Urteil. Damit entfällt die Unterscheidung verschiedener Urteilsmodalitäten ganz, was zugleich die Erklärung liefert für Freges synonyme Verwendung der Termini „Urteil“ und „assertorisches Urteil“.

Von der Urteilsrelation schließlich heißt es: „Die Unterscheidung der Urtheile in kategorische, hypothetische und disjunctive scheint mir nur grammatische Bedeutung zu haben“ (*BS*, 4). Damit will Frege sagen, dass sie sich logisch nicht unterscheiden. Die Zeichen von Inhalten können ja durch „oder“ und „wenn–dann“ verknüpft werden, ganz gleich, wie die Inhalte selbst zusammengesetzt sein mögen; die Behauptung muss sich also auf den Gesamtinhalt beziehen unabhängig von dessen besonderer Struktur. Damit entfällt auch die Urteilsrelation.

Diese Stellungnahme zur Lehre von den Urteilsformen trägt jedoch mehr vorbereitenden Charakter, wenn nicht gar den einer Konzession an den Leser, der fragen mochte, wie sich die von Frege zugrunde gelegte Auffassung des Urteils zu der seit Kant geläufigen verhalte, wo und weshalb sie von dieser abweiche. Dass Frege mehr zu bieten hat als eine neue Klassifikation der Urteilsformen, zeigt sich erstmals bei der Ersetzung der etwas dürftigen Einteilung der Urteile nach der Relation durch eine Theorie der Verknüpfungen gegebener Inhalte zu einem neuen. Sind *A* und *B* beurteilbare Inhalte, so gibt es offenbar genau vier Möglichkeiten:

1) *A* wird bejaht und *B* wird bejaht
2) *A* wird bejaht und *B* wird verneint
3) *A* wird verneint und *B* wird bejaht
4) *A* wird verneint und *B* wird verneint.

Durch

„├┬── *A*“
  └── *B*

drückt nun Frege das Urteil aus, „dass die dritte dieser Möglichkeiten nicht stattfinde, sondern eine der drei andern“ (*BS*, 5). Diese Verknüpfung entspricht somit der (materialen) Implikation *Cpq* der heutigen Logik. Dabei wird

selbst zusammengesetzt gedacht und der Aufbau dieses Ausdrucks wie folgt erläutert. Nachdem *A* und *B* als beurteilbare Inhalte — *A* und — *B* dargestellt sind, wird das zwischen ihnen bestehende Verhältnis der Bedingtheit durch den senkrechten „Bedingungsstrich“ zum Ausdruck gebracht:

Erst jetzt wird durch Anfügung eines Inhaltsstriches der Gesamtinhalt

ausgedrückt, auf den sich in

„⊢ *A*“
B

die Behauptung bezieht.
Ein Inhalt wie

A
B

kann selbst wieder in Verknüpfungen einbezogen werden, etwa in

A
B
Γ

was unserem *CpCqr* entspricht und mit *CKpqr* gleichwertig ist.[12]

---

12 [2021 hinzugefügte Fußnote:] Auf einigen Seiten dieses Artikels sind die junktorenlogisch zusammengesetzten Aussagen wie in der Originalpublikation von 1965 in polnischer Notation wiedergegeben. Dabei steht *Nx* für $\neg x$, während bei zweistel-

Aus den gegebenen Erklärungen geht hervor, „dass aus den beiden Urtheilen ├┬─ *A* und ├ *B* das neue Urtheil ├ *A* folgt“ (*BS*, 7).
  └─ *B*

In der *Begriffsschrift*, wo möglichst einfache „Urbestandteile“ (*BS*, 7) zugrunde gelegt werden sollen, ist diese Schlussart des Modus ponens (auch „Abtrennungsregel“) die einzige von Frege verwendete.[13]

Bisher traten keine Fälle auf, bei denen eine Verneinung vorkommt. Da sich nach Freges Auffassung die Verneinung auf den Inhalt bezieht, kann die Erfassung solcher Fälle nicht etwa dadurch geschehen, dass man dem Behauptungsstrich einen Antagonisten, eine Art „Leugnungsstrich“, entgegensetzt. Vielmehr wird ein mit dem Inhaltsstrich kombinierbarer „Verneinungsstrich“ in der Weise eingeführt, dass „─┬─ *A*“ den Umstand ausdrückt, dass *A* „nicht stattfindet“. Wieder ist die Gesamtfigur so aufgebaut zu denken, dass von „*A*“ ausgehend zunächst „── *A*“ gebildet wird, dann die Verneinung dieses Inhalts durch „┌─ *A*“ ausgedrückt und dies als Gesamtinhalt durch „─┬─ *A*“ wiedergegeben wird. Will man darüber hinaus noch mitteilen, dass das damit Ausgedrückte zutreffe (wahr sei), so muss man noch den Behauptungsstrich hinzufügen:

ligen Junktoren der Operator vor die beiden logisch zusammenzusetzenden Aussagen tritt, so dass $x \to y$ als *Cxy* und $x \wedge y$ als *Kxy* geschrieben wird. Dabei können x und y bereits junktorenlogisch zusammengesetzte Aussagen sein; beispielsweise steht *CKpqr* für das heute in der formalen Logik üblichere $(p \wedge q) \to r$. Der Vorteil dieser von Łukasiewicz um 1920 eingeführten Notation ist die durch sie ermöglichte klammerfreie Schreibung, die sie mit der von Frege konzipierten und erstmals 1879 benutzten „Begriffsschrift“ teilt. Für eine ausführlichere Darstellung, die auch die Verwendung der polnischen Notation in der heutigen Informatik berücksichtigt, vgl. https://de.wikipedia.org/wiki/Polnische_Notation (zuletzt abgerufen am 13. März 2021).

13 Später, in den *Grundgesetzen der Arithmetik* (*GGA* I, *Frege 1893*), führte Frege auch andere Schlussformen ein; sie werden jedoch alle aus dem Modus ponens abgeleitet, der sich also auch dort als grundsätzlich ausreichend erweist. Ob man sich für eine Einschränkung entscheidet, hängt von dem gesetzten Zweck ab. Wo Sätze *in* der Begriffsschrift bewiesen werden sollen, wird eine Vielfalt von Schlussmöglichkeiten die Beweise i. a. abkürzen; bei Untersuchungen *über* die Begriffsschrift wird es meist eine Vereinfachung bedeuten, wenn man nur eine einzige Schlussweise zu betrachten hat.

Frege zeigt nun, wie man mit den so geschaffenen begriffsschriftlichen Hilfsmitteln auch andere Beziehungen zwischen Inhalten auszudrücken vermag. Es ist

CNpq	gleichwertig	mit	*Apq*	(nichtausschließend „oder“)
CpNq	„	„	*Dpq*	(Unverträglichkeit)
NCpNq	„	„	*Kpq*	(Konjunktion „und“)
NCpq	„	„	*Lpq*	(*p* aber nicht *q*)
NCNpNq	„	„	*Mpq*	(*q* aber nicht *p*)
NCNpq	„	„	*Xpq*	(Weder *p* noch *q*).

Frege verzichtet darauf, für diese Beziehungen neue Bezeichnungen in die Begriffsschrift aufzunehmen. Er versucht auch nicht, weitere der 16 möglichen aussagenlogischen Verknüpfungen zu erfassen, obwohl wir heute wissen, dass dies möglich ist. Dass sich auch kein Hinweis auf eine „Definition“ (besser: Ausdrückbarkeit) aller Verknüpfungen durch *D* oder *X* findet, ist allerdings erklärlich. Ein solches Vorgehen wäre für Frege als Verstoß gegen seine Grundsätze unannehmbar gewesen, weil dabei ein „logisch Einfaches“ wie die Verneinung auf ein Anderes zurückgeführt werden soll.

Berechtigt ist jedoch die Frage, weshalb in unserer Tabelle die Äquivalenz *Epq* nicht vorkommt. Die Erklärung dafür liegt in Freges besonderer Auffassung der „Inhaltsgleichheit“, wie sie im achten Paragraphen der *Begriffsschrift* erläutert wird. Da diese Ausführungen Freges auch für später von Wichtigkeit sind, soll der Text dieses Paragraphen, auf den wir noch mehrfach zurückkommen werden, vollständig zitiert werden.

> Die Inhaltsgleichheit unterscheidet sich dadurch von der Bedingtheit und Verneinung, dass sie sich auf Namen, nicht auf Inhalte bezieht. Während sonst die Zeichen lediglich Vertreter ihres Inhaltes sind, sodass jede Verbindung, in welche sie treten, nur eine Beziehung ihrer Inhalte zum Ausdrucke bringt, kehren sie plötzlich ihr eignes Selbst hervor, sobald sie durch |[14] das Zeichen der Inhaltsgleichheit verbunden werden; denn es wird dadurch der Umstand bezeichnet, dass zwei Namen denselben Inhalt haben. So ist denn mit der Einführung eines Zeichens der Inhaltsgleichheit nothwendig die Zwiespältigkeit in der Bedeutung aller Zeichen gegeben, indem dieselben bald für ihren Inhalt, bald für sich selber stehen. Dies erweckt zunächst den Anschein, als ob es sich hier um etwas handle, was dem *Ausdrucke* allein, *nicht dem Denken* angehöre, und als ob man gar nicht verschiedener Zeichen für denselben Inhalt und also auch keines Zeichens für die Inhaltsgleichheit bedürfe. Um die Nichtigkeit dieses Scheines klar zu zeigen, wähle ich folgendes Beispiel aus der Geometrie (*BS*, 13–14) [es folgt ein Beispiel für das Zusammenfallen der durch zwei unterschiedliche Beschreibungen gegebenen Schnittpunkte

> geometrischer Linien, ähnlich dem später von Frege in „Über Sinn und Bedeutung" verwendeten des Schwerpunkts eines Dreiecks *ABC*, der einmal als Schnittpunkt der von *A* und *B* ausgehenden Seitenhalbierenden, das andere Mal als Schnittpunkt der von *B* und *C* ausgehenden Seitenhalbierenden beschrieben wird].
> Es bedeute nun $\vdash (A \equiv B)$: das Zeichen *A* und das Zeichen *B* haben denselben begrifflichen Inhalt, sodass man überall an die Stelle von *A B* setzen kann und umgekehrt (*BS*, 15).

Die bisher beschriebenen begriffsschriftlichen Mittel erlauben die Darstellung logischer Gesetze, soweit sie unabhängig sind vom speziellen Aufbau der Urteile, von denen sie gelten. Will man jedoch, wie es die Logik seit Aristoteles tut, Aussagen über Urteile der Form „Alle *S* sind *P*", „Einige *S* sind nicht *P*" usw. machen, so muss man auch die „innere" Struktur des Urteils beschreiben können. Dazu betrachtet Frege zunächst einen (nicht notwendig in der Begriffsschrift formulierten) Ausdruck für den Sachverhalt, dass Wasserstoffgas leichter ist als Kohlensäuregas. In einem solchen Ausdruck wird das Zeichen für Wasserstoffgas vorkommen. Dieses Zeichen kann man sich (beispielsweise) durch ein Zeichen für Sauerstoffgas ersetzt denken. „Indem man einen Ausdruck in dieser Weise veränderlich denkt, zerfällt derselbe in einen bleibenden Bestandtheil, der die Gesammtheit der Beziehungen darstellt, und in das Zeichen, welches durch andere ersetzbar gedacht wird, und welches den Gegenstand bedeutet, der in diesen Beziehungen sich befindet" (*BS*, 15). Den ersten Bestandteil bezeichnet Frege in der *Begriffsschrift* als Funktion, den zweiten als deren Argument. Ganz entsprechend trifft er die allgemeine Festsetzung (*BS*, 16):

> Wenn in einem Ausdrucke, dessen Inhalt nicht beurtheilbar zu sein braucht, ein einfaches oder zusammengesetztes Zeichen an einer oder an mehren Stellen vorkommt, und wir denken es an allen oder einigen dieser Stellen durch Andere, überall aber durch Dasselbe ersetzbar, so nennen wir den hierbei unveränderlich erscheinenden Theil des Ausdruckes Function, den ersetzbaren ihr Argument.

Die Anwendung dieser Definition setzt aber nun doch die Formulierung des zu zerlegenden Ausdrucks in einem geeigneten künstlichen Zeichensystem voraus. Die natürliche Sprache erweist sich hier nämlich als wenig geeignet, wie sich leicht zeigen lässt an dem Beispiel der Sätze „Die Zahl 20 ist als Summe von vier Quadratzahlen darstellbar" und „Jede positive ganze Zahl ist als Summe von vier Quadratzahlen darstellbar". Diese Sätze haben wohl die gleiche sprachliche Form „... ist als Summe von vier Quadratzahlen darstellbar". Sie haben aber nicht die gleiche „logische Form",[14] denn „die Zahl 20" und „Jede positive ganze Zahl" sind nicht „Begriffe gleichen Ranges", wie Frege sagt. „Der Ausdruck ‚jede positive ganze Zahl' giebt nicht wie ‚die Zahl 20' für sich allein eine selbständige Vorstellung, sondern bekommt erst durch den Zusammenhang des Satzes einen Sinn" (*BS*, 17).

Das Beispiel ist noch in anderer Weise lehrreich. Frege betrachtet nämlich die Zerlegung in Funktion und Argument in gewissen Fällen als bloße Sache der Auffassung, in anderen Fällen nicht. So lassen sich „die verschiedenen Weisen, wie derselbe begriffliche Inhalt als Function dieses oder jenes Argumentes aufgefasst werden kann" (*BS*, ebd.) erläutern an Freges Ausgangsbeispiel, wo „Wasserstoffgas" Argument, „leichter als Kohlensäuregas zu sein" Funktion war, wo aber derselbe begriffliche Inhalt auch durch einen Ausdruck erfasst würde, in dem „Kohlensäuregas" das Argument, „schwerer als Wasserstoffgas zu sein" die Funktion darstellt (*BS*, 15). Im Gegensatz dazu gewinnt die Unterscheidung von Funktion und Argument eine inhaltliche Bedeutung, sobald die Funktion oder das Argument unbestimmt wird. Frege verweist dazu auf das zweite angeführte Beispiel, wonach „als Summe von vier Quadratzahlen darstellbar zu sein" stets einen richtigen Satz liefert, ganz gleich, welche positive ganze Zahl der als Argument eingesetzte Ausdruck bezeichnet. Hier wird nach Freges Ansicht „das Ganze dem Inhalte nach und nicht nur in der Auffassung in *Function* und *Argument* zerlegt" (*BS*, 17).

Eigenartigerweise scheint man bisher nicht bemerkt zu haben, dass sich an dieser Stelle Freges spätere Auffassung vorbereitet findet, wonach in einem solchen allgemeinen Urteil nicht von einem Gegenstand etwas ausgesagt wird, sondern von einem Begriff (und das bedeutet: von einer Funktion im Sinne der Schriften nach 1890). Diesen Standpunkt konnte Frege freilich erst einnehmen, als er von der Auffassung der Funktion-Argument-Beziehung als rein syntaktisches Verhältnis, wie es in der *Begriffsschrift* entwickelt ist, wieder abgekommen war. Zweierlei wird aber schon an der Auffassung der *Begriffsschrift* deutlich. Erstens wird deutlich, dass Frege den Funktionsbegriff in einem viel weiteren (und insofern anderen) Sinne verwendet, als es bis dahin in der Mathematik üblich war; denn die Wortfolge „ist als Summe von vier Quadratzahlen darstellbar", in Freges *Begriffsschrift* eine Funktion, ist nicht Teil eines „Rechnungsausdrucks" und damit auch keine

---

14 Von Frege in *GLA, Frege 1884*, 83 gebraucht, jedoch möglicherweise nicht als Terminus (vgl. *Frege 1882*, 52), so dass das Verhältnis zu den gleichnamigen Begriffsbildungen bei Russell und Wittgenstein offenbleibt. Zum Begriff der „logischen Form" vgl. kritisch *Bar-Hillel 1951*, 26–29.

mathematische Funktion in dem vor Frege gebräuchlichen Sinn. Das zeigt sich etwa darin, dass man bei Einsetzung eines Argumentes als Wert nicht einen Ausdruck für eine Zahl oder eine Größe erhält, sondern einen Satz im Sinne der Grammatik. Zweitens wird deutlich, dass Frege keineswegs durch Übertragung des mathematischen Funktionsbegriffes „die Philosophie mathematisieren“ wollte, wie wohl gelegentlich von philosophischer Seite behauptet worden ist. Die Terminologie von „Funktion“ und „Argument“ stützt sich vielmehr auf eine Analogie, die zwar ebenso naheliegend wie zweckmäßig ist, die aber jederzeit durch eine andere Terminologie ersetzt werden könnte, ohne dass dies Auswirkungen auf die von Frege getroffene Unterscheidung selbst hätte.

Ohne darauf einzugehen, wie Frege in der *Begriffsschrift* nun auch Funktionen mit mehreren Argumenten einführt, wenden wir uns der Frage zu, was die Betrachtungsweise von Funktion und Argument zum Ausdruck von Allgemeinheitsurteilen beitragen kann. Seit Aristoteles drückt man die unbeschränkte Allgemeinheit dessen, was als Argument in einem Ausdruck auftreten darf, durch die Verwendung sogenannter Variablen aus. Die vollen Möglichkeiten dieses Ausdrucksmittels hat jedoch erst Frege erkannt und nutzbar gemacht, indem er als erster Variable verwendete, die durch einen Operator (die unserem Allquantor entsprechende „Höhlung“) „gebunden“ werden und so zum Ausdruck der beschränkten Allgemeinheit geeignet sind. Was das heißt, zeigt am besten die Anwendung selbst.

Ist Φ eine feste Funktion, so bedeutet in Freges *Begriffsschrift*

$$„\vdash\!\overset{\mathfrak{a}}{\smile}\!-\ \Phi(\mathfrak{a})“$$

dass $\Phi(\Delta)$ eine Tatsache sei, gleich, welchen Gegenstand hier „Δ“ bezeichnet. Eine andere Umschreibung wäre daher „für alle Δ gilt $\Phi(\Delta)$“, „für jedes Δ ist der Satz ‚$\Phi(\Delta)$‘ ein wahrer Satz“.

Ein Ausdruck der Gestalt „$\vdash\!\overset{\mathfrak{a}}{\smile}\!-\ \Phi(\mathfrak{a})$“ kann vermöge seines Aufbaues als Teil ganz verschiedener Urteile auftreten, z. B. in

$$„\vdash\!\!\top\!\overset{\mathfrak{a}}{\smile}\!-\ \Phi(\mathfrak{a})“$$

oder in

$$„\begin{array}{l}\vdash\!\!\!\begin{array}{l}-\!\!-\!\!-\!\!-\!\!-\ A\\ \llcorner\!-\!\overset{\mathfrak{a}}{\smile}\!-\ X(\mathfrak{a})\end{array}\end{array}“,$$

zu lesen etwa „$\Phi(\Delta)$ gilt nicht für alle Δ“ bzw. „A gilt, wenn $X(\Gamma)$ für alle Γ“. Dass man aus diesen Urteilen nicht wie aus

$$„\vdash\!\overset{\mathfrak{a}}{\smile}\!-\ \Phi(\mathfrak{a})“$$

durch Einsetzen eines Gegenstandsnamens „Δ“ für $\mathfrak{a}$ ein weniger allgemeines richtiges Urteil gewinnen kann, lässt die Aufgabe deutlich werden, die der Höhlung mit dem deutschen Buchstaben zukommt: „sie grenzt das Gebiet ab, auf welches sich die durch den Buchstaben bezeichnete Allgemeinheit bezieht. Nur innerhalb seines Gebietes hält der deutsche Buchstabe seine Bedeutung fest“ (*BS*, 20). Doch kann derselbe deutsche Buchstabe in einem Urteil „in verschiedenen Gebieten vorkommen, ohne dass die Bedeutung, die man ihm beilegt, sich auf die übrigen miterstreckt“ (ebd.), z. B. in

$$\vdash\!\!\begin{array}{l}\overset{\mathfrak{a}}{\smile}\!-\ \Phi(\mathfrak{a})\\ \quad A\\ \overset{\mathfrak{a}}{\smile}\!-\ \Phi(\mathfrak{a}),\end{array}$$

und „das Gebiet eines deutschen Buchstabens kann das eines anderen einschließen, wie das Beispiel

$$\vdash\!\overset{\mathfrak{a}}{\smile}\!\!\begin{array}{l}-\ A(\mathfrak{a})\\ \overset{\mathfrak{e}}{\smile}\!-\ B(\mathfrak{a},\mathfrak{e})\end{array}$$

zeigt“ (*BS*, 20 f.).

Mit diesen neuen begriffsschriftlichen Mitteln stellt sich dann (beispielsweise) das Urteil „Alle X sind P“ dar als

$$„\vdash\!\overset{\mathfrak{a}}{\smile}\!\!\begin{array}{l}-\ P(\mathfrak{a})“\\ -\ X(\mathfrak{a})\ ,\end{array}$$

d. h. in der Gestalt „wenn etwas die Eigenschaft X hat, so hat es auch die Eigenschaft P“. Auf weitere technische Einzelheiten gehen wir nicht ein. Als wichtig halten wir allerdings noch fest, dass sich jetzt in Verbindung mit dem Verneinungszeichen auch Existenzurteile im Sinne der klassischen Logik ausdrücken lassen:

$\vdash\!\top\!\overset{\mathfrak{a}}{\smile}\!- \Phi(\mathfrak{a})$	:	es gibt einige Dinge, die nicht die Eigenschaft *X* haben;
$\vdash\!\overset{\mathfrak{a}}{\smile}\!\top\!- X(\mathfrak{a})$	:	etwas, was die Eigenschaft *X* hätte, gibt es nicht („es gibt kein *X*");
$\vdash\!\top\!\overset{\mathfrak{a}}{\smile}\!\top\!- \Lambda(\mathfrak{a})$	:	es gibt *Λ*'s, oder: es gibt mindestens ein *Λ*.

Im zweiten Abschnitt der *Begriffsschrift* soll nun eine „Darstellung und Ableitung einiger Urtheile des reinen Denkens" folgen. Schon im ersten Abschnitt waren für die Anwendungen der Zeichen der Begriffsschrift gewisse Regeln herangezogen worden. Da Regeln bei Frege stets als „Abbilder von Gesetzen" aufgefasst werden, kann man fragen, ob die Begriffsschrift selbst diejenigen Gesetze ausdrücken kann, deren Abbilder die für ihren Aufbau verwendeten Regeln sind. Nachdem die Begriffsschrift nicht eine Begründung, sondern eine Darstellung logischer Gesetze zum Ziel hat, wäre damit ein Zirkel nicht von vornherein gegeben. Doch erklärt Frege, dass die bisher verwendeten Regeln, eben weil sie der Begriffsschrift zugrunde liegen, keine Formulierung in ihr zulassen. Man darf aus dieser Feststellung nicht herauslesen wollen, dass Frege schon in der *Begriffsschrift* klar zwischen Sätzen der Begriffsschrift als „Objektsprache" und Sätzen über die Begriffsschrift, als „Metasprache", unterscheide. Gesetz, Urteil und Satz sind hier keineswegs klar getrennt und der Übergang zwischen Regel und Gesetz ist von der Durchsichtigkeit weit entfernt, wie sie heute etwa auf der Grundlage des sog. Deduktionstheorems möglich ist.

Man hat das zu berücksichtigen, wenn Frege, nachdem die genannte Ausnahme gemacht ist, daran geht, andere „Urtheile des reinen Denkens" begriffsschriftlich darzustellen. Die dabei von ihm selbst gestellten Forderungen sind streng: alle überhaupt so darstellbaren Urteile sollen mit Hilfe fest gegebener Regeln aus einem „Kern" von Gesetzen abgeleitet werden, die „der Kraft nach alle in sich schliessen" (*BS*, 25). Frege, der sich klar darüber ist, dass man diesen Kern verschieden wählen kann, geht aus von einem aus neun Gesetzen bestehenden Kern. Was nun folgt, ist nichts anderes als ein axiomatischer Aufbau der Logik auf dem „Kern" als Axiomensystem. Man kann dabei streiten, ob Frege die Logik bereits im Umfang des Prädikatenkalküls erster Stufe aufgebaut hat,[15] fest steht aber, dass er den aussagenlogischen Teil dieser Logik aufgebaut hat. Er entwickelt in der *Begriffs-*

15 Wir beziehen uns auf *Kneale/Kneale 1962*. Dort wird (489) der bei Frege bloß als definitorische Abkürzung gerechtfertigte Übergang von $— X(a)$ zu $\overset{\mathfrak{a}}{\smile}\!- X(\mathfrak{a})$ ebenso als zusätzliche Schlussregel gedeutet wie derjenige von $\begin{array}{l}\top\!— \Phi(a)\\ \llcorner\, A\end{array}$ zu $\begin{array}{l}\top\!\overset{\mathfrak{a}}{\smile}\!— \Phi(\mathfrak{a}),\\ \llcorner\, A\end{array}$ letzteres unter der Einschränkung, dass *a* in *A* nicht vorkommt. Nimmt man zum Fregeschen Kern außer dem Modus ponens diese beiden Regeln sowie die von Frege

schrift einen Aussagenkalkül, dessen damit vorliegende erste Form insofern auch schon die endgültige ist, als sich alle späteren Aussagenkalküle vom Fregeschen nur unwesentlich unterscheiden. Der aussagenlogische Teil des Kernes im Fregeschen Aufbau,

1. *CpCqp*
2. *CCpCqrCCpqCpr*
3. *CCpCqrCqCpr*
4. *CCpqCNqNp*
5. *CNNpp*
6. *CpNNp*

ist nämlich vollständig in dem Sinn, dass mit Hilfe der gegebenen Regeln alle überhaupt richtigen Sätze der Aussagenlogik aus ihm ableitbar sind.[16] Frege gewinnt aus dem vollen Kern eine größere Anzahl aussagen- und prädikatenlogischer Formeln, zu denen auch solche gehören, die den All- und Existenzaussagen der traditionellen Logik äquivalent sind oder sie präzisieren. Sie ermöglichen es Frege, den Abschnitt mit der Aufstellung eines Schemas zu beschließen, das dem „logischen Quadrat" der Tradition entspricht.

Der von hier aus mögliche Rückblick auf den von Frege zurückgelegten Weg macht deutlich, dass es hier nicht darum geht, für den Aufbau einer vorausgesetzten Gestalt der Mathematik taugliche logische Mittel zusammenzustellen. Vielmehr werden simultan eine Idealgestalt der Logik und ein ihr adäquates Zeichensystem von der Art entwickelt, dass die Formulier-

in der *Begriffsschrift* noch nicht als Regel formulierte „Substitutionsregel" hinzu, so erhält man nach Kneale/Kneale ein vollständiges Axiomensystem des Prädikatenkalküls erster Stufe.

16 [1966 hinzugefügte Fußnote, deutsche Fassung nach der englischen Ausgabe *Thiel 1968*, 21, Endnote 21:] Łukasiewicz hat gezeigt, dass man Axiom 3 aus den übrigen erhalten kann, und sogar aus 1 und 2 allein (vgl. *Łukasiewicz 1934*, 417–437). Keines der verbleibenden fünf Axiome ist aus den anderen zu erhalten. Diese Unabhängigkeit des Systems der Axiome (1, 2, 4, 5, 6) lässt sich mit Hilfe der folgenden Quasi-Wertungen zeigen, bei denen 0 der ausgezeichnete Wert ist:

Axiom 1:

N	
0	1
1	0
2	2

C	0	1	2
0	0	1	1
1	0	0	0
2	0	1	0

Axiom 2:

N	
0	1
1	0
2	2

C	0	1	2
0	0	1	2
1	0	0	0
2	0	2	0

Axiom 4:

N	
0	1
1	1

C	0	1
0	0	1
1	0	0

Axiom 5:

N	
0	0
1	0

C	0	1
0	0	1
1	0	0

Axiom 6:

N	
0	1
1	1

C	0	1
0	0	1
1	0	0

barkeit in diesem Zeichensystem eine Minimalforderung an mathematische Beweise ist. Es ist klar, dass beim Aufbau dieses Systems die allgemeine Logik nicht nur im Vordergrund stehen, sondern selbst thematisch werden musste. Andererseits ist dabei das Ziel der Begriffsschrift, die Mittel zu einem einwandfreien Aufbau der Arithmetik bereitzustellen, nicht aus dem Auge verloren worden. Das zeigt der dritte Abschnitt, überschrieben mit dem unscheinbaren Titel „Einiges aus einer allgemeinen Reihenlehre“. Wir verzichten auf die Wiedergabe der speziellen Symbolik, um die Frege hier die Begriffsschrift nochmals erweitert. Sie ist, im Gegensatz zur Grundsymbolik der Begriffsschrift, fremdartig und in der Handhabung umständlich.[17]

Wichtig ist dagegen der Inhalt des Abschnitts. Frege konstituiert hier begriffsschriftlich, also rein logisch, die für die natürliche Zahlenreihe fundamentale „Nachfolgerrelation“, auf der u. a. die Möglichkeit der vollständigen Induktion beruht. Mit den daneben eingeführten sehr allgemeinen Begriffen der Vererbung (Erblichkeit) einer Eigenschaft in einer Reihe, dem Vorhergehen und Folgen eines Elementes auf ein anderes in einer Reihe, dem Angehören eines Elementes zu einer Reihe, deren Anfangs- und Endglied bekannt sind, sowie der Eindeutigkeit von Funktionen lassen sich bereits elementare Eigenschaften der „Anzahlen“ begriffsschriftlich ausdrücken. Hatte man bis dahin angenommen, dass alle Zahlenaussagen von der Art seien, dass jeder Nachweis ihrer Geltung auf die Fundierung der Anzahlen in dem spezifischen Sachgebiet Mathematik zurückgreifen müsste, hat Frege im dritten Abschnitt der *Begriffsschrift* die rein logische Natur verschiedener solcher Grundaussagen über Zahlen aufgewiesen, auch wenn von einer logischen Konstituierung des Zahlbegriffes selbst noch nicht die Rede ist. Diese ist den *Grundlagen der Arithmetik* vorbehalten geblieben.

---

17 Gegenwärtig ist die irrige Meinung verbreitet, Freges logische Symbolik sei besonders schwerfällig und unhandlich. Eigenartigerweise sieht man einen besonderen Nachteil in der zweidimensionalen Ausdehnung der Begriffsschrift, obgleich sie gerade durch diese Zweidimensionalität anderen logischen Zeichensystemen überlegen ist. Sie erlaubt eine punkt- und klammerfreie Darstellung der aussagen- und prädikatenlogischen Beziehungen mit einem Maß an Übersichtlichkeit, das bei linearen Systemen erst durch Untereinanderschreibung von Einzelzeilen, also ebenfalls nur durch Ausweichen in die zweite Dimension, erreicht werden kann. Wer diesen Vorzug der Begriffsschrift kennt, wird sich nicht über den offenbar erst kürzlich entdeckten Tatbestand wundern, dass sich Freges Symbolik umso mehr auf einem Gebiet überlegen erweist, das auf Zweidimensionalität ohnehin verwiesen ist, nämlich in der Schaltalgebra (*Hoering 1957*, 125–126). Es darf als sicher gelten, dass – neben der Gewohnheit – nur die drucktechnisch leichtere Handhabung der linearen Systeme zu deren Durchsetzung beigetragen hat. Vgl. *Schnelle 1962*.

Studie 2

Die Kontamination von Ontik und Semantik

Was im Vorhergehenden [sc. den vorausgehenden Kapiteln von *Thiel 1965a*] über Freges Semantik ausgeführt wurde, betraf fast ausschließlich die Beziehungen der Ausdrücke zu ihrem Sinn und zu ihrer Bedeutung. Von diesen selbst dagegen wissen wir bisher nicht mehr, als dass einem Sinn nur eine Bedeutung, einer Bedeutung jedoch verschiedene Sinne entsprechen können. Da Frege schon in dem Aufsatz „Über Sinn und Bedeutung" eine Stufe der Bedeutungen von einer Stufe der Gedanken unterschieden und die letztere später in den Status einer Sinnsphäre erhoben hat, soll zum Abschluss dieser Arbeit versucht werden, noch einiges über das gegenseitige Verhältnis von Sinn und Bedeutung bzw. von Sinnsphäre und Bedeutungssphäre auszumachen. Die Notwendigkeit, diese Frage hier noch zu berühren, muss selbst demjenigen einleuchten, der die Beschäftigung mit Problemen der Semantik und erst recht mit „Bedeutungssphären" nicht nur für inaktuell, sondern für schlechthin überflüssig oder gar sinnlos hält. Es ist nämlich zwar richtig, dass die Differenzierung von Sinn und Bedeutung im begriffsschriftlichen Aufbau der Fregeschen Logik eine untergeordnete Rolle spielt und z. B. in den *Grundgesetzen* nur an zwei Stellen überhaupt herangezogen wird, einmal, wo die Deutung der arithmetischen Gleichheit als Identität verteidigt wird, und ein zweites Mal, wo auf den „Inhalt" der Begriffsschriftsätze hingewiesen werden soll. Bei der Analyse der natürlichen Sprache aber spielt das Begriffspaar „Sinn und Bedeutung", wie im zweiten Teil dieser Arbeit deutlich geworden sein dürfte, nicht nur eine größere, sondern sogar die entscheidende Rolle, so dass Carnap diese Anwendung der beiden Begriffe mit Recht als eine eigene „Methode der semantischen Analyse" bezeichnen konnte (*Carnap 1956*). Schließlich hatten wir aufweisen können, dass Frege in seinen Spätschriften in der „Sinnsphäre" sogar die logischen Gesetze selbst zu verankern suchte.

Kann es demnach keinen Zweifel daran geben, dass Frege seiner Unterscheidung von Sinn und Bedeutung ganz erheblichen Wert beigemessen hat, so rechtfertigt noch ein zweiter Umstand das Eingehen auf die zuge-

---

Dieser Beitrag ist zuerst erschienen als Buchkapitel 2.4 in: Christian Thiel, *Sinn und Bedeutung in der Logik Gottlob Freges*, Hain: Meisenheim am Glan 1965, 146–161 (*Thiel 1965d*).

gebenermaßen recht undurchsichtige und wenig fruchtbare „Sphärenthematik“: der Umstand, dass sich ein Teil der Frege-Literatur ausführlich mit „Freges Ontologie“ beschäftigt.[1] Es scheint, dass in diesen durchweg von amerikanischen Autoren verfassten Arbeiten der Ausdruck „Ontologie“ in ähnlicher Weise gebraucht ist wie in den Schriften W. V. Quines, in einem Sinne also, der mit der traditionellen Verwendung dieses Terminus nicht voll übereinstimmt.[2] Dennoch lässt sich beispielsweise die Unterscheidung von Funktion und Gegenstand mit einem gewissen Recht als ontologisch bezeichnen, insofern nämlich Frege ihre Gültigkeit behauptet hat für schlechthin alles, was überhaupt bezeichnet und zum „Gegenstand“ von Rede werden kann. In den meisten der hier gemeinten Arbeiten umfasst aber die „Ontologie“ auch Freges Lehre von Sinn und Bedeutung, um schließlich ununterscheidbar zu werden von einer philosophischen Grundeinstellung überhaupt.

Über Freges philosophische Grundeinstellung besteht in der Sekundärliteratur so weitgehende Übereinstimmung, dass die Darstellung der Fregeschen Grundlehre als Nominalismus bei G. Bergmann sowie als objektiver Idealismus bei R. Egidi als „außenseiterische“ Interpretationen erscheinen müssen.[3] Üblicherweise gilt Frege als typischer Vertreter des „Platonismus“. Mit dieser Klassifikation hat es nun freilich seine Schwierigkeiten. Zwar hatte schon Natorp (*1910*, 115) festgestellt, dass Frege „die Zahl [...] auf etwas wie *Platonische Ideen*, nämlich objektive Denkinhalte stützt. D. h. er sucht die Denkinhalte zwar, wie *Plato*, rein, aber, wie *Plato* in seiner Frühzeit, einseitig ontisch [...] zu erfassen“. Auch war der Terminus „platonisme“ für einen Typus mathematischer Philosophie bereits von Brunschvicg verwendet worden (*Brunschvicg 1929*, 69 u. ö). In dem spezifischen Sinne aber, in welchem heute das Wort „Platonismus“ im Zusammenhang mit dem

---

1 *Wells 1951*; *Myhill 1952* (vgl. Rezension durch *Marshall 1953b*); *Bergmann 1958*; Nachdruck in *Bergmann 1960*; *Klemke 1959*; *Jackson 1960*; *Grossmann 1961*; *Caton 1962*.

2 Dies zeigt schon ein Blick in die gängigen philosophischen Wörterbücher, wo „Ontologie“ erklärt wird als die Lehre vom Sein, vom Grundbestand des Seienden, von den allgemeinsten Seinsbestimmungen, gelegentlich auch als Logik des Wirklichen. Es liegt im Sinne einer solchen Lehre, nicht beliebig wählbar zu sein. Für die Tradition ist es deshalb selbstverständlich, dass es nur *eine* Ontologie geben kann. Für Quine dagegen ist Ontologie etwas mehr oder weniger zweckmäßig Wählbares: “Science is a continuation of common sense, and it continues the common-sense expedient of swelling ontology to simplify theory. [...] Ontological questions under this view, are on a par with questions of natural science” (*Quine 1961*, 45).

3 *Bergmann 1958*; *Egidi 1962*. Bergmann kritisiert auch die Interpretation Egidis: *Bergmann 1963*. Vgl. dazu die Bemerkungen der Autorin in *Egidi 1963*, 217, Anm. 2.

Streit um die Grundlagen der Mathematik gebraucht wird, findet es sich wohl zuerst bei Bernays (*1935*),[4] freilich noch ohne die ideologische Färbung, die es heute für die Anhänger wie die Gegner der damit bezeichneten Richtung besitzt, und die nicht zuletzt auf H. Scholz zurückgeht, welcher der Meinung war, „dass wir den Mut haben müssen, uns mit Frege zu einer echten platonischen Metaphysik des Wahren und Falschen zu entschließen" (*Scholz 1936*, 271) und den so Entschlossenen in seinem Essay „Platonismus und Positivismus" (*Scholz 1943*) in der Tat eine ganze Ideologie zur Verfügung gestellt hat. So gebräuchlich die Bezeichnung „Platonismus" seitdem auch geworden ist, so wird man doch mit Egidi sagen müssen, dass dieser Begriff viel zu unscharf ist, um irgendwelche neuen Einsichten über das Fregesche System zu ermöglichen (*Egidi 1963*, 25 f.), ganz abgesehen davon, dass man mit dieser Charakterisierung dem bisher wenig beachteten Umstand nicht gerecht wird, dass wie Freges Lehre vom Urteil, so auch seine Vorstellungen von der Begründung der Logik keineswegs immer die gleichen gewesen sind, und somit seine Schriften nicht unterschiedslos zur Stützung oder Widerlegung einer platonistischen Auffassung der Logik herangezogen werden können.

Überhaupt fällt bei näherer Betrachtung auf, dass Frege das Logische zwar streng vom Psychologischen abgetrennt, positiv aber nur sehr wenig über den Charakter des Logischen ausgesagt hat. Schon Kerry findet es „sehr bedauerlich, dass F. in keiner seiner Schriften den Begriff des Logischen bestimmt hat" (*Kerry 1887*, 262). Freilich waren damals erst wenige Arbeiten Freges erschienen, und in der *Begriffsschrift* (*BS*, *Frege 1879*) beschäftigte sich die Logik sogar noch mit dem Denken als einer psychischen Tätigkeit, wenngleich mit einem „reinen Denken", das „von jedem durch die Sinne oder selbst durch eine Anschauung a priori gegebenen Inhalte" absieht und „allein aus dem Inhalte, welcher seiner eigenen Beschaffenheit entspringt, Urtheile hervorzubringen vermag" (*BS*, 66). Es scheint uns außer Zweifel, dass sich Frege hier in kantischen Bahnen bewegt, und auch die Bezeichnung der Regeln für die Begriffsschriftzeichen als „Abbilder" von Gesetzen (*BS*, 25) hier noch keineswegs zum Schluss auf irgendeine Art von Platonismus berechtigt.

Nicht einmal die folgende Stelle aus einem Aufsatz von 1882 scheint uns einen solchen Schluss zu rechtfertigen (*Frege 1882*, 49–50):

---

4 Von „réalisme (platonicien)" sprach A. Fraenkel in seinem Vortrag *Fraenkel 1935*, 20. Übrigens hatte auch Hilbert 1922 bei Frege einen „extremen Begriffsrealismus" gesehen: *Hilbert 1922*, 162.

> Wir würden uns ohne Zeichen schwerlich zum begrifflichen Denken erheben. Indem wir nämlich verschiedenen, aber ähnlichen Dingen dasselbe Zeichen geben, bezeichnen wir eigentlich nicht mehr das einzelne Ding, sondern das ihnen Gemeinsame, den Begriff. Und diesen gewinnen wir erst dadurch, daß wir ihn bezeichnen; denn da er an sich unanschaulich ist, bedarf er eines anschaulichen Vertreters, um uns erscheinen zu können. So erschließt uns das Sinnliche die Welt des Unsinnlichen.[5]

Dass auch darin kein „Begriffsrealismus" oder „Ontologismus" enthalten ist, scheint uns nämlich ganz eindeutig der Standpunkt Freges in den nahezu gleichzeitigen *Grundlagen* (*GLA, Frege 1884*) zu beweisen, wo die logischen Gegenstände (zumindest die der Arithmetik) als „unmittelbar der Vernunft gegeben" und als deren „Eigenstes" bezeichnet werden (vgl. *GLA*, 115). Objektivität ist hier nicht mehr als „objective Bestimmtheit" in Abhebung von dem „Bereiche subjectiver Möglichkeiten" (*GLA*, 93), so dass ein Gegenstand objektiv heißt, wenn er derselbe ist für jeden, der sich mit ihm beschäftigt (*GLA*, 72). In diesem Sinne ist z. B. an den geometrischen Axiomen objektiv „das Gesetzmässige, Begriffliche, Beurtheilbare, was sich in Worten ausdrücken lässt" (*GLA*, 35), so dass eine Abgrenzung des Objektiven nur gegenüber dem Individuell-Subjektiven, nicht gegenüber dem „Subjekt überhaupt" oder der Vernunft erfolgt (*GLA*, 36):[6]

> So verstehe ich unter Objectivität eine Unabhängigkeit von unserm Empfinden, Anschauen und Vorstellen, von dem Entwerfen innerer Bilder aus den Erinnerungen früherer Empfindungen, aber nicht eine Unabhängigkeit von der Vernunft; denn die Frage beantworten, was die Dinge unabhängig von der Vernunft sind, hiesse urtheilen, ohne zu urtheilen, den Pelz waschen, ohne ihn nass zu machen.

Natorp sieht also ganz richtig, wenn er (über Simon) schreibt: „Die reine Arithmetik ist ihm, wie Frege [!], nicht nur eine, sondern geradezu die reine Vernunftwissenschaft" (*Natorp 1910*, 143). Um es unmissverständlich auszudrücken: Freges Position in dieser Periode seines Denkens lässt sich am

---

5 Wir weisen darauf hin, dass dies wahrscheinlich die erste Stelle ist, an der Frege die Auffassung der Begriffswörter als „Gemeinnamen" ausdrücklich zurückweist.

6 So erklärt sich auch die mit dem verkündeten Antipsychologismus scheinbar unverträgliche Rede von „Vorstellungen [!] im objectiven Sinne", die der Logik angehören und in Gegenstände und Begriffe einteilbar sein sollen: *GLA*, 37.

natürlichsten als eine Variante des Kantianismus kennzeichnen,[7] mit einer weit ungezwungeneren Interpretation als der üblichen, die schon hier bei Frege „Ontologismus“ nachweisen will:[8] Die wenigen nicht „typisch“ kantianischen Formulierungen Freges aus dieser Zeit könnten, wie Bierich schon für die Terminologie der Urteilslehre zu zeigen vermochte (*Bierich 1951*, 11, Anm. 3), auf den Einfluss Lotzes zurückgehen, der durch seine „logische“ Interpretation der platonischen Ideenlehre und die Herausarbeitung einer „Geltungssphäre“ bedeutenden Einfluss (nicht zuletzt auf Husserl) ausgeübt hat und dessen Göttinger Vorlesungen auch auf Frege gewirkt haben mögen.[9] Jedenfalls würde damit gut zusammenstimmen, dass wir das Objektiv-Nichtwirkliche bei Frege auch durch den Begriff der „Geltung“ erläutert finden: wenn etwa von dem Satze „3 ist eine Primzahl“ (*Frege 1891b*, 159) gesagt wird, wir wollten damit

> etwas behaupten, was ganz unabhängig von unserm Wachen oder Schlafen, Leben oder Tod objektiv immer galt und gelten wird, einerlei, ob es Wesen gab oder geben wird, welche diese Wahrheit erkennen oder nicht.

Die Position, die in diesen Worten ihren Ausdruck findet, kann freilich die Tendenz zur Loslösung auch von der Beziehung auf Vernunft nicht verleugnen, und so zeigt sich in dem gleichen Aufsatz auch schon der Zug zur „Ontologisierung“ (*Frege 1891b*, 158):

---

7 Linkes Feststellung, Frege sei kein Neukantianer gewesen und habe mit den gleichzeitig in Jena wirkenden Otto Liebmann und Bruno Bauch „nicht viel gemeinsam“ (*Linke 1946*, 77) ist zwar richtig, aber cum grano salis zu nehmen. Linke übersieht nämlich völlig eine Gemeinsamkeit, die dadurch entsteht, dass Freges Lehre von Funktion und Gegenstand sowie seine Einordnung der „Gedanken“ in eine eigene Sinnsphäre einen bedeutenden Einfluss zumindest auf Bauch ausgeübt haben. Vgl. *Bauch 1914*; *Bauch 1918*; *Bauch 1923*; *Bauch 1926* u. a. Dass Bauch verschiedentlich an Frege anknüpft, ist deutlich ausgesprochen bei R. Zocher: *Zocher 1925* (z. B. 7, 24).

8 Mortan fragt, ersichtlich im Blick auf H. Scholz: „Müssen wir uns wirklich zu einer echten platonischen Metaphysik des Wahren und Falschen entschließen und ist Freges Lehre ohne das Reich des Objektiv-Nichtwirklichen überhaupt nicht zu denken?“ (*Mortan 1954*, 113). Diese Frage beantwortet sich in der Weise, dass für Frege das Objektiv-Nichtwirkliche in der Tat unentbehrlich ist, dass wir aber durch dessen Anerkennung noch *nicht* zu einem Platonismus in dem hier von Mortan intendierten Sinne gezwungen werden.

9 Über Lotzes Position vgl. A. Liebert: *Liebert 1914*. R. Zocher sieht die „Fortbildung der Lotzeschen Relationstheorie“ gerade bei Frege und Bauch (*Zocher 1925*, 30, Anm. 1). Dies betrifft nicht nur die für Frege charakteristische Auffassung des Begriffs als Funktion (*Bartlett 1961*, 41), bei der u. E. am allerwenigsten feststeht, dass Frege sie für seine Begriffstheorie von Lotze übernimmt.

> Der Begriff ist etwas Objektives, das wir nicht bilden, das sich auch nicht in uns bildet, sondern das wir zu erfassen suchen und zuletzt hoffentlich wirklich erfassen, wenn wir nicht irrtümlicherweise da etwas gesucht haben, wo nichts ist.

Diese beiden Äußerungen stammen aus den Jahren, in welche nach unserer früheren Annahme die Entwicklung von Freges zweiter Urteilslehre fällt. Diese bringt auch für die jetzt erörterte Frage entscheidend Neues, das sich allerdings (und eigenartigerweise) noch nicht in den *Grundgesetzen* (*GGA* I, *Frege 1893*) findet, wo es immer noch um den Status der Gesetze des Wahrseins im Unterschied zu denen des Fürwahrhaltens geht und lediglich die antipsychologistische Grundhaltung ausführlich dargelegt wird. Auch dies geschieht in dem schon von früher her bekannten Rahmen: das Wahrsein wird als „ort- und zeitlos" beschrieben (*GGA* I, XVII), seine Gesetze gehören in „ein Gebiet des Objectiven, Nichtwirklichen" (ebd., XVIII), wir müssen „das Erkennen auffassen als eine Thätigkeit, welche das schon Vorhandene ergreift" (ebd., XXIV).[10]

Erinnern wir uns, dass Freges zweite Urteilslehre ausgezeichnet war durch das Zerfallen des früheren Urteilsinhaltes in den Gedanken und den Wahrheitswert, so wird unmittelbar verständlich, dass es dabei auch zu einer Zerfällung der Inhaltssphäre, des Objektiv-Nichtwirklichen, in eine Sphäre der Gedanken und eine Sphäre der Bedeutungen kommt. Die erstere ist zugleich die Sphäre des Sinnes überhaupt, da ein Sinn, der nicht selbst Gedanke oder ein Gefüge von Gedanken ist, stets Sinn eines möglichen Satzteils sein muss:

> Die Sprache hat die Fähigkeit, eine unübersehbare Fülle von Gedanken auszudrücken, mit verhältnismässig wenigen Mitteln. Dies wird dadurch möglich, dass der Gedanke aus Gedankenteilen aufgebaut wird und dass diese Gedankenteile Satzteilen entsprechen, durch die sie ausgedrückt werden.[11]

Auffallend ist in Freges Darstellung, dass die Gedanken in dem Aufsatz „Über Sinn und Bedeutung" zwar mit der Bemerkung eingeführt werden, „daß die Menschheit einen gemeinsamen Schatz von Gedanken hat, den

---

10 Vgl. *Frege 1894*, 317: „Während nach meiner Meinung das Bringen eines Gegenstandes unter einen Begriff nur Anerkennung einer Beziehung ist, die schon vorher bestand".

11 *Frege 1983f*, 262. Das Zitat ist nur wegen der knapperen Formulierung aus der Abhandlung von 1914 gewählt. Die dargelegte Auffassung ist jedoch genau die schon 1892 vorhandene.

sie von einem Geschlechte auf das andere überträgt,“[12] dass jetzt aber als Korrelat des Gedankens immer häufiger nicht das ihn erfassende Subjekt, sondern der sprachliche Ausdruck auftritt. Es kommt auf diese Weise zu einer Überschneidung der Gliederung in „Subjekt–Sinn–Bedeutung“ mit der in „Ausdruck–Sinn–Bedeutung“, und wir werden zu zeigen versuchen, dass hier zwei durchaus verschiedene und bei Frege nicht hinreichend getrennte Dimensionen vorliegen.

Bevor wir diesen Nachweis führen können, muss unsere Darstellung der Fregeschen Auffassung noch in einigen Punkten vervollständigt werden. In dem soeben gebrachten Zitat von 1914 wird, der Zerlegung von Sätzen in Satzteile entsprechend, eine Zerlegung der Gedanken in „Gedankenteile“ angenommen. In anderen Schriften dagegen, so in dem Festschriftbeitrag „Was ist eine Funktion?“, aber schon in „Über Sinn und Bedeutung“, finden wir eine solche Zerlegungsmöglichkeit nicht für die Sinn-, sondern gerade für die Bedeutungssphäre behauptet. Diese Situation lässt sich zumindest anhand von Freges wissenschaftlichem Nachlass restlos klären. Frege hat, wenn auch nur eine Zeitlang, die Zerlegbarkeit sowohl für Sätze, als auch für Gedanken, als auch für die Bedeutungen komplexer Ausdrücke (insbesondere für Wahrheitswerte) vertreten. In einem Brief an Russell vom 28. 7. 1902 schreibt er deshalb ganz allgemein (*Frege 1976*, 224):

> Der Zerlegung des Satzes entspricht eine Zerlegung des Gedankens und dieser wieder etwas im Gebiete der Bedeutungen, und dies möchte ich eine logische Urthatsache nennen.

Für den Fall der Bedeutungen musste Frege jedoch wenig später die Undurchführbarkeit dieser Konzeption erkennen. Eigentlich hätte dies schon eine genaue Untersuchung des merkwürdigen Beispiels der Wahrheitswert-

---

12 *Frege 1892b*, 29. Ähnlich *Frege 1892a*, 196, Anm. 1: „[t]rotz aller Mannigfaltigkeit der Sprachen hat die Menschheit einen gemeinsamen Schatz von Gedanken“. Man kann vermuten (aber auch nur vermuten), dass Frege das Bild von Herder entlehnt hat, der gelegentlich die Sprache „eine Schatzkammer menschlicher Gedanken“ nennt. Es ist keine modernistische Marotte, hier den Begriff der gespeicherten Information ins Spiel zu bringen: auch für Frege drücken zwei Sätze denselben Gedanken aus, wenn der eine „nicht mehr oder weniger Auskunft gibt“ als der andere (ebd.), während ein Satz inhaltsleer ist, wenn man durch ihn nichts Neues erfährt: *Frege 1923*, 50. Am deutlichsten zeigt die Möglichkeit, den Satzsinn als Information zu deuten, die folgende Bemerkung Freges über die Umformung eines Satzes durch Kontraposition: „Der Sinn wird hierdurch kaum berührt, da der Satz nach der Umformung nicht mehr und nicht weniger Auskunft gibt, als vorher“ (*Frege 1983d*, 166).

zerlegung lehren können, das wohl Frege selbst von vornherein nicht ganz geheuer war. In dem Aufsatz „Über Sinn und Bedeutung“ behauptete Frege (*1892b*, 35) nämlich:

> Man könnte auch sagen, Urtheilen sei Unterscheiden von Theilen innerhalb des Wahrheitswerthes. Diese Unterscheidung geschieht durch Rückgang zum Gedanken. Jeder Sinn, der zu einem Wahrheitswerthe gehört, würde einer eigenen Weise der Zerlegung entsprechen.

Natürlich muss man erst einmal auf den Gedanken kommen, diese Vorstellung an Sätzen zu überprüfen, die sich nur im Sinn des Subjekts, nicht aber in dessen Bedeutung und auch sonst in nichts unterscheiden. Dann ergibt sich allerdings sofort ein unwiderlegbarer Einwand. Betrachten wir, um dies zu zeigen, die beiden Beispielsätze „Caesar ist Römer“ und „Der Eroberer Galliens ist Römer“! Da das Prädikat „ξ ist Römer“ beiden Sätzen gemeinsam ist, muss die gemeinsame Bedeutung von „Caesar“ und „der Eroberer Galliens“ verschieden zerlegt worden sein, wenn überhaupt (wie ja Frege versichert) eine verschiedene Zerlegung des Wahrheitswertes vorliegen soll. Diese Bedeutung ist aber nach Frege gerade Caesar selbst, und man steht vor der wohl unlösbaren Aufgabe, einen Sinn zu finden in der Rede, durch beide Sätze sei Caesar auf verschiedene Weise in Teile zerlegt worden. Man braucht die Überlegung nur einen kleinen Schritt weiterzuführen, um die Unzweckmäßigkeit der ganzen Metapher von „Teil“ und „Ganzem“ für das Gebiet der Bedeutungen nachzuweisen: in dem zweiten Beispielsatz nämlich müsste die Bedeutung des Wortes „Gallien“ ein Teil der Bedeutung des Ausdrucks „der Eroberer Galliens“ sein, Gallien also ein Teil Caesars; dies aber ist absurd. Aufgrund der letzteren Erwägung, durchgeführt an dem gleichwertigen Beispiel „die Hauptstadt Dänemarks“, soll Frege selbst um 1906 die Rede von Teilen und Ganzen für den Bereich der Bedeutungen aufgegeben haben – nicht dagegen, wie es heißt, für das Gebiet des Sinnes.[13]

Die Rede von „Teilen“ hängt natürlich aufs Engste zusammen mit der Vorstellung des aus Gesättigtem und Ungesättigtem „Gefügten“. Ursprünglich wohl an den Ausdrücken der mathematischen Sprache und an logischen Zeichensystemen konzipiert, wurde diese Unterscheidung von Frege in der von uns geschilderten Weise auf das Gebiet der Inhalte und nach der Zerfällung desselben sowohl auf den Bereich des Sinnes wie auf den der Bedeutung übertragen. Für die Bedeutungssphäre hat dies Frege auch explizit gesagt (*1904*, 665):

---

13 Nach Dummett: *Dummett 1956*; als „Postscript (1956)“ auch in *Dummett 1978*, 85 f.

> Der Eigentümlichkeit der Funktionszeichen, die wir Ungesättigtheit genannt haben, entspricht natürlich etwas an den Funktionen selbst. Auch diese können wir ungesättigt nennen und kennzeichnen sie dadurch als grundverschieden von den Zahlen.

Für den anderen Fall folgt es aus der knappen Formel, in die Frege in den *Grundgesetzen* seine Strukturvorstellungen von Sinn- und Bedeutungssphäre gebracht hat: „Wenn ein Name Theil des Namens eines Wahrheitswerthes ist, so ist der Sinn jenes Namens Theil des Gedankens, den dieser ausdrückt" (*GGA* I, 51). Es scheint, dass diese kurze Bemerkung bisher nicht genügend beachtet wurde. Aus ihr folgt nämlich bereits ganz eindeutig, dass Frege auch den Funktionsnamen außer einer Bedeutung einen Sinn zuerkannt hat, während dies verschiedene Frege-Forscher heute noch bestreiten.[14] Dass sie damit im Unrecht sind, ergibt sich noch deutlicher aus Freges „Ausführungen über Sinn und Bedeutung" (die freilich erst posthum, in *Frege 1983c*, 128–136, veröffentlicht wurden). In ihnen wird ausdrücklich betont, dass in dem Aufsatz „Über Sinn und Bedeutung" Begriffs- und Beziehungswörter zwar nicht behandelt wurden, dass aber selbstverständlich auch diesen sowohl eine Bedeutung als ein Sinn zukomme. Doch geht es auch hier nicht ohne Komplikationen ab, denn Frege sieht sich genötigt, die Vorstellung abzuwehren, dass der Begriff mit dem *Sinn* (statt mit der Bedeutung) des Begriffswortes zu identifizieren sei. Dieser Schluss, den in der

---

14 Schon Jones vertritt jedoch [in ihrem Aufsatz "Mr. Russell's Objections to Frege's Analysis of Propositions", *Jones 1910*] die richtige Auffassung; ebenso Dummett in seiner Diskussion mit Marshall, der die Meinung vertrat, Frege habe nur den Eigennamen Sinn *und* Bedeutung zugesprochen (*Dummett 1955*, 97 f. vs. *Marshall 1953a*, 374, Anm. 2). Wells (*1951*, 551) äußert sich widersprüchlich: "he [sc. Frege] posits that every expression having a denotation has a sense (but not conversely)", dagegen kurz darauf: "it is needful to introduce the sense-denotation dichotomy only within the class of objects, not within the class of functions" (553). Es scheint uns übrigens, dass Frege auch in den veröffentlichten Schriften einmal ausdrücklich vom *Sinn* zweier Begriffsausdrücke so gesprochen hat, dass dieser nicht mit der Bedeutung identisch sein kann. In der Rezension von Husserls *Philosophie der Arithmetik* sagt er von den beiden Begriffsnamen „Schnittkante einer Ebene und eines Kreiskegelmantels" und „ebene Kurve, deren Gleichung in Parallelkoordinaten vom zweiten Grade ist", dass „diese Ausdrücke weder denselben Sinn haben, noch dieselben Vorstellungen erwecken" (*Frege 1894*, 320). Dagegen wurden in dem Aufsatz „Über Sinn und Bedeutung" die Begriffe und Beziehungen ausgeklammert unter Hinweis auf einen „anderen Aufsatz". Gemeint war „Über Begriff und Gegenstand"; doch findet sich dort nichts über eine Erweiterung des Begriffspaars „Sinn und Bedeutung" auf Begriffswörter oder allgemein auf Funktionsnamen.

Tat später Papst allgemein für Funktionsausdrücke gezogen hat (Funktion = Sinn des Funktionsnamens, vgl. *Papst 1932*, 17), und der beispielsweise auch Husserls Vorstellungen in diesem Punkte zu entsprechen scheint,[15] liegt deshalb nahe, weil man leicht geneigt ist, als die Bedeutung des Begriffswortes den *Umfang* des Begriffes anzusehen. Wie sich nämlich in einem Satz ein Eigenname salva veritate durch einen anderen ersetzen lässt, wenn dieser nur dieselbe Bedeutung hat, so kann ein Begriffswort in einem Satze salva veritate durch ein anderes Begriffswort ersetzt werden, wenn nur die zugehörigen Begriffe gleichen Umfang haben.

Wenn Frege dazu meint, dieser Schluss sei fehlerhaft, weil er übersehe, dass Begriffsumfänge Gegenstände und nicht Begriffe seien, so will er vermutlich darauf hinaus, dass die in der Invarianzbedingung auftretende Gleichheit ja nur zwischen den Begriffsumfängen bestehen *kann*, weil Gleichheit im Sinn von Identität nur bei Gegenständen, nicht bei Begriffen möglich ist. Auf der anderen Seite muss jetzt Frege aber den Schluss verhindern, dass dann die Begriffe eben nicht als die Bedeutungen von Begriffswörtern in Frage kämen, und so entwickelt er anschließend die uns schon bekannte Auffassung, dass es bei Begriffen immerhin eine der Gleichheit „entsprechende" Beziehung gebe, und dass diese Beziehung genau dann zwischen zwei Begriffen bestehe, wenn sie den gleichen Umfang haben. Angenommen einmal, dies sei richtig: was folgt dann aus der angestellten Überlegung für unsere Frage?

Wäre der Begriff der Sinn des Begriffswortes, so wären nach dem Gesagten zwei Begriffswörter sinngleich genau dann, wenn die Umfänge der entsprechenden Begriffe zusammenfielen. Aus der nach Freges semantischen Prinzipien gültigen Aussage, dass sich der von einem Satz ausgedrückte Gedanke nicht ändert, wenn im Satz ein Teil durch einen sinngleichen ersetzt wird, würde sich dann als ebenfalls gültige Aussage ergeben, dass sich der vom Satz ausgedrückte Gedanke nicht ändert, wenn im Satz ein Begriffswort durch ein anderes ersetzt wird, dessen zugehöriger Begriffsumfang dem des ersten gleich ist. Dies jedoch ist nachweislich nicht allgemein der Fall: eine Ersetzung dieser Art lässt zwar den Wahrheitswert, i. a. aber nicht den Gedanken fest. Der Begriff kann also *nicht der Sinn* des Begriffswortes sein. Dies hat Frege demnach tatsächlich gezeigt. Andererseits muss be-

---

15 Vgl. Frege an Husserl, 24. 5. 1891 (*Frege 1976*, 94–98). Schon hier unterscheidet Frege „Sinn des Begriffswortes" und „Bedeutung des Begriffswortes (Begriff)", so dass die fragliche Unterscheidung nicht erst nachträglich, d. h. zu einem Zeitpunkt nach der Veröffentlichung des Aufsatzes „Über Sinn und Bedeutung", von den Eigennamen auf Funktionsnamen ausgedehnt worden ist.

merkt werden, dass er damit nicht *alles* gezeigt hat, was er offenbar zeigen wollte. Sein auf die Invarianzbedingung gestütztes Argument hat nämlich das unerwünschte Nebenergebnis, sowohl den Begriff als auch den Begriffsumfang als invariant zu erweisen. Wir treffen damit auf eine von uns schon früher kritisierte Unzulänglichkeit dieser Argumentationsweise: blieb es bei der Suche nach der Satzbedeutung nur *offen*, ob außer dem Wahrheitswert eine weitere Invariante existierte, so haben wir jetzt auf der Suche nach der Bedeutung des Begriffswortes wirklich zwei verschiedene Invarianten erhalten. Frege geht darauf nicht ein, und es scheint uns nicht sicher, ob er sich über die Situation ganz im Klaren war. Jedenfalls wird auch hier die sehr unelegante „Lösung" wieder die gleiche sein müssen wie im früheren Fall: da der Begriff entweder der Sinn oder die Bedeutung des Begriffswortes sein „muss", ergibt sich aus dem eben geführten Nachweis dafür, dass er nicht der Sinn sein kann, sein Status als Bedeutung.

Als Lösung können wir dies nicht anerkennen. Deshalb sei hier vorgeschlagen, die fragliche Argumentationsweise überhaupt beiseitezulassen und auch den Nachweis für die Verschiedenheit des Begriffes vom Sinn des Begriffswortes anders zu führen. Da wir dabei mit Freges Intentionen in Einklang bleiben wollen, sei vorausgesetzt, dass zwischen zwei Begriffen tatsächlich eine (oder die) der Gleichheit entsprechende Beziehung bestehe, wenn und nur wenn die zugehörigen Begriffsumfänge identisch sind. Wir variieren nun nicht wie Frege die Invarianzbedingung, sondern das von uns oben herausgearbeitete Kriterium für die Sinngleichheit einzelner Ausdrücke, welches besagte, dass zwei Eigennamen „A" und „$\varDelta$" genau dann sinngleich seien, wenn zwei beliebige, nur in diesen Teilausdrücken voneinander verschiedene Sätze sinngleich sind. Entsprechend formulieren wir: Zwei Begriffsausdrücke „$\varPhi(\xi)$" und „$\varPsi(\xi)$" sind sinngleich genau dann, wenn die bei Einsetzung eines Argumentnamens entstehenden Sätze für jedes Argument sinngleich sind. Man beachte, dass die rechte Seite dieses Kriteriums, wenn man „sinngleich" durch „bedeutungsgleich" ersetzt, die generelle Äquivalenz der Begriffe ausdrückt und somit in den entsprechenden Spezialfall der Wertverlaufsgleichheit übergeht, so dass auch hier eine Entscheidung über die *Bedeutung* des Begriffswortes nicht möglich ist. Für den Sinn dagegen erhält man aus unserer Erklärung,[16]

$$\varPhi(\xi) \sim \varPsi(\xi) \dot{\leftrightarrow} \varPhi(\varDelta) \sim \varPsi(\varDelta) \text{ für alle } \varDelta \,,$$

16 Dabei besagt „$a \sim b$", dass die Ausdrücke „a" und „b" synonym sind. Dies ist nur eine übersichtlichere Schreibweise; es soll nicht gesagt sein, dass der Synonymität zweier Ausdrücke eine eigene Beziehung zwischen ihren Bedeutungen entspreche.

den von „$\Phi(\xi)$" ebenso wie von „$\Psi(\xi)$" ausgedrückten Sinn durch Abstraktion im Sinne der allgemeinen Abstraktionstheorie, wie sie von Lorenzen entwickelt worden ist (*Lorenzen 1958*; *Lorenzen 1962*). Die Erweiterung für beliebige Funktionsnamen liegt auf der Hand. Beispielsweise haben, wenn wir Freges zitierte Bemerkung zur Kontraposition berücksichtigen (*Frege 1983d*, 166), die Beziehungsausdrücke „$\xi \to \zeta$" und „$\neg\zeta \to \neg\xi$" den gleichen Sinn. Nach dem früher Gesagten bedarf es eigentlich keines Hinweises mehr, dass unsere Erklärung ein Synonymitätskriterium für *Sätze* voraussetzt, genau genommen also nur eine Reduktion des Synonymitätsproblems für Funktionsnamen auf das für Sätze erfolgt.

Kehren wir nach diesem systematischen Exkurs zu unserem Ausgangsthema, den Vorstellungen von Sinn- und Bedeutungssphäre in Freges späteren Arbeiten zurück! Mit Recht hat R. Egidi betont, dass in Frege zwei philosophische Grundströmungen zusammenlaufen, deren eine von Leibniz, deren andere von Kant ausgeht. Sind die Frühschriften mehr von Kant abhängig, so gewinnt in den Schriften aus der zweiten Periode des Fregeschen Denkens um 1895 und von da an immer stärker die erste dieser Strömungen die Oberhand. Es kommt zu einem an Leibnizens Reich der ewigen Wahrheiten orientierten „Platonismus" und damit zur Ontologisierung.[17] Die Tendenz dazu zeigt erstmals deutlich ein „Le Nombre Entier" überschriebener Diskussionsbeitrag von 1895 (*Frege 1895*, 74):

> Les théorèmes de l'arithmétique ne traitent donc jamais des symboles mais de choses représentées. Ces objets, il est vrai, ne sont ni palpables, ni visibles, ni même réels, si l'on nomme réel ce qui peut exercer et subir une influence. Les nombres ne changent pas; car les théorèmes de l'arithmétique enferment des verités éternelles.

Die neue Einstellung drückt sich auch terminologisch aus: statt von einem „Gebiet", „Bereich" oder einer „Stufe" des Sinnes oder der Bedeutung wird

---

17 R. Zocher schreibt in der zitierten Arbeit zu der Husserlschen Ausarbeitung des Gegensatzes zwischen Psychologisch-Subjektivem und Logisch-Objektivem: „Mit weniger Eindringlichkeit und Ausführlichkeit in der Begründung, der Sache nach aber ebenso hatte sich Herbart ausgesprochen, später Frege, vor allem aber Bolzano. Faßt man das Psychologische als Empirisch-Reales, das Logische als Ontologisch-Ideales, so kann man den Gegensatz sogar an den Platonismus anknüpfen" (*Zocher 1925*, 1). Dies geschah nun, wenngleich nicht ausdrücklich, sowohl bei Frege als auch bei Husserl, und deshalb heißt es später bei Zocher von der „Frege-Husserlschen Betonung der Begriffe ‚Sinn' und ‚Bedeutung' ", dass diese hier „zunächst noch ontologischen Akzent tragen" (ebd. 24, Anm. 4).

seit den Aufsätzen „Über die Grundlagen der Geometrie" bewusst von einem „Reich der Bedeutungen" (*Frege 1903b*, 371 u. ö.) und einem „Reich des Sinnes" (*Frege 1923*, 40) gesprochen, und in dem Aufsatz „Der Gedanke" zieht Frege aus der Tatsache, dass die (in seinem Sinne gefassten) Gedanken weder der Außenwelt noch der Vorstellungswelt angehören, den Schluss: „ein drittes Reich muß anerkannt werden" (*Frege 1918a*, 69).[18] In Bezug darauf gebraucht Mortan hier auch den älteren Terminus „Dreisphärentheorie" (*Mortan 1954*, 28, Anm. 3).

Frege gewinnt das „dritte Reich" als ein „Reich desjenigen, was nicht sinnlich wahrnehmbar ist" (*Frege 1918a*, 75), wobei man unter das sinnlich Wahrnehmbare offenbar auch das zu rechnen hat, was Gegenstand der sog. inneren Wahrnehmung ist. Demnach sollte man erwarten, dass dem Reich des Sinnes nun ein Reich des Psychischen und ein Reich des Materiellen gegenübergestellt werden. Überraschenderweise ist das aber gerade nicht der Fall. Stattdessen findet sich außer dem schon bekannten „Reich der Bedeutungen" ein „Reich der Worte und Sätze" (*Frege 1918b*, 153), und wir sehen hierin einen ersten Hinweis darauf, dass Frege an dieser (systematischen) Stelle zwei verschiedene Probleme unzulässigerweise vermengt hat. Im Folgenden werden wir unsere These entwickeln, dass Frege die ontologische Gliederung

Subjektiv-Wirkliches
Objektiv-Nichtwirkliches
Objektiv-Wirkliches

und die semantische Gliederung

Zeichen
Sinn
Bedeutung

18 Die offenbar recht suggestive Vorstellung von einem „dritten Reich" findet sich auch bei Rickert, hier für ein Mittelreich des Urteilssinnes, das lokalisiert gedacht wird zwischen dem „Sein der Wirklichkeit" und dem „Sein der Wahrheit" (die Rickert als „Wert" fasst). Dieses „dritte Reich" ist mit dem Fregeschen nicht identisch. Kurioserweise findet sich der Terminus – in einer noch dunkleren, dritten Bedeutung – auch bei H. Weyl: „Über den Idealismus, der den erkenntnistheoretisch verabsolutierten naiven Realismus zu zerstören berufen ist, erhebt sich ein drittes Reich, das wir z. B. Fichte in der letzten Epoche seines Philosophierens betreten sehen" (*Weyl 1926*, 30).

kontaminiert hat, und zwar so, dass entgegen dem ersten Anschein auch die beiden „mittleren“ Bereiche nicht zur Deckung kommen.

Unstimmigkeiten ähnlicher Art scheinen uns schon in dem Aufsatz „Über Sinn und Bedeutung“ aufweisbar zu sein; ist doch dort etwa die Rede von dem „Schritt von der Stufe der Gedanken zur Stufe der Bedeutungen (des Objectiven)“ (*Frege 1892b*, 34) – als sei die Stufe der Gedanken nicht ebenfalls objektiv, wie Frege soeben noch ausdrücklich betont hatte. Verwunderlich auch die Äußerung: „ein Wahrheitswerth kann nicht Theil eines Gedankens sein, sowenig wie etwa die Sonne, weil er kein Sinn ist, sondern ein Gegenstand“ (35) – sieht dies doch so aus, als könnte auch umgekehrt ein Sinn niemals Gegenstand sein, wie es scheint im Widerspruch nicht nur zu Freges Annahme „gesättigter Sinne“, sondern auch zu der Möglichkeit, einen solchen Sinn zur ungeraden Bedeutung eines Ausdrucks zu machen. An solchen Stellen hat bereits Wells herumgerätselt, ohne jedoch den Verdacht zu schöpfen, dass hier eine unzulässige Verquickung zweier Fragenkreise vorliegen könnte. Vielmehr stellt er sich zu dieser Überschneidung gerade positiv ein: „An der Lehre von Sinn und Bedeutung haben Ontologie und Semantik gleichermaßen Anteil“ (*Wells 1951*, 551). Entsprechend rückt er ins Zentrum seiner Betrachtung die beiden Fregeschen „Grundkategorien des Seienden, Funktion und Gegenstand, und die grammatisch-semantische Grundlage, auf der sie beruhen“.[19]

Im Unterschied zu Wells halten wir die Fregesche Beteiligung der Ontologie an der Lehre von Sinn und Bedeutung für eine schlechterdings unerlaubte Kontamination. Die Illegitimität ergibt sich schon daraus, dass es nicht gelingt, die beiden Mittelglieder der oben genannten Gruppierungen zur Deckung zu bringen. Stellt man nämlich das Objektiv-Nichtwirkliche als ein drittes Reich den beiden Wirklichkeitsbereichen des Subjektiv-Psychischen und des Objektiv-Physischen gegenüber, so gehören diesem dritten Reiche nicht nur die Gedanken und ihre „Teile“ – also nicht nur die Sinne von Eigennamen und Funktionsnamen – sondern überhaupt alle logischen Gegenstände wie Begriffe, Funktionen, Wertverläufe, Zahlen und Wahrheitswerte an. Alle diese waren von Frege als *Bedeutungen* gewisser Zeichen und Zeichenverbindungen eingeführt worden, und die Fregesche Semantik erlaubt nicht, sie jemals (in welchem Zusammenhang immer) als *Sinne* aufzufassen. M. a. W.: Objektiv-Nichtwirkliches und Sinnsphäre fallen gar nicht zusammen; der Mittelbereich der Gliederung in Psychisches,

19 *Wells 1951*, 540: "his two basic categories of being, function and object, and the grammatico-semantical basis on which they rest."

Objektiv-Nichtwirkliches und Physisches umfasst wohl das ganze Gebiet des Sinnes, erstreckt sich aber noch weiter, indem er auch alle abstrakten Objekte enthält, die *nicht* bereits der Sinnsphäre angehören. Die zugrunde liegende Gliederung, wie sie von Frege in den „Logischen Untersuchungen" am Gegensatz von Sein und Geschehen entwickelt ist (weshalb sie bei Egidi mit Recht als platonisch angesprochen wird (*Egidi 1963*, 261 f.), wollen wir die der *ontologischen Dimension* nennen.

Mit Rücksicht auf die oben zitierte Bemerkung Kerrys sei darauf hingewiesen, dass der um die logischen Gegenstände erweiterte Bereich der Gedanken gewiss den Bereich des Logischen umfasst. Über diesen hat sich Frege in der Tat erst sehr spät und nur ein einziges Mal geäußert (*Frege 1906a*, 428):

> Uneingeschränkt formal, wie hier vorausgesetzt wird, ist die Logik gar nicht. Wäre sie es, so wäre sie inhaltlos. Wie der Geometrie der Begriff Punkt angehört, so hat auch die Logik ihre eigenen Begriffe und Beziehungen, und nur dadurch kann sie einen Inhalt haben. Diesem ihrem Eigenen gegenüber verhält sie sich nicht formal. [...] Der Logik gehören z. B. an, die Verneinung, die Identität, die Subsumtion, die Unterordnung von Begriffen. Man wird in einem Schlusse zwar Karl den Großen durch Sahara, den Begriff *König* durch *Wüste* ersetzen können, sofern die Wahrheit der Prämissen dadurch nicht aufgehoben wird; aber man wird so die Beziehung der Identität nicht durch das Liegen eines Punktes in einer Ebene ersetzen dürfen. Denn von der Identität gelten logische Gesetze, die als solche nicht unter den Prämissen aufgezählt zu werden brauchen, und diesen würde auf der anderen Seite nichts entsprechen.

Dass Frege die hier (vor allem im Zusammenhang mit Hilberts Unabhängigkeitsbeweisen) auftauchenden Probleme ausdrücklich als „Neuland" bezeichnet, ist uns zugleich ein Hinweis darauf, dass wir jedenfalls in seinen früheren Schriften keine weiteren Erläuterungen dazu finden werden. Umfasst der Bereich des Objektiv-Nichtwirkliehen, wie wir annehmen, den des Logischen, so fallen in ihn natürlich auch alle Beziehungen von Gedanken und Gedankenteilen zu den Wahrheitswerten. Daneben müssen alle diejenigen Gedanken in ihm liegen, denen eine Beziehung auf Wahrheitswerte fehlt, weil sie nur der „Sage und Dichtung" angehören,[20] zwischen denen aber Beziehungen wie die der Abhängigkeit eines Gedankens von einem anderen ebenso möglich sein müssen wie bei allen anderen Gedanken. Auch

20 „In Sage und Dichtung [...] können Gedanken vorkommen, die weder wahr noch falsch sind, sondern eben Dichtung" (*Frege 1906a*, 398, Anm. 1).

kann diese Sphäre nicht allein mehr einfache Gedanken enthalten, als es Sätze gibt (*Frege 1892b*, 46), in ihr müssen sich theoretisch sogar unendlich viele Sinne und Bedeutungen vorfinden. Um diese Konsequenz der Fregeschen Konzeption im Anschluss an Carnap zu zeigen, betrachten wir einen beliebigen bedeutungsvollen Namen *N*. Dieser hat außer seiner Bedeutung *b'N* auch einen Sinn *s'N*. Bezeichnen wir diesen durch den Ausdruck „der Sinn von *N*", so haben wir damit einen neuen Namen, der die Bedeutung *s'N* hat, aber auch seinerseits wieder einen Sinn, der sicherlich nicht identisch ist mit dem Sinn von *N*. Diesen Sinn *s's'N* können wir wiederum zur Bedeutung eines Namens „der Sinn von ‚*s'N*' " machen, usw. (vgl. *Carnap 1956*, 130). Es ist nicht schwer, sich nach diesem Muster weitere Konstruktionen dieser Art auszudenken.

Doch sind für unsere Fragestellung diese internen Verhältnisse des Objektiv-Nichtwirklichen von untergeordneter Bedeutung; uns interessiert die Einordnung der für Freges Semantik entscheidenden Gliederung von Zeichen, Sinn und Bedeutung. Hier findet man, dass sich zwar jede Einteilung nach diesem Schema innerhalb des von der ontologischen Dimension durchzogenen *Bereiches* unterbringen lässt, da Zeichen stets der Außenwelt, Sinne dem Objektiv-Nichtwirklichen angehören, und Bedeutungen sogar jedem der drei ontischen Bereiche entnommen sein können. Gerade diese letzte Möglichkeit zeigt uns aber, dass die Gliederung nach Zeichen, Sinn und Bedeutung nicht in die ontologische *Dimension* fällt. Vielmehr haben wir der ontologischen eine eigene, durch Zeichen, Sinn und Bedeutung aufgespannte *semantische Dimension* gegenüberzustellen. Diese unterscheidet sich von jener durch ihre „Konstellationsabhängigkeit": die Stellung eines Objekts im Schema Zeichen–Sinn–Bedeutung kann, wie man sich etwa an der Carnapschen Konstruktion leicht klarmacht, von Fall zu Fall verschieden sein. Dagegen ist die Zugehörigkeit zu einem ontischen Bereich ein für allemal bestimmt: weder einem Fregeschen Gedanken noch einer Fantasievorstellung wird man je in der Außenwelt begegnen, so wie es niemand je erleben wird, dass ein Apfelbaum oder ein Ziegelstein zusammen mit Wünschen, Erinnerungen oder Willensregungen in seinem Bewusstsein aufsteigt. Darüber, dass Zeichen, Sinn oder Bedeutung zu sein keine Eigenschaften sind, hat sich Frege vielleicht dadurch täuschen lassen, dass die Variabilität der Stellung innerhalb der semantischen Dimension nicht *völlig* unbeschränkt ist. Frege hatte ja in der oben zitierten Bemerkung (*Frege 1892b*, 35) selbst darauf aufmerksam gemacht, dass Gegenstände wie die Sonne, ein Wahrheitswert oder ein Zeichen nicht zum Sinn werden *können*. Auch, dass alles in der *semantischen* Dimension zum Sinn Gewählte in der ontologischen Dimension dem Bereich der Gedanken angehört, mag Frege zur Identifikation der beiden Bereiche und damit zur Ontologisierung geführt haben.

Wir dagegen legen das Hauptgewicht gerade darauf, dass der letzte Übergang nicht umkehrbar ist: Gedanken und Gedankenteile können, beispielsweise bei der ungeraden Rede, aber auch im Rahmen einer Konstruktion wie der Carnapschen, sehr wohl in der Rolle von Bedeutungen auftreten. Dieses Bild scheint uns durchaus erhellend: weil Zeichen, Sinn oder Bedeutung zu sein nur Rollen sind, fehlt uns jede Berechtigung, innerhalb der Semantik von „Sphären", „Reichen" o. ä. zu sprechen – es sei denn metaphorisch, wenn sich je eine solche Notwendigkeit ergeben sollte.

Damit entfallen auch Fragen wie die früher aufgeworfene, ob, was die logischen Gesetze angeht, die Sinnsphäre den Primat über die Bedeutungssphäre habe (wie die „Logischen Untersuchungen" meinen), oder ob „die logischen Gesetze zunächst Gesetze im Reich der Bedeutungen sind und sich erst mittelbar auf den Sinn beziehen" (*Frege 1983c*, 133). Ebenso entfällt die in der amerikanischen Literatur gelegentlich diskutierte Frage, an welcher Stelle einer „Entitätentafel" oder „ontologischen Tafel" die Sinne einzuordnen seien: Sinne gehören überhaupt nicht in eine solche Tafel. Die Entlastung von solchen Fragen scheint uns ein durchaus erfreuliches Ergebnis der Kritik zu sein. Nicht die Semantik geht dabei verloren, sondern nur die Auffassung der semantischen Dimension als einer Sphäreneinteilung, zugunsten ihrer Deutung als ein rein begriffliches Hilfsmittel, eine „Methode", um Carnaps Ausdruck aufzunehmen. Ihr Anwendungsgebiet sind die sprachlichen Gebilde, deren Struktur uns stets von Neuem in die Irre führt, indem sie vortäuscht, auch die logische Struktur des „Gemeinten" zu sein. Freges Übersetzungen komplexer sprachlicher Gebilde in die Sprache der Logik, vor allem aber seine Analysen in dem Aufsatz „Über Sinn und Bedeutung" werden für die legitime Anwendung der semantischen Methode immer ein der Bewunderung würdiges klassisches Vorbild bleiben.

Studie 3

Entitätentafeln

I

Wo immer philosophisches Denken glaubte, bis zur Stufe der Darstellbarkeit und Lehrbarkeit vorgeschritten zu sein, hat sich in der philosophischen Literatur der Drang zu systematischer Entwicklung auch in der Weise geäußert, dass der formale Aufbau des den Wissenschaften eigentümlichen Lehrbuchs und Kompendiums zum Vorbild wurde. Die am deduktiven Aufbau von Euklids „Elementen" orientierte *more geometrico* geführte philosophische Argumentation bildet dabei lediglich den, in der Überschau gesehen, ziemlich seltenen (und in der tatsächlichen Durchführung wohl ausnahmslos mißglückten) Extremfall. Viel allgemeiner werden jetzt, wie in den historischen und klassifizierenden Wissenschaften das Material der Untersuchung, in den exakten Wissenschaften das Inventar an Grundbegriffen und Prinzipien, so in den Darstellungen philosophischer Systeme die Grundbereiche der Schöpfung, die Grundrichtungen menschlichen Erkennens, die Grundbeschaffenheiten alles Seienden, oder was immer man zu dem vermeintlich ewigen Bestand an Gegenständen philosophischer Bemühung rechnen mag, dem Philosophiebeflissenen in Listen, Tafeln und Tabellen dargeboten.

Ob Kant der erste war, der in einer solchen Aufstellung mehr als eine bloße Äußerlichkeit sah, wird sich kaum beantworten lassen; jedenfalls scheint er der erste gewesen zu sein, der für eine solche Tafel in aller Ausdrücklichkeit die Deduzierbarkeit aus einem einzigen „Prinzip" in Anspruch genommen hat. Die Grundbegriffe nämlich, die er nach Aristoteles „Kategorien" genannt und in einer „Tafel der Kategorien" – dem heute wohl berühmtesten Exemplar eines solchen Schemas – zusammengestellt hat, sind keineswegs zu Lehr- und Lernzwecken oder zur Bequemlichkeit des Lesers in der bekannten Weise, vier „Klassen" zu drei Gliedern, angeordnet worden. Ihre Einteilung ist vielmehr, wie Kant versichert, „systematisch aus einem gemeinschaftlichen Prinzip [...] erzeugt" (*KrV*, B 106). Die Bedeu-

Dieser Aufsatz ist zuerst erschienen in: Wilhelm Arnold / Hermann Zeltner (Hgg.), *Tradition und Kritik. Festschrift Rudolf Zocher zum 80. Geburtstag*, Frommann-Holzboog: Stuttgart-Bad Cannstatt 1967, 263–282 (*Thiel 1967*).

tung dieser Behauptung liegt darin, dass sie eine Rechtfertigung verspricht für die Auszeichnung gerade *dieser* Begriffe als Kategorien: denn das Problem im Fall der Kategorientafel bestand ja nicht in der „Aufsuchung" der Urbegriffe – wie uns Kant glauben machen will –, sondern in ihrer *Auswahl* aus einem überreichlich vorhandenen Angebot der zeitgenössischen Ontologien, Kants eigene frühere Kollektionen nicht ausgenommen (vgl. *Heimsoeth 1952*, *Heimsoeth 1963*, 376–403).

Den Gegenstand dieser Studie soll jedoch nicht die Kantische Kategorientafel bilden, sondern eine neue Species, um die das Genus der „philosophischen" Tafeln in jüngster Zeit in den Vereinigten Staaten bereichert worden ist. Wenn diese Species heute noch kaum bekannt ist, so liegt dies wohl in erster Linie daran, dass sie bisher nur in einem für europäische Begriffe sehr entlegenen Gebiet aufgetreten ist: der in den fünfziger Jahren erschienenen Sekundärliteratur zur Fregeschen Logik. Hier findet sich eine Reihe von Untersuchungen, in denen die ontologischen Voraussetzungen der Logik Freges in Gestalt einer „ontologischen Tafel" oder „Entitätentafel" vor Augen geführt werden sollen. Drei solche Schemata werden wir im folgenden betrachten. Wenngleich diese Tafeln, wie ihre Unterscheidung verrät, verschieden sind, so enthalten sie doch wenigstens einen gemeinsamen Fehler. Er besteht, kurz gesagt, darin, dass die der Entitätentafel zugrunde liegende Klassifikation die Orientierung an ontologischen Gesichtspunkten durchbricht und einer Unterscheidung Eingang verschafft, die rein semantischer Natur ist. Die Konsequenzen dieses Fehlers, die weiter reichen, als es auf den ersten Blick scheint, sollen aufgezeigt werden. Die Untersuchung verläuft wie folgt. Zuerst wird von Freges Logik so viel (und nur so viel) dargestellt, wie zur Sicherung einer Diskussionsbasis erforderlich ist. Danach werden die drei erwähnten Entitätentafeln vorgeführt und, sowohl ihrem interpretatorischen Wert als auch ihrem sachlichen Gehalt nach, erörtert. Der ihnen gemeinsame Fehler wird mit seinen wichtigsten Konsequenzen aufgewiesen. Ein kurzer Exkurs zu gewissen vorkantischen Ontologien zeigt dann, dass der vorgefundene Fehler keineswegs so neu ist, wie es zunächst schien, dass er vielmehr eine, wenn schon nicht ehrwürdige, so doch immerhin lange Geschichte aufzuweisen hat. Unter dem damit eröffneten weiteren Blickwinkel wird schließlich erkennbar, dass die behandelte Strukturfrage kein Spezialproblem der Logik und schon gar nicht ein solches der Fregeschen Logik ist, sondern eine der (im wörtlichen Sinne) grundlegenden Voraussetzungen jeder ontologischen Klassifikation betrifft.

II

Frege hat zwei Arten von Ausdrücken einer Sprache unterschieden. Die erste Art umfasst die „unvollständigen Ausdrücke", das sind solche, die „leere Stellen" zur Aufnahme anderer Ausdrücke mit sich führen. Die zweite Art umfasst die „vollständigen" Ausdrücke, die keine solchen Stellen enthalten. „Die Hauptstadt von ..." und „... ist Element von —" sind Beispiele für unvollständige Ausdrücke, „Kleopatra" und „Es gibt fünf platonische Körper" solche für vollständige Ausdrücke. Allerdings gibt uns diese Erläuterung noch keine adäquate Darstellung der Fregeschen Unterscheidung, da z. B. der Ausdruck „Primzahl", den wir nach den gegebenen Beispielen als vollständig bezeichnen würden, von Frege gerade zu den unvollständigen Ausdrücken gezählt wird, mit der Begründung, dass er prädikativ gebraucht werde. Dies zeigt erstens, dass Frege den Satz „7 ist eine Primzahl" nicht ansieht als zusammengesetzt aus den vollständigen Ausdrücken „7" und „Primzahl" und dem unvollständigen Ausdruck „... ist eine —", sondern als bestehend aus dem vollständigen Ausdruck „7" und dem unvollständigen Ausdruck „... ist eine Primzahl". Wir sehen zweitens, dass für die Klassifikation eines Ausdrucks als vollständig oder unvollständig nicht die äußere Form maßgebend ist, sondern seine „logische Form", die sich in seinem tatsächlichen Gebrauch spiegelt.

Die Diskrepanz zwischen äußerer und logischer Form auszuschalten, war eines der Ziele der Fregeschen Begriffsschrift. So findet sich die Einteilung in vollständige und unvollständige Ausdrücke schon in der ersten logischen Abhandlung Freges, der *Begriffsschrift* von 1879, mit der wir uns hier aber nicht weiter befassen wollen. Frege hat dann in seinem Aufsatz „Über Sinn und Bedeutung" eine Unterscheidung zwischen dem „Sinn" und der „Bedeutung" eines Ausdruckes eingeführt und in allen späteren Schriften beibehalten (*Frege 1892b*). Er betrachtet zunächst Bezeichnungen für Gegenstände. Ein Gegenstand ist z. B. der Planet Venus. Er kann sowohl durch den Ausdruck „der Morgenstern" als auch durch den Ausdruck „der Abendstern" bezeichnet werden. Beide Ausdrücke sind also Namen desselben Gegenstandes, aber sie stellen ihn durch ganz verschiedene Kennzeichnung dar. Frege sagt dafür: Die Ausdrücke haben dieselbe *Bedeutung*, aber verschiedenen *Sinn*. In gleicher Weise lassen sich die Ausdrücke „3 + 4" und „5 + 2" als Namen verschiedenen Sinnes für dieselbe Zahl ansehen. Die Bedeutung ist im ersten Beispiel der Planet Venus, im zweiten Beispiel die Zahl 7. Was jeweils der Sinn der Ausdrücke ist, erfahren wir nicht.

Stattdessen versucht Frege sogleich eine Erweiterung des Sinn-Bedeutung- Schemas auf ganze Sätze (womit hier immer Aussagesätze gemeint sein sollen). Als mögliches Korrelat eines solchen Satzes nennt er den von ihm ausgedrückten *Gedanken*, den wir hier allerdings nicht als etwas Psychisches missverstehen sollten: Frege gebraucht den Terminus im Sinn von (objektivem) „Inhalt". Das heißt, er spricht von ihm so, wie man von einem Gedanken spricht, auf den zwei Erfinder zur gleichen Zeit gekommen sind – wobei wir annehmen, dass dieser Gedanke bereits Klarheit gewonnen hat, und davon absehen, dass er sich meist nicht in einem einzigen Satz wird ausdrücken lassen. Frege zieht nun ohne Begründung nur zwei Möglichkeiten in Betracht: es gelte herauszufinden, ob der Gedanke als der Sinn oder als die Bedeutung des Satzes anzusehen sei. Frege benützt hier wie in anderen, verwandten Fällen ein Invarianzprinzip zur Entscheidung: Der Sinn (die Bedeutung) eines zusammengesetzten Ausdrucks ändert sich nicht, wenn einer seiner Teilausdrücke durch einen anderen ersetzt wird, der den gleichen Sinn (die gleiche Bedeutung) hat. Da sich nun der von einem Satz ausgedrückte Gedanke durchaus ändert, wenn man einen im Satz vorkommenden Gegenstandsnamen durch einen sinnverschiedenen Namen desselben Gegenstandes ersetzt (während die Bedeutung unberührt bleibt, da ja an ihr nichts geändert wurde), so kann der Gedanke nicht die Bedeutung des Satzes sein. Also bleibt nur die andere Möglichkeit: der von einem Satz ausgedrückte Gedanke ist der Sinn des Satzes.

Was aber ist dann die Bedeutung des Satzes? Das einzige, was Frege als invariant gegenüber Einsetzungen der angegebenen Art auffinden kann, ist die Wahrheit oder Falschheit des Satzes. Wahrheit und Falschheit werden deshalb – man möchte sagen, ob sie wollen oder nicht – zu Satzbedeutungen erklärt. Frege nennt sie „das Wahre" und „das Falsche" und spricht von ihnen – aus Gründen, die erst in anderem Zusammenhang klar werden – als den beiden *Wahrheitswerten*.

Schließlich lässt sich das Sinn-Bedeutung-Schema auch auf unvollständige Ausdrücke anwenden. Frege hat dies in den veröffentlichten Schriften nicht durchgeführt, doch gibt es in seinem wissenschaftlichen Nachlass ein Fragment, in dem er sich eigens mit diesem Thema beschäftigt und die Erweiterung auch als von Anfang an intendiert hinstellt. Dabei ist freilich nur die Rede vom *Sinn* unvollständiger Ausdrücke neu; Funktionen als *Bedeutungen* unvollständiger Ausdrücke werden ja schon 1891 in dem Vortrag *Function und Begriff* eingeführt (*Frege 1891a*). Frege wählt dort als Ausgangsbeispiel die Ausdrücke

$$„2 \cdot 1^3 + 1“,$$
$$„2 \cdot 2^3 + 2“,$$
$$„2 \cdot 4^3 + 4“,$$

von denen gesagt wird, durch sie seien die drei Zahlen 3, 18 und 132 als *Werte* ein und derselben *Funktion* gegeben. Die Funktion selbst kann dann nach Freges Meinung als die Bedeutung des gemeinsamen Teils der Beispielausdrücke angesehen werden,[1] d. h. als die Bedeutung des „Funktionsnamens“

$$„2 \cdot x^3 + x“.$$

„Funktionen“ im Fregeschen Sinne sollen aber nicht nur solche mathematischer Natur sein: *jeder* unvollständige Ausdruck ist Name einer Funktion. Beispielsweise hätten wir ebensogut ausgehen können von den Sätzen „Caesar eroberte Gallien“, „Frege eroberte Gallien“, „Die Zugspitze eroberte Gallien“. Sondert man hier die Gegenstandsnamen „Caesar“, „Frege“ und „Die Zugspitze“ ab, so behält man als gemeinsamen Bestandteil der drei Sätze den unvollständigen Ausdruck „... eroberte Gallien“. Dieser ist nach dem Gesagten einerseits ein Funktionsname, andererseits stellt er einen *Begriff* dar, nämlich den Begriff „Eroberer Galliens“. Umgekehrt erhalten wir durch Einsetzen irgendeines Gegenstandsnamens „g“ in die Leerstelle eines einstelligen Begriffsausdrucks „$B(x)$“ einen Satz „$B(g)$“. Da die Bedeutung des unvollständigen Ausdrucks „$B(x)$“ eine einstellige Funktion sein sollte, die Bedeutung des Gegenstandsnamens „g“ ein Gegenstand und die des Satzes „$B(g)$“ ein Wahrheitswert, so können wir kurz sagen: Begriffe sind für Frege einstellige Funktionen, die als Argumente Gegenstände und als Werte Wahrheitswerte haben. Es gibt auch zweistellige Funktionen dieser Art; Frege nennt sie *Beziehungen*. Es bedarf nun nur noch eines Schrittes, um zum vollständigen Fregeschen Funktionsbegriff zu gelangen. Bisher hatten wir lediglich die Möglichkeit geschaffen, über Gegenstände etwas auszusagen. Man will jedoch auch in Bezug auf Begriffe und allgemeiner in Bezug auf Funktionen prädizieren können, etwa von einem Begriff, dass tatsächlich Gegenstände unter ihn fallen, oder von einer Funktion, dass sie eindeutig sei.

Die dazu erforderliche Erweiterung des Funktionsbegriffes erreicht Frege, indem er die bisher betrachteten Funktionen, die er als solche „erster Stufe“ bezeichnet, jetzt selbst als Argumente neuer Funktionen zulässt.

---

1 Als Besonderheit des Fregeschen Funktionsbegriffes muss bemerkt werden, dass in einem Fregeschen Funktionsnamen lediglich die „markierenden Buchstaben“ $x, y, \ldots$ verändert werden dürfen (und auch dies nur nach den üblichen Substitutionsregeln), wenn der Ausdruck seine Bedeutung nicht ändern soll. So bezeichnen zwar „$2 \cdot x^3 + x$“ und „$2 \cdot w^3 + w$“ dieselbe Funktion, „$2 \cdot x^3 + x$“ und „$x(2 \cdot x^2 + 1)$“ aber verschiedene Funktionen.

Diese neuen Funktionen nennt er *„Funktionen zweiter Stufe"*. Beispielsweise stellt der den Sätzen

$$„\bigvee_x . x^2 = 4 .“,$$
$$„\bigvee_x . x > 0 .“,$$
$$„\bigvee_x \neg . x > 0 \dot{\rightarrow} \neg x^2 = 1 .“$$

gemeinsame Teil „$\bigvee_x \phi(x)$" (in dem „ϕ" die Leerstelle markiert) eine solche Funktion zweiter Stufe dar; denn die Ausdrücke „$x^2 = 4$", „$x > 0$" und „$\neg . x > 0 \dot{\rightarrow} \neg x^2 = 1$.", durch deren Einsetzung für „ϕ" man die obigen drei Existenzsätze erhält, sind ja selbst Namen von Funktionen *erster* Stufe, oder noch genauer: sie sind Namen von *Begriffen* erster Stufe, und der den Sätzen gemeinsame Teilausdruck stellt einen Begriff zweiter Stufe dar. „Existenz" ist also kein Prädikat von Gegenständen – was schon Kant geläufig war –, sondern ein Prädikat von Begriffen. Es sagt von einem Begriff aus, dass er kein „leerer" Begriff sei, sondern wirklich Gegenstände unter ihn fallen.[2] Dies stellt sich freilich erst durch die logische Analyse heraus: im Deutschen wird ja die Existenz gerade den Gegenständen zugesprochen, wenn man sagt: „Es gibt (oder: es existieren) Gegenstände, die unter den Begriff... fallen."

Als letzten Grundbegriff der Fregeschen Logik benötigen wir jetzt noch den umstrittenen Begriff des *Wertverlaufes*. Den Zugang bildet der Begriff des *Begriffsumfanges*. Schon in der traditionellen Logik war es üblich, zwei Begriffen genau dann den gleichen Umfang zuzuschreiben, wenn jeder unter den einen Begriff fallende Gegenstand auch unter den anderen fällt.

---

2 Kants Auffassung des Existenzbegriffes wird in der Literatur nicht immer korrekt dargestellt. Selbst bei einem so kompetenten und gründlichen Interpreten wie Bruno Bauch findet sich eine Erläuterung wie die folgende: „Der gewöhnliche ontologische Beweis ist darum falsch, weil das Dasein kein Prädikat des Begriffes ist und darum nicht aus dessen bloß formaler Möglichkeit folgt" (*Bauch 1917*, 79). Dies ist geradezu irreführend, denn der ontologische Gottesbeweis ist gerade darum falsch, *weil* die Existenz ein Prädikat des Begriffes ist und die Rechtfertigung seiner Prädikation aus den Komponenten des Begriffes selbst nicht erschlossen werden kann. Sogar in der Formulierung kommt Kant Frege nahe: „Es ist aber das Dasein in denen Fällen, da es im gemeinen Redegebrauch als ein Prädikat vorkömmt, nicht so wohl ein Prädikat von dem Dinge selbst, als vielmehr von dem Gedanken, den man davon hat. Z. E. dem Seeeinhorn kommt die Existenz zu, dem Landeinhorn nicht. Es soll dieses nichts anders sagen, als die Vorstellung des Seeeinhorns ist ein Erfahrungsbegriff, das ist, die Vorstellung eines existierenden Dinges" (*Der Einzig mögliche Beweisgrund zu einer Demonstration des Daseins Gottes, Kant 1763*, A 6).

Fasst man die Begriffe wie Frege als spezielle Funktionen auf, dann kann man diese Bedingung auch so ausdrücken: Zwei Begriffe haben dann und nur dann den gleichen Umfang, wenn der Wert, den der eine Begriff für ein Argument annimmt, für dasselbe Argument stets auch von dem anderen Begriff angenommen wird.

Dies lässt sich in einfacher Weise auf Funktionen überhaupt ausdehnen. Erfüllen gewisse Funktionen $\Phi(x)$, $\Psi(x)$, ... die soeben für den Fall der Begriffe formulierte Bedingung, gilt also für jedes a:

$$\Phi(a) = \Psi(a) = \ldots,$$

so lässt sich dieses Verhalten dadurch veranschaulichen, dass man sagt, alle diese Funktionen hätten denselben „Wertverlauf". Dies gilt deshalb als „Veranschaulichung", weil die Mathematiker seit jeher gewohnt sind, bei einer Funktion mit geordnetem Argumentbereich den „Verlauf der Werte" in Gestalt einer Kurve anschaulich fassbar zu machen. In Erweiterung dieses Verfahrens sagt nun Frege auch von zwei einstelligen Funktionen $\Phi(x)$ und $\Psi(x)$ erster Stufe in *seinem* (allgemeineren) Sinne, die Funktion $\Phi(x)$ habe denselben Wertverlauf wie die Funktion $\Psi(x)$, wenn beide für dasselbe Argument stets denselben Wert haben.

„Denselben Wertverlauf haben" ist eine Äquivalenzrelation, und die Wertverläufe sind die abstrakten Entitäten, zu denen sie führt. Frege war der Meinung, dieser Abstraktionsprozess werde gemäß einem logischen Grundgesetz vollzogen, das seinerseits nicht weiter begründbar sei. Legitim, aber unbegründbar ist dann von seinem Standpunkt aus auch die Berechtigung, einzelne Wertverläufe mit eigenen Namen zu bezeichnen. Freges Schreibweise für den Wertverlauf von $\Phi(x)$ ist „$\dot{\varepsilon}\Phi(\varepsilon)$", wobei der vorangestellte, mit dem spiritus lenis versehene Buchstabe als Operator gedacht ist, der die (im Wertverlaufsnamen durch denselben Buchstaben markierte) Leerstelle des Funktionsnamens bindet. Funktionsname und zugehöriger Wertverlaufsname unterscheiden sich also nur dadurch, dass in dem letzteren die Leerstelle gebunden erscheint, der Wertverlaufsname also, im Gegensatz zum Funktionsnamen, ein vollständiger Ausdruck ist. Mit Hilfe von Wertverlaufsnamen geschrieben, lautet dann die angeführte Fregesche „Umsetzungsformel":

$$„\dot{\varepsilon}\Phi(\varepsilon) = \dot{\varepsilon}\Psi(\varepsilon) \Longleftrightarrow \bigwedge_x . \Phi(x) = \Psi(x)."$$

Wie Frege die Begriffe als spezielle Funktionen erklärt, so erklärt er die Begriffsumfänge als spezielle Wertverläufe, so dass man in Umkehrung der

Spezialisierung auch sagen kann: Wie dem Begriff sein Umfang, so entspricht der Funktion ihr Wertverlauf.

Diese Formulierung enthält freilich eine starke Voraussetzung. Bisher war ja nur gesichert, dass Begriffe, als spezielle Funktionen, einen zugehörigen „Wertverlauf" haben. Dass dieser mit dem identisch ist, was man unter dem „Begriffsumfang" traditionellerweise versteht, ist bisher in keiner Weise garantiert. Und in der Tat: die in Freges Darstellung implizierte Auffassung des Begriffsumfanges ist *nicht* im Einklang mit derjenigen der logischen Tradition.[3] Wie es scheint, haben die Interpreten noch keine Lösung dieser Schwierigkeit gefunden. Die einen möchten den Begriff des Wertverlaufes von vornherein so gefasst haben, dass die Spezialisierung zu den Begriffsumfängen im Sinne der Tradition führt; die anderen geben einem vernünftigen Wertverlaufsbegriff den Vorzug und opfern dafür lieber die traditionelle Auffassung des Begriffsumfanges. Diese Frage soll hier aber ebensowenig weiter verfolgt werden wie die gleichfalls ungeklärte Frage, wie Frege das Verhältnis zwischen *Funktion* und *Wertverlauf* aufgefasst haben wollte. Sicher ist, dass man es nicht so deuten darf, als sei die Funktion der Sinn des Funktionsnamens und der zugehörige Wertverlauf seine Bedeutung. Dies ist schon deshalb nicht zulässig, weil Frege nachweislich der Meinung war, dass vollständigen Ausdrücken ein vollständiger Sinn und eine vollständige Bedeutung, unvollständigen Ausdrücken ein unvollständiger Sinn und eine unvollständige Bedeutung zukomme. Die betrübliche Tatsache, dass uns Frege im Unklaren lässt darüber, was man sich unter Unvollständigkeit im Bereich des Sinnes oder der Bedeutung vorstellen solle, ändert daran nichts.

III

Wir wenden uns nun drei Versuchen zu, Freges „Universum der Entitäten" zu beschreiben. Alle drei durchmustern die Fregesche Logik in der Absicht, eine vollständige Aufstellung der Entitäten zu erhalten, deren Vorhandensein Frege ausdrücklich oder stillschweigend annimmt. Es ist kaum adäquat, ein solches Programm als „Aufdeckung der ontologischen Voraussetzungen" zu verstehen, zumal wenn – aufgrund einer engen Auslegung des sog.

---

3 Das Problem kompliziert sich dadurch, dass es, streng genommen, eine einheitliche Auffassung der Tradition nicht gibt. Die Auffassung des Begriffsumfanges als Gesamtheit der Unterbegriffe oder Teilbegriffe des Begriffs und die Auffassung des Begriffsumfanges als die Gesamtheit der unter den Begriff fallenden Gegenstände halten sich in der Tradition etwa die Waage.

Quineschen Kriteriums – nur solche Entitäten Beachtung finden, die im Wertbereich von gebundenen Variablen der betrachteten Logik liegen. Eine so starke Beschränkung empfiehlt sich schon deshalb nicht, weil sie es unmöglich macht, (beispielsweise) in einem mengentheoretischen System mit einheitlichem Variablentyp für Individuen und Klassen diese als verschiedene Arten von Entitäten zu verzeichnen. Man wird das Kriterium daher zumindest so weit auslegen müssen, dass auch die Aussagen über die *Interpretation* des Systems in vollem Umfang miteinbezogen werden. Damit erweitert sich freilich der Operationsbereich ganz beträchtlich. Es werden nun nicht mehr nur diejenigen Arten von Entitäten erfasst, die tatsächlich für den Aufbau der vorliegenden Logik Voraussetzung sind, sondern überhaupt alle Entitäten, auf die das System *anwendbar* sein soll (von deren Existenz oder Nichtexistenz im Einzelfall es aber nicht unbedingt affiziert wird). Auf diese Weise landen wir, von dem engen Ontologiebegriff vieler Arbeiten über „ontologische Voraussetzungen" eines logischen Systems ausgehend, nun doch bei einem Begriff von Ontologie, den wir dem traditionellen getrost gleichsetzen dürfen.[4]

Die drei Versuche zur Beschreibung von Freges Entitätenuniversum resultieren in drei ontologischen Tafeln. Die erste derselben findet sich in der eingehenden, seinerzeit rasch bekannt und einflussreich gewordenen Studie „Frege's Ontology" von Rulon S. Wells (*1951*). Ihr § 6 lautet (541 f.):

> *Eine Tafel.* Freges ontologisches System erlaubt eine schematische Darstellung. Alle Entitäten lassen sich einteilen in:
>
> A. Gegenstände
> 1. Gewöhnliche Bedeutungen
> a) Wahrheitswerte
> b) Wertverläufe
> c) Funktions-Korrelate[5]
> d) Örter, Zeitpunkte, Zeiträume
> e) Vorstellungen
> f) Andere Gegenstände
> 2. Gewöhnliche Sinne
>
> B. Funktionen
> 1. Funktionen, deren Werte sämtlich Wahrheitswerte sind
> a) mit einem Argument (Begriffe)
> b) mit zwei Argumenten (Beziehungen)

4 Es scheint, dass die im Folgenden genannte Arbeit von Wells von vornherein diesen Ontologiebegriff im Auge hat.

2. Funktionen, deren Werte nicht sämtlich Wahrheitswerte sind
   a) mit einem Argument
   b) mit zwei Argumenten.

Eine ganz ähnliche Struktur hat die Fregesche Ontologie, bei aller Differenz in der inhaltlichen Deutung, für Gustav Bergmann in dem Aufsatz, den er unter dem (für orthodoxe Fregeaner zweifellos schockierenden) Titel "Frege's Hidden Nominalism" veröffentlicht hat (*Bergmann 1958*). Das Bild, das er sich von Freges Entitätenuniversum macht, ist zwar erst von seinem Kritiker E. D. Klemke schematisiert worden, doch, wie es scheint, in einer durchaus getreuen Wiedergabe, so dass wir seine im folgenden als Nr. 2 wiedergegebene Tafel unbesorgt als „Bergmannsche Tafel" bezeichnen können (*Klemke 1959*, 508):

„Entitäten"

Gegenstände („existents"):	Funktionen (objektiv, aber keine Gegenstände und keine „existents"):
Individuen	
Zahlen	Mathematische Funktionen
Wahrheitswerte	
Extensionen	
(Klassen, Wertverläufe)	„Characters": Begriffe
Sinne	Beziehungen.
Gedanken (Propositionen)	
Begriffs-Korrelate[6]	

5 Nach Freges Auffassung bezeichnet der Ausdruck „der Begriff *Mensch*" nicht einen Begriff, sondern (wie der bestimmte Artikel anzeigen soll) einen Gegenstand, der den von dem unvollständigen Ausdruck „...ist ein Mensch" bezeichneten Begriff überall dort vertreten muss, wo über ihn etwas ausgesagt werden soll (z. B. „der Begriff *Mensch* ist nicht leer"). Diese Situation des Verfehlens der intendierten Bedeutung ergibt sich nicht nur bei Begriffen, sondern ganz allgemein bei Funktionen. Da Frege die funktionsvertretenden Gegenstände nicht näher kennzeichnet, insbesondere nicht sagt, ob sie mit den zugehörigen Wertverläufen identisch sein sollen, bleibt dem vorsichtigen Interpreten nichts übrig, als sie bei der Darstellung der Fregeschen Logik als eigene Kategorie unbestimmten Inhalts mitzuschleppen. Nach Wells' Vorgang geschieht dies heute allgemein in einer Rubrik mit der Überschrift „Funktions-Korrelate".

6 Der Spezialfall der Funktions-Korrelate für Begriffe.

Als drittes Beispiel soll schließlich diejenige Tafel dienen, die Klemke selbst im Anschluss an seine Kritik des Bergmannschen Schemas vorgeschlagen hat (513):

„Ontologische Entitäten“[7]

- Bedeutungen:
  - Gegenstände:
    - Individuen
    - Zahlen
    - Wahrheitswerte
    - Extensionen (?)
    - Begriffs-Korrelate
  - Funktionen:
    - Mathematische Funktionen
    - „Characters“:
      - Begriffe
      - Beziehungen
- Nicht-Bedeutungen:
  - Sinne
  - Gedanken.

Noch vor dem Haupteinwand wollen wir in aller Kürze drei kritische Bemerkungen anbringen, denen diese Tafeln schon als bloße Interpretationen der Fregeschen Auffassung ausgesetzt sind. Alle drei sehen die unter der Rubrik „Gegenstände“ zusammengefassten Arten (von denen wir die „Sinne“ im Augenblick einmal ausklammern wollen) als völlig gleichberechtigt an. Dieses Verfahren wird Freges Absicht offenbar nicht gerecht. Man braucht nur das Augenmerk auf die Wahrheitswerte und die Zahlen zu richten, um zu erkennen, dass zwar diese beiden Arten aufeinander nicht zurückführbar und insofern untereinander gleichberechtigt sind – aber eben doch nur untereinander! Innerhalb des vollen Entitätenuniversums sind beide nur ganz spezielle Wertverlaufstypen, die als solche auch im Schema als Unterarten in die Rubrik „Wertverläufe“ gehören.

Die etwas primitive Einrichtung der Rubrik für Funktionen geht zumindest bei einem der Autoren auf eine bewusste und ausdrückliche Beschränkung zurück. Es sei daher nur bemerkt, dass in den gebotenen Einteilungen einerseits die Stufenschichtung der Funktionen unberücksichtigt bleibt, andererseits die Frege in den *Grundgesetzen der Arithmetik* gelungene Be-

7 Des Lesers Neugier, welche Entitäten es außer „ontologischen“ wohl noch geben möge, bleibt in Klemkes Arbeit leider ungestillt.

schränkung auf ein- und zweistellige Funktionen zu Unrecht verallgemeinert wird (*GGA* I, *GGA* II).

Während die ersten beiden Tafeln ganz richtig die Unterscheidung von Gegenstand und Funktion als die fundamentale zugrunde legen, ersetzt Klemke in seiner Tafel diese Einteilung durch die angeblich vorrangige Unterscheidung von „Bedeutungen" und „Nicht-Bedeutungen". Er bemerkt hierzu erläuternd, dass bei Frege nicht das Gegenstand-sein, sondern das Bedeutung-sein den ontologischen Status anzeige. So richtig diese Feststellung ist, so macht doch gerade sie es unverständlich, weshalb dann „Nicht-Bedeutungen" überhaupt in einem Schema Platz finden, dem Klemke selbst die Überschrift „ontologische Entitäten" gegeben hat. Noch rätselhafter ist, wieso gerade Sinne und (als Spezialfall) Gedanken in diese Rubrik der Nicht-Bedeutungen gehören sollen: Ist es doch eine beinahe triviale Aufgabe, einen *Sinn* als Bedeutung darzustellen. Beispielsweise ist der Sinn des Satzes „Novikov widerlegte Burnsides Vermutung" zugleich die Bedeutung des Ausdrucks „der Gedanke, dass Novikov Burnsides Vermutung widerlegte". Aus dieser Möglichkeit folgt aber auch sofort, dass eine der Fregeschen Logik adäquate Entitätentafel eine echte (d. h. nichtleere) Rubrik „Nicht-Bedeutungen" überhaupt nicht enthalten *kann*.

Dies führt nun unmittelbar zu unserem Haupteinwand, der sich, wie eingangs erwähnt, gegen einen gemeinsamen Fehler aller drei Tafeln richtet. Er besteht, dies ist die hier vertretene These, in der Aufnahme der pseudo-ontologischen Prädikate „Sinn" und „Bedeutung" in eine Entitätentafel. Betrachten wir die Stellung dieser Begriffe in den vorgeführten Tafeln! Wells verzeichnet in seiner Tafel sowohl die Bedeutungen als auch die Sinne unter den Gegenständen; in der Bergmannschen Tafel sind nur die Sinne (und, unabhängig aufgeführt, Gedanken) genannt, ebenfalls jedoch in der Hauptrubrik für Gegenstände. Nach dem oben gegebenen Abriss des Fregeschen Systems ist diese Auffassung, nach welcher ja die Sinne (und bei Wells sogar die Bedeutungen!) grundsätzlich vollständige Entitäten wären, jedenfalls nicht die Auffassung Freges: für diesen haben ja unvollständige Ausdrücke ebenso ihren (unvollständigen!) Sinn und ihre (unvollständige!) Bedeutung wie Gegenstandsnamen.

Da unvollständige Bedeutungen nichts anderes als Funktionen sind, ließen sich die beiden ersten Tafeln in diesem Punkte berichtigen. Wo aber sollen in ihnen die unvollständigen *Sinne*, die doch ohne Zweifel dem Fregeschen Entitätenuniversum angehören, ihren Platz finden? Unter die Gegenstände können sie nicht aufgenommen werden, da sie unvollständig sind; auf die Seite der Funktionen passen sie erst recht nicht, weil Funktionen nie als Sinne, sondern nur als Bedeutungen fungieren können. Der Fehler –

dass ein solcher vorliegt, ist nach dem Gesagten wohl kaum noch zu leugnen – lässt sich durch kleinere Korrekturen nicht mehr beheben. Die dritte Tafel schließlich enthält den „dualen“ Fehler zu dem eben aufgewiesenen: die Einteilung in Bedeutungen und Nicht-Bedeutungen. Wir hatten sie bereits kritisiert, mit dem Ergebnis, dass in einer ontologischen Tafel für Freges System eine Rubrik für Nicht-Bedeutungen stets leer bleiben muss (und daher ebensogut wegfallen kann: *jede* Entität in Freges Logik ist Bedeutung). Andererseits lässt sich das jetzt von uns gestellte Problem einer passenden Einordnung der Sinne auch in der dritten Tafel nicht lösen: einerseits müssten nämlich (vollständige) Sinne in die Rubrik für *Gegenstände* aufgenommen werden – womit sie unter die Überschrift „Bedeutungen“ gerieten –, andererseits findet sich in der noch übrigen Rubrik der Funktionen kein Platz für die unvollständigen Sinne, aus dem eben genannten Grunde, dass *Sinne* nicht unter die Funktionen gehören.[8] Man könnte zunächst noch daran denken, die Schwierigkeit einfach dadurch zu beheben, dass man die Unterscheidung von Funktion und Gegenstand durch die von unvollständigen und vollständigen Entitäten ersetzt und von dieser Dichotomie die andere von Sinn und Bedeutung *überschneiden* lässt. Dieses Experiment einer Tafel mit zwei Eingängen lohnt aber nicht: es lassen sich gute Gründe dafür anführen, dass die Verwendung des Sinn-Bedeutung-Schemas in einer ontologischen Tafel in *jedem* Falle fehlerhaft und daher unzulässig ist. Man kann das Problem gleich etwas allgemeiner fassen und die Frage stellen, welche Prädikate man in eine Entitätentafel als „ontologische Prädikate“ aufnehmen solle und welche nicht. Eine Antwort auf diese Frage setzt, wie

---

8 Das letzte Argument ist in dieser einfachen Form nicht zwingend. Man könnte nämlich glauben, unvollständige Sinne ließen sich ebenso wie vollständige Sinne mühelos zu Bedeutungen von Ausdrücken machen und dann also doch in der Rubrik für Funktionen (d. h. unvollständige Bedeutungen) unterbringen. Diese Möglichkeit soll hier jedenfalls nicht geleugnet werden (zumal die Gültigkeit unseres Einwandes gegen semantische Kategorien in ontologischen Tafeln davon nicht berührt wird). Doch sei bemerkt, dass wir hier aus einer ganz neuen Richtung wieder auf das bei den Funktions-Korrelaten vorgefundene Problem geführt werden. Nach Freges Auffassung würde ja ein Ausdruck der Form „der Sinn von ‚$F(x)$‘“ einen *Gegenstand*, d. h. keine unvollständige Entität und somit auch nicht den gewünschten unvollständigen Sinn bezeichnen. Das heißt, es könnte sein, dass wir, bildlich gesprochen, notwendigerweise an dem gemeinten unvollständigen Sinn vorbeischießen und immer nur den ihn vertretenden Gegenstand treffen. In den unvollständigen Sinnen hätten wir dann möglicherweise Sinne, die niemals als Bedeutungen fungieren könnten. Die Lösungsmöglichkeit durch Weiterführung des Fregeschen Umschreibungsversuchs kann hier nicht erörtert werden.

immer sie lauten möge, die Klärung des Begriffes „ontologisches Prädikat" voraus. Eine Minimalaussage dazu ist, dass ein ontologisches Prädikat jedenfalls von der Art sein muss, dass es den Entitäten, denen es zukommt, wesentlich zukommen solle in dem Sinne, dass es gegen ein anderes ontologisches Prädikat grundsätzlich nicht *austauschbar* ist. Diese Permanenz spiegelt sich in der Ausschließlichkeit der *Haupt*rubriken einer Entitätentafel, beispielsweise der Rubriken „Gegenstände" und „Funktionen" in einer der Fregeschen Logik adäquaten Entitätentafel: weder kann ein Gegenstand jemals in eine Funktion „verwandelt" werden (ebensowenig wie eine Funktion in einen Gegenstand), noch kann eine Entität zugleich Funktion *und* Gegenstand sein. Ein weiteres Beispiel legt Frege selbst nahe, wenn er (in ganz anderer Absicht freilich) in dem Aufsatz „Der Gedanke" schreibt:

> Der von der Philosophie noch unberührte Mensch kennt zunächst Dinge, die er sehen, tasten, kurz mit den Sinnen wahrnehmen kann, wie Bäume, Steine, Häuser und er ist überzeugt, daß ein Anderer denselben Baum, denselben Stein, den er selbst sieht und tastet, gleichfalls sehn und tasten kann. Zu diesen Dingen gehört ein Gedanke offenbar nicht,

und wenn er dazu in einer Fußnote erklärt (*Frege 1918a*, 66):

> Ich bin hier nicht in der glücklichen Lage eines Mineralogen, der seinen Zuhörern einen Bergkristall zeigt. Ich kann meinen Lesern nicht einen Gedanken in die Hände geben mit der Bitte, ihn von allen Seiten recht genau zu betrachten.

Warum geht das nicht? Eine solche Frage empfinden wir als unsinnig. Und zwar darum, weil wir *wissen*, dass physisch zu sein und psychisch zu sein unveränderliche und unvertauschbare Eigenschaften von Entitäten sind: der Gedanke kann nicht physisch (und sinnlich wahrnehmbar) werden, *weil* er psychisch ist. „Physisch" und „Psychisch" sind m. a. W. ontologische Prädikate. Frege kennt deren mindestens drei (wenn wir „Funktion" und „Gegenstand" einmal außer Acht lassen): neben dem Psychischen (dem Subjektiv-Wirklichen) und dem Physischen (Objektiv-Wirklichen) noch das „dritte Reich" des Objektiv-Nichtwirklichen, in dem zumindest alle Sinngebilde und alle sog. abstrakten Entitäten – Freges „logische Gegenstände" – zu lokalisieren sind. Wir wollen auf eine vergleichende Beschreibung anderer Prädikate und Pseudo-Prädikate („farbig", „schwer", „dreißig Jahre alt" u. a. m.) verzichten, da das Gesagte wohl eine für unseren Zweck hinreichend klare Vorstellung davon gibt, wann ein Prädikat „ontologisch" heißen kann.

Kehren wir zu unserem Streitpunkt zurück, so ist sofort eines deutlich: dass Sinn zu sein und Bedeutung zu sein *nicht* von der beschriebenen Art sind. Denn es gibt Entitäten, die einerseits als Sinn fungieren, andererseits (zugleich oder zu einem anderem Zeitpunkt) als Bedeutung. Wir hatten dies schon am Beispiel eines Gedankens („Novikov widerlegte Burnsides Vermutung") nachgewiesen. „Sinn" und „Bedeutung" werden also sicher keine ontologischen Prädikate sein. Was aber sind sie dann? Vorwegnehmend haben wir sie weiter oben schon einmal als „pseudo-ontologische" Prädikate bezeichnet. Dies lässt sich erläutern durch die Feststellung, dass man es einer Entität, allein betrachtet, nicht „ansehen" kann, ob sie Sinn oder Bedeutung, ob sie beides oder keines von beiden ist.[9] Dies ist nur möglich, wenn wir auch das Bezugssystem berücksichtigen, in unserem Fall also zumindest die Sprache oder das System von Konventionen, innerhalb deren und in Bezug auf welche eine Entität Sinn oder Bedeutung eines Ausdrucks (oder Sinn eines und Bedeutung eines anderen Ausdrucks) ist. Aussagen darüber, ob eine Entität Sinn oder Bedeutung sei, sind daher nicht Aussagen über Eigenschaften (insbesondere nicht „Wesenseigenschaften") dieser Entität, sondern Aussagen über die *Funktion* oder die *Rolle*, die einem bestimmten Ausdruck, der sich in einer gewissen Weise auf die Entität bezieht, aufgrund einer Konvention in dem von Entitätenuniversum und sprachlichem System gebildeten Ganzen zukommt. Da die Funktion oder Rolle, die einer Entität als Sinn oder Bedeutung zukommt, innerhalb einer Bezeichnungsfunktion ausgeübt wird, können wir „Sinn" und „Bedeutung", um den Unterschied gegenüber ontologischen Prädikaten zum Ausdruck zu bringen, als „semantische Prädikate" bezeichnen, motiviert durch den Umstand, dass die Untersuchung dieser Begriffe, ihrer verschiedenen Rollen sowie der Situationen ihres Zusammenwirkens eine charakteristische Aufgabe der Semantik ist.

IV

An diesem Punkte der Untersuchung, vor allem nach den letzten Formulierungen des vorigen Abschnitts, könnte es nun scheinen, als sei das ganze Problem von Sinn, Bedeutung und Entitätentafeln, wenn nicht überhaupt ein Spezialproblem der Frege-Interpretation, so doch jedenfalls eines von Logik und Semantik, das mit Ontologie oder irgendeiner anderen ehrbaren

---

9 Es versteht sich, dass wir hier schon aus Platzmangel solche Fälle ausschließen, in denen ein der sprachlichen Form und Verwendung nach einstelliges Prädikat in Wahrheit ein relationales Prädikat ist. Beispiel: Kants „Alle Körper sind schwer" heißt nicht, jedem einzelnen Körper komme das Prädikat „schwer" zu, sondern: von der Gesamtheit der Körper gilt, dass jeder Körper gegen alle anderen gravitiert.

Teildisziplin der Philosophie im altbewährten Sinne nichts zu tun hat. Wir sagen: so könnte es scheinen. Denn wir wollen jetzt abschließend einen Blick auf einige angesehene vorkantische Ontologien werfen, der uns eines Besseren belehren wird. Theorien über das Verhältnis von Zeichen und Bedeutung hatten bei den Scholastikern hohes Ansehen genossen und eine recht gründliche Ausarbeitung erfahren. In den Ontologien der deutschen Aufklärungsphilosophie war ihnen dagegen nur ein sehr kümmerliches Dasein beschieden. Lambert kennzeichnet die Situation durchaus treffend, wenn er den § 646 seiner *Anlage zur Architectonic* (*1771*) mit den Worten beginnt: „Nachdem wir nun die verschiedenen Hauptarten der Verhältnisse durchgangen, so können wir das, was man in der Ontologie zuletzt noch mitnimmt(!), ebenfalls noch berühren, und die Verbindungen untersuchen, welche zwischen *Zeichen* und den dadurch *bedeuteten Sachen* vorkommen" (975). Lambert verweist dann auf die in seinem *Neuen Organon* entwickelte „Semiotik" oder „Lehre von der Bezeichnung der Gedanken und Dinge", eine von Lambert ausdrücklich als „instrumental" bezeichnete Wissenschaft, die untersuchen soll, „was die Sprache und andere Zeichen für einen Einfluss in die Erkenntniss der Wahrheit haben, und wie sie dazu dienlich gemacht werden können" (*Lambert 1764*, Vorrede). Natürlich wird Lockes „Semeiotik" erwähnt, und dann von Christian Wolff, in deutlicher Abhebung, gesagt, er sei „in Absicht auf den Gebrauch der Wörter in seinen beiden Vernunftlehren sehr kurz, und folget überhaupt einem ganz anderen Leitfaden" (ebd.).

Der „ganz andere Leitfaden" Wolffs ist schon daran zu erkennen, dass die Lehre vom Zeichen bei ihm im Rahmen der Ontologie abgehandelt wird. Der zweite Teil von Wolffs *Ontologie* (*1736*) mit dem Titel „De speciebus entium & eorum ad se invicem respectu" enthält nämlich eine Sectio III: „De Respectu Entium ad se invicem" und in dieser (nach dem Caput 2: „De Causis") als Caput 3: „De Signo" (688–696). Das Kapitel ist inhaltlich bemerkenswert dürftig. Die Zeichen werden lediglich als Anzeichen verstanden: „signum dicitur ens, ex quo alterius praesentia, vel adventus, vel praeteritio colligitur", und dies gilt nicht nur für die sog. natürlichen Zeichen, sondern auch für die „artificialia signa, quorum vis significandi pendet ab arbitrio entis ejusdam intelligentis, veluti hominum". Die Wörter zeigen uns die Vorstellungen im Innern des Sprechenden in derselben Weise an, wie sich seine Gemütsbewegungen in Miene, Gestik und Stimme kundtun. Das alles, einschließlich der einseitig psychologischen Sehweise, ist natürlich nicht neu. In gewisser Hinsicht waren die Erklärungen des Zeichens in der Scholastik sogar befriedigender: Wilhelm von Occam (*1498/1974*, 8 f.) etwa versteht unter einem Zeichen „[omne illud] quod apprehensum aliquid aliud in cognitionem facit venire" und unterscheidet die natürlichen Zeichen („naturalia" =

Begriffe) von den konventionellen („ad placitum instituta" = Wörter). Und die Anzeichentheorie, die sich in einer Variante auch in Hobbes' *Leviathan* von 1651 findet („Signum est antecedenti eventui eventus consequens, et contra, consequenti antecedens", hatte sich bis zu Wolffs Zeiten offenbar gut erhalten, weit besseren Zeichendefinitionen zum Trotz, wie etwa der so einfachen und doch treffenden Definition „signum est, quod ostendit se et praeter se aliud repraesentat" in J. Micraelius' *Lexicon Philosophicum* von 1653 (*Hobbes 1651*, 3). Unser Interesse gilt jedoch nicht den Definitionen des Zeichens, sondern der Tatsache, dass die Lehre vom Zeichen zur Ontologie gerechnet und die Beziehung des Zeichens zur Bedeutung als eine Beziehung von Entitäten untereinander, d. h. als ein reines „Seinsverhältnis" verstanden wird.

Nachdem wir diese Auffassung bei Wolff angetroffen haben, ist es kaum überraschend, ihr auch bei dem „vorzüglichsten der Metaphysiker", A. Baumgarten (*1779*), wieder zu begegnen (vgl. *Kant 1807*, Sectio II, Prop. XI, 1). In seiner *Metaphysik* findet sich im Teil I (der *Ontologie*, wie erwartet) eine „Tractatio de Praedicatis Entium", und hier, im Unterabschnitt „(de praedicatis) externis s. relativis", als viertes Prädikatenpaar das uns interessierende „signum et signatum" (Sectio VIII). Auch bei Baumgarten also die gleiche Klassifikation wie bei Wolff, „Zeichen" und „Bedeutung" werden als relationale ontologische Prädikate verstanden. Welche Gründe für die Aufnahme von „Zeichen" und „Bedeutung" in die Liste ontologischer Prädikate bestanden, ist nicht ganz klar.[10] Ob es die Auffassung der Bedeutung als „vis" oder „potestas" war, die die Zeichenbeziehung so einseitig ontologisch sehen ließ? Oder war es einfach die Deutung des Zeichens als „medium cognoscendae alterius existentiae" und „signati principium cognoscendi", die es *notwendig* erscheinen ließ, diese Beziehung zweier Entitäten der Liste von relationalen ontologischen Prädikaten noch anzufügen – weil man eine so wichtige Beziehung nicht einfach übergehen konnte? Stehen sie vielleicht deshalb nur an letzter Stelle, weil man immer empfunden hatte, dass sie eigentlich nicht ganz in diese Umgebung passen? Lamberts Bemerkung stellt ja die damals übliche Behandlung unmissverständlich als Verlegen-

---

10 Die Gründe, welche die Fregeforscher der Gegenwart zur Auffassung von „Sinn" und „Bedeutung" als ontologische Prädikate geführt haben, sind mit Sicherheit ganz anderer Art als die Motive der deutschen Aufklärungsphilosophen. Ihr Hauptmotiv ist wohl die unbestreitbare ontologische *Relevanz* des Begriffspaars durch die „Vervielfachung der Entitäten", die es zur Folge hat: kann man jeden Sinn zur Bedeutung machen und entspricht jeder Bedeutung ein Sinn, so ergibt sich eine Unendlichkeit von Sinngebilden, die alle ontologischen Status haben. Vgl. *Carnap 1956*, 130.

heitslösung hin. Jedenfalls ist es merkwürdig, dass z. B. Baumgarten, wenn er vom „principium cognoscendi" spricht, mit keinem Wort Lockes Semeiotik erwähnt, "the business whereof is to consider the nature of signs the mind makes use of" (*Locke 1690*, Bk. IV, Ch. XXI). *Diese* Zeichentheorie war nämlich, Lockes Grundanliegen entsprechend, von ganz anderer Art: sie betonte den *erkenntnistheoretischen* Charakter mindestens ebenso einseitig wie die Wolff-Baumgartensche den vermeinlich ontologischen.[11] Der Vorzug von Lockes Betrachtungsweise bedarf keines eigenen Hinweises, während man sich andererseits kaum denken kann, dass Baumgarten die Verschiedenheit des Charakters von „Signum & signatum" gegenüber den anderen relationalen Prädikaten, „idem & diversum", „simultaneum & successivum", „caussa & caussatum" entgangen sein sollte. Man wird den Verdacht nicht los, bei Wolff und Baumgarten hätte schlechtweg jedes in einer Aussage $s_1, s_2, \ldots, s_n \, \varepsilon \, P$ verwendbare Prädikat, wenn es nur hinreichend allgemein aussah, einen Ehrenplatz in der Ontologie bekommen.

Wie dem auch sei: die Ähnlichkeit dieses Verfahrens mit der Aufnahme von Sinn und Bedeutung in moderne „ontologische Tafeln" (deren Verfasser kaum im Verdacht stehen, vorher die Ontologien Wolffs oder Baumgartens konsultiert zu haben) ist frappierend. Bedenkt man, dass die versehentliche Einbeziehung semantischer (und damit höchstens pseudo-ontologischer) Prädikate bereits die Aufstellung einer adäquaten Enitätentafel illusorisch macht – auch nach moderner Auffassung ist es die allererste Aufgabe des Ontologen, ein Verzeichnis der „vorhandenen" Entitäten anzufertigen! –, so ist es klar, dass eine Ontologie, die diesem Fehler schon an ihrem Ausgangspunkt zum Opfer fällt, kaum einer glücklichen Zukunft entgegengeht.

Sieht man überdies, dass der Fehler der „Semantisierung der Ontologie" auch eine Kehrseite hat, nämlich die Ontologisierung der semantischen Prädikate „Sinn" und „Bedeutung", welche den Aufbau einer arbeitsfähigen reinen Semantik unmöglich macht, so wird man nicht nur die Bedeutung der hier erörterten Frage für eine philosophische Grundlehre zu würdigen wissen. Man wird auch den Bemühungen Freges ein wenig mehr Beachtung schenken, der als Erster den erkenntnistheoretischen Charakter der Bezeichnungsfunktion als „semantisch" präzisiert und damit nicht nur die heute „Semantik" genannte Disziplin inauguriert, sondern auch die Möglichkeit einer zur Zeit noch kaum in Angriff genommenen *reinen* Semantik sichtbar gemacht hat.

---

11 Vgl. *Locke 1690*, Introduction § 2: "(my purpose is) to inquire into the original, certainty, and extent of *human knowledge*, together with the grounds and degrees of *belief*, *opinion* and *assent*".

STUDIE 4

Zur Inkonsistenz der Fregeschen Mengenlehre

Dass das von Frege in den *Grundgesetzen der Arithmetik* dargestellte System der Logik und Mengenlehre widerspruchsvoll ist,[1] weiß man seit Russells Herleitung der nach ihm benannten Antinomie.[2] Diese betrifft jedoch nicht nur Freges System, sondern auch alle Systeme der „naiven" Mengenlehre, die den Übergang von beliebigen, aufgrund anschaulicher Erwägungen für sinnvoll gehaltenen Aussageformen zu ihnen entsprechenden Mengentermen zulassen.

Es ist auch bekannt, dass Frege mit seinem Aufbau der Mengenlehre gerade solcher Naivität entgegenwirken wollte: durch das Mittel der Axiomatisierung sollten ja die Unsicherheiten der anschaulichen Begriffs- und Mengenbildung ausgeschaltet werden. Dieser erste Versuch liefert indes nur ein lehrreiches Beispiel dafür, dass dieses Ziel durch Axiomatisierung allein nicht zu erreichen ist. Zwar wird die Anschauung jetzt nicht mehr als unmittelbares Kriterium für die Zulässigkeit von Aussageformen und der

---

Dieser Aufsatz ist zuerst erschienen in: Christian Thiel (Hg.), *Frege und die moderne Grundlagenforschung. Symposium, gehalten in Bad Homburg im Dezember 1973*, Hain: Meisenheim am Glan 1975 (*Studien zur Wissenschaftstheorie*, 9), 134–159 (*Thiel 1975b*).

1 Die im Folgenden dargestellten Überlegungen habe ich erstmals im Wintersemester 1970/71 als Teil meiner Kieler Vorlesung „Freges Logik und Sprachphilosophie" vorgetragen und für die Zwecke eines Seminars „Probleme der neueren Fregeforschung" im Wintersemester 1972/73 an der RWTH Aachen einem Arbeitspapier zugrunde gelegt. Dieses Arbeitspapier mit dem Titel „Woran ist Freges Logik gescheitert?" wurde auf der Fregetagung in Bad Homburg als Tischvorlage verteilt und diskutiert. Die Ergebnisse dieser Diskussion habe ich in der vorliegenden, stark überarbeiteten Fassung zu berücksichtigen versucht. Im Titel wie auch im folgenden Text wird Freges System als ein System der Mengenlehre bezeichnet. Frege selbst hielt den Übergang vom allquantifizierten Bisubjungat zweier einstelliger Aussageformen zur Gleichung zwischen den ihnen entsprechenden Mengentermen (bei ihm allgemeiner: von einstelligen Funktionsnamen zu Wertverlaufsnamen) für rein logisch und fasste daher die Mengenlehre als einen Teil der Logik auf.

2 Man vgl. dazu Freges „Nachwort", *GGA* II, *Frege 1903a*, 253–265, das zugleich die erste Veröffentlichung und Diskussion der Russellschen Antinomie darstellt. Ferner *Russell 1903* (im gleichen Jahr wie *GGA* II, jedoch später erschienen, vgl. die „Note" am Ende von § 496). Die vollständige Publikation des diese Antinomie betreffenden Briefwechsels zwischen Frege und Russell in: *Frege 1976*, 211–252.

Übergänge von diesen zu entsprechenden Mengentermen herangezogen. Doch bleiben die vorher anschaulich motivierten Begriffsbildungen und Formeltransformationen in der – lediglich präzisierten – Gestalt für evident erklärter Axiome bzw. Regeln der rechtmäßigen Bildung von Ausdrücken akzeptiert.

Dass dies nicht ausreicht, hatte sich durch Russells Entdeckung gezeigt; in der Folgezeit wurde diese für jede naive Mengenlehre unpassierbare Klippe durch verschiedene Verbesserungen des von Frege gewählten Ansatzes umschifft. Am vorläufigen Ende dieser Entwicklung stehen die axiomatischen Mengenlehren der Gegenwart vom Typ Zermelo-Fraenkel-Skolem, v. Neumann-Bernays-Gödel, der einfachen oder der verzweigten Typentheorie usw. Alle diese Systeme sind (natürlich) so konstruiert, dass sie nicht nur Russells Antinomie und alle seither entdeckten weiteren Antinomien der naiven Mengenlehre, sondern von vornherein alle als „antinomienverdächtig" eingeschätzten Bereiche vermeiden. Während sie in diesem Sinne „bisher widerspruchsfrei" sind, ist bislang auch für keines dieser Systeme mit metamathematischen Mitteln ein Widerspruchsfreiheits*beweis* geliefert worden. Angesichts der immer wieder einmal unternommenen Anläufe in dieser Richtung besteht vielleicht kein Grund, von einem „Skandal" hinsichtlich der noch fehlenden Begründung der Mengenlehre zu sprechen. Angesichts der Tatsache, dass es überhaupt *verschiedene* Systeme der Mengenlehre gibt, deren jedes zwar den für die Mathematik (bisher!) wesentlichen mengentheoretischen Satzbestand liefert, die aber darüber hinaus miteinander unverträglich sind, besteht jedoch auch kein Grund, den Charakter dieser Lage als einer wirklichen Notlage leichthin zu überspielen. Die in den heutigen Systemen kodifizierten Lösungsvorschläge sind ad-hoc-Lösungen[3] – keines dieser Systeme ist so entstanden, dass jemand die Ursache der Russellschen Antinomie (und der anderen Antinomien), also den oder die Fehler der naiven Mengenlehre erkannt und ein von genau diesen Fehlern befreites System der Mengenlehre vorgelegt hätte.

Es ist daher auch heute noch kein überflüssiges, sondern ein durchaus sinnvolles Unternehmen, das Fregesche System der Logik und Mengenlehre auf solche Fehler hin zu durchsuchen. Zwar erweckt die Sekundärliteratur den Eindruck, dass dies bereits geschehen sei und das Ergebnis vorliege. Akzeptiert man nämlich Freges Regeln der rechtmäßigen Bildung von

3 Dies hat bereits Hans-Dieter Sluga deutlich ausgesprochen: *Sluga 1962*, 195–209. Zur ganzen Frage vgl. ferner *Thiel 1972a*, § 3.3, insbes. 96–101.

Funktionsnamen, so sind in Freges Grundgesetz V,

$$\vdash (\grave{\varepsilon} f(\varepsilon) = \grave{\alpha} g(\alpha)) = (\overset{\mathfrak{a}}{\smile} f(\mathfrak{a}) = g(\mathfrak{a})),$$

Einsetzungen für „f“ und „g“ möglich, welche die beiderseits des mittleren Gleichheitszeichens stehenden Ausdrücke in Sätze überführen, dem linken aber einen anderen Wahrheitswert zuweisen als dem rechten. Dann ist das Grundgesetz V selbst nach der Erklärung der Gleichheitsfunktion falsch, während es als Begriffsschriftsatz wahr sein soll. Dies kann also, akzeptiert man Freges Regeln der rechtmäßigen Bildung von Ausdrücken, nicht der Fall sein, und Frege hätte uneingeschränkt Recht mit der Behauptung (*GGA* II, 257):

> Wir können nicht allgemein die Worte ‚Die Function $\Phi(\xi)$ hat denselben Werthverlauf wie die Function $\Psi(\xi)$‘ als gleichbedeutend mit den Worten ‚die Functionen $\Phi(\xi)$ und $\Psi(\xi)$ haben für dasselbe Argument immer denselben Werth‘ gebrauchen [...].

Im Unterschied zu dieser Analyse habe ich seit 1970 in Vorlesungen und wohl zuerst 1972 in einer Veröffentlichung[4] die Meinung vertreten, dass der zum Scheitern des Fregeschen Systems führende Fehler nicht in der Art des in Freges Grundgesetz V enthaltenen Abstraktionsschrittes zu suchen ist, dass insbesondere nicht das Grundgesetz V als Schema fehlerhaft ist, sondern dass unter den bei Frege in diesem Grundgesetz für „f“ und „g“ einsetzbaren Funktionsnamen solche vorkommen, denen sich nach den von Frege vorgenommenen Bedeutungsfestsetzungen keine Bedeutung zuweisen lässt und die daher als unzulässig zu verwerfen sind. Nicht „unser bisheriges Kriterium des Zusammenfallens von Begriffsumfängen lässt uns hier im Stiche“ (wie Frege in *GGA* II, 262a, meint), nicht das Schema des Überganges von umfangsgleichen Begriffen zur Gleichheit der Begriffsumfänge ist fehlerhaft, sondern die in der naiven Mengenlehre zugrunde gelegten Vorstellungen von korrekter Begriffsbildung – bei Frege unter den Regeln der rechtmäßigen Bildung von Ausdrücken enthalten – sind unzulässig weit und bedürfen einer Einschränkung. Es genügt daher auch nicht, dem Grundgesetz V mit Hilfe der in diesem auftretenden Wertverlaufsnamen formulierte Forderungen als Antecedentien vorzuschalten (wie dies Frege im „Nachwort“ tut), sondern der Bereich der zur *Bildung* dieser Wertver-

4 In *Thiel 1972b*, 9–44, dort 41 f. Auf Seite 40 ist „materiale“ statt „logische“ Äquivalenz zu lesen.

laufsnamen verwendbaren Funktionsnamen muss enger abgegrenzt werden. Dies aber kann nicht in einem zusätzlichen Vordersatz zu Grundgesetz V geschehen (in dessen Formulierung ja selbst wiederum uneingeschränkte Funktionsvariable benutzt würden); vielmehr bedarf es bereits einer Änderung der Regeln der rechtmäßigen Bildung von Ausdrücken des Systems. Mein Vorschlag ist, dies unter dem Gesichtspunkt einer bei Frege zugrunde gelegten Art der Konstruktivität zu tun. Sie zeigt sich bei der nach den Fregeschen „Lückenbildungsprinzipien" (s. u.) erfolgenden Konstruktion von Funktions- und Gegenstandsnamen durch zirkelfreie Konstruktionsschritte von Urfunktionen aus. Diese bei Frege selbst angelegte Konstruktivität führt zum Ausschluss imprädikativer Verfahren,[5] sie erreicht andererseits, dass Bedeutungsnachweise nach der Fregeschen Idee (die freilich nicht schon *damit* gerechtfertigt ist) nicht an Beweiszirkeln scheitern. Wenn nur prädikative Funktions- und Gegenstandsnamen zugelassen werden, dann kann das Schema des Grundgesetzes V stehenbleiben. „Schuld" an der Inkonsistenz der Fregeschen Mengenlehre kann immer nur Grundgesetz V *in Verbindung* mit der Festlegung des Variabilitätsbereichs sowohl der schematischen Funktionsbuchstaben als der quantifizierten Gegenstandsleerstellen sein.

Die genauere Darlegung dieses Vorschlags geht zweckmäßigerweise vom Aufbau des Fregeschen Systems aus. Der die §§ 1–25 umfassende Abschnitt 1 des ersten Teils der *Grundgesetze der Arithmetik* enthält Ausführungen, die wir heute als einen „semantischen Aufbau" des Fregeschen Systems von Logik und Mengenlehre bezeichnen würden. Im zweiten Abschnitt, der den Definitionen gewidmet ist, folgen unter dem Zwischentitel „Allgemeines" syntaktische Überlegungen, genauer: metalogische Untersuchungen zur Syntax des Fregeschen Systems. Sie sollen zeigen, dass jeder im System der „Grundgesetze" rechtmäßig gebildete Name (und damit auch jeder Begriffsschriftsatz) eine und nur eine Bedeutung hat. Ein solcher Nachweis würde die Widerspruchsfreiheit des Systems einschließen. Denn wäre

---

5 Imprädikative Verfahren könnten allenfalls als uneigentliche Verfahren zugelassen werden, solange sie stets auf bedeutungsvolle Sätze führen, also ähnlich wie die „idealen" Teile eines Systems bei Hilbert. Dann ergibt sich freilich wie bei diesen das Problem, wie sich nachweisen lässt, dass wirklich wieder bedeutungsvolle Sätze entstehen. Lässt es sich zeigen, dann kann der Weg über den idealen (imprädikativen) Bereich bestenfalls der Bequemlichkeit dienen; die Zulassung von Imprädikativitäten ist keine Grundsatzfrage und der Status prädikativer und imprädikativer Ausdrücke bleibt grundverschieden. Zur Imprädikativität vgl. meine in Anmerkung 3 genannte Arbeit sowie *Thiel 1971*, 87–99.

zu einem rechtmäßig gebildeten, ableitbaren Begriffsschriftsatz $\vdash A$ auch $\vdash\!\!\top\!\!- A$ ableitbar, so hätten $-\!\!\!- A$ und $-\!\!\top\!\!- A$ beide als Bedeutung das Wahre, während daraus, dass $-\!\!\!- A$ das Wahre bedeutet, nach der Definition der Funktion $-\!\!\top\!\!- \xi$ (*GGA* I, *Frege 1893*, 10) folgt, dass $-\!\!\top\!\!- A$ das Falsche als Bedeutung hat; $-\!\!\top\!\!- A$ hätte zwei verschiedene Bedeutungen.

Der Abschnitt 2 beginnt mit den Worten: „Es sollen nun die bisher erklärten Zeichen benutzt werden, um neue Namen einzuführen" (*GGA* I, 43). Denn streng genommen geben ja Definitionen wie die bis dahin vorgeführten Definitionen von Funktionsnamen keine Möglichkeit zur rechtmäßigen Bildung von Namen (das ist Freges Ausdruck für die Herstellung von "well-formed formulas"). Vielmehr ist *eine* Bildungsmöglichkeit neuer Namen aus vorgegebenen bereits vorausgesetzt: nämlich die *Einsetzung* passender, d. h. explizit vorgesehener und in diesem Sinne zulässiger Namen in die Leerstellen von Funktionsnamen. Wäre das nicht so, dann könnte man den Namen des Funktionswertes gar nicht bilden. Sind aber Funktionsnamen vollständig erklärt, so ergibt sich durch eine solche Einsetzung stets ein neuer Eigenname, denn der Name eines Funktionswertes ist immer ein Eigenname. Einen Schritt nach diesem Einsetzungsverfahren will ich im Folgenden jeweils durch „(ι)" markieren.

Daneben gibt nun Frege drei Prinzipien rechtmäßiger Bildung von Funktionsnamen an. Das erste dieser Prinzipien lautet (*GGA* I, 43):

> Wenn wir von einem Eigennamen einen Eigennamen, der einen Theil von jenem bildet oder mit ihm zusammenfällt, an einigen oder allen Stellen, wo er vorkommt, ausschliessen, so jedoch, dass diese Stellen als durch einen und denselben beliebigen Eigennamen auszufüllen [...] kenntlich bleiben, so nenne ich das, was wir dadurch erhalten, *Namen* einer Function erster Stufe mit einem Argumente.

Diesen Übergang, den wir kurz durch

$$\Phi(\Delta) \Rightarrow \Phi(\xi)$$

charakterisieren können, will ich bei seiner Ausführung jeweils durch „(λ_0)" markieren.[6] Zu beachten ist, dass dieser Schritt von einem mehrfach zusam-

6 Dies ist natürlich nur eine (fälschlicherweise Eindeutigkeit suggerierende) Kurzformel, die nicht zum Ausdruck bringt, dass gemäß „(λ_0)" z. B. von „$\begin{array}{l}-\!\!\top\!\!-\ \Delta\\ \ \ \llcorner\!-\ \Delta\end{array}$" sowohl zu „$\begin{array}{l}-\!\!\top\!\!-\ \xi\\ \ \ \llcorner\!-\ \Delta\end{array}$" als auch zu „$\begin{array}{l}-\!\!\top\!\!-\ \Delta\\ \ \ \llcorner\!-\ \xi\end{array}$" und zu „$\begin{array}{l}-\!\!\top\!\!-\ \xi\\ \ \ \llcorner\!-\ \xi\end{array}$" übergegangen werden kann. Entsprechendes gilt für die beiden folgenden Prinzipien.

mengesetzten Eigennamen aus erfolgen kann – andernfalls erhielten wir durch Anwendung von λ_0 stets nur den Funktionsnamen zurück, aus dem wir den Eigennamen $\Phi(\Delta)$ durch Einsetzung erhalten haben.

Das zweite Prinzip lautet ähnlich (ebd.):

> Wenn wir von einem Namen einer Function erster Stufe mit einem Argumente einen Eigennamen, der einen Theil von jenem bildet, an allen oder einigen Stellen, wo er vorkommt, ausschliessen, so jedoch, dass diese Stellen als durch ein und denselben beliebigen Eigennamen auszufüllen [...] kenntlich bleiben, so nenne ich das, was wir dadurch erhalten, *Namen* einer Function erster Stufe mit zwei Argumenten.

Dieses Prinzip mit dem Schritt

$$\Phi(\xi,\Delta) \Rightarrow \Phi(\xi,\zeta)$$

will ich bei jeder Anwendung durch „(λ_1)" markieren. Schließlich das dritte Prinzip (ebd., 43 f.):

> Wenn wir von einem Eigennamen einen Namen einer Function erster Stufe, der einen Theil von jenem bildet, an allen oder einigen Stellen, wo er vorkommt, ausschliessen, so jedoch, dass diese Stellen als durch einen und denselben beliebigen Namen einer Function erster Stufe auszufüllen [...] kenntlich bleiben, so nenne ich das, was wir dadurch erhalten, *Namen* einer Function zweiter Stufe mit einem Argumente.

Die ausgeschlossene Funktion kann dabei einstellig oder zweistellig sein; entsprechend hat dann die erhaltene Funktion zweiter Stufe Leerstellen für ein- oder zweistellige Funktionsnamen erster Stufe. Dieses dritte Prinzip markiere ich bei der Anwendung durch „(λ_2)":

$$\Phi(\Delta) \Rightarrow \phi(\Delta).$$

Später, auf Seite 47, sind die beiden ersten Prinzipien in einer gemeinsamen Fassung nochmals aufgeführt, das dritte Prinzip jedoch merkwürdigerweise nicht mehr, obwohl es bei dem dort geführten Beweis relevant ist und wie alle anderen Regeln rechtmäßiger Bildung vorausgesetzt ist. Weshalb das dritte dieser „Lückenbildungsprinzipien", wie ich sie nennen will, hier fehlt, darüber habe ich nicht einmal eine Vermutung.

Dies also sind die Regeln rechtmäßiger Bildung von Ausdrücken aus bereits gebildeten rechtmäßigen Ausdrücken. Als solche Ausgangsausdrücke fungieren in Freges System acht „ursprüngliche Namen", die sämtlich

Funktionsnamen sind. Ich will diese Namen als solche der „Urfunktionen“ bezeichnen. Diese sind

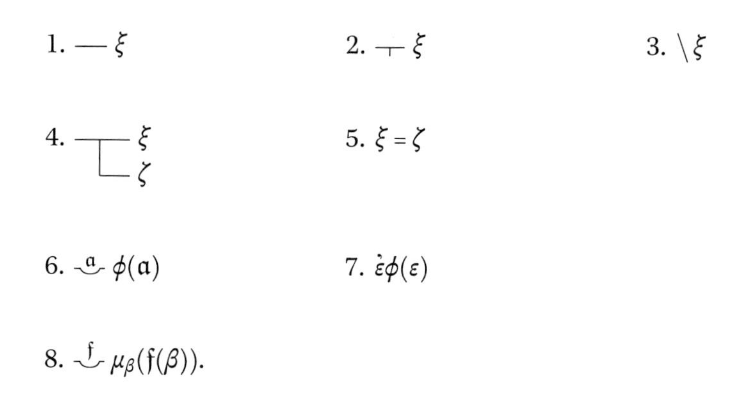

Diese Ausdrücke gelten sozusagen per definitionem als rechtmäßig gebildet. Aus ihnen entstehen weitere rechtmäßig gebildete Ausdrücke durch die Anwendung der genannten Prinzipien (ι), (λ_0), (λ_1) und (λ_2). Dies sind also abgeleitete Ausdrücke. Insbesondere kommen unter ihnen *Sätze* vor, oder, wie Frege sagt, „Gesetze“ (weil sie allgemein sind, mit freien Variablen geschrieben werden). Von diesen werden einige als „Grundgesetze“ ausgezeichnet. Dies sind die *Axiome* der Fregeschen Logik und Mengenlehre, von ihnen geht jede Deduktion eines gültigen Satzes aus. Sie werden von Frege durch vorausgehende semantische Überlegungen gerechtfertigt: es wird gezeigt, dass jedes dieser Grundgesetze nach den gegebenen Definitionen als Bedeutung das Wahre hat, also ein wahrer Satz ist. Ich will auch diese Grundgesetze hier aufführen, nach der Zusammenstellung auf Seite 61 der *Grundgesetze* (*GGA* I) (die Urfunktionen sind auf Seite 48 vereinigt):

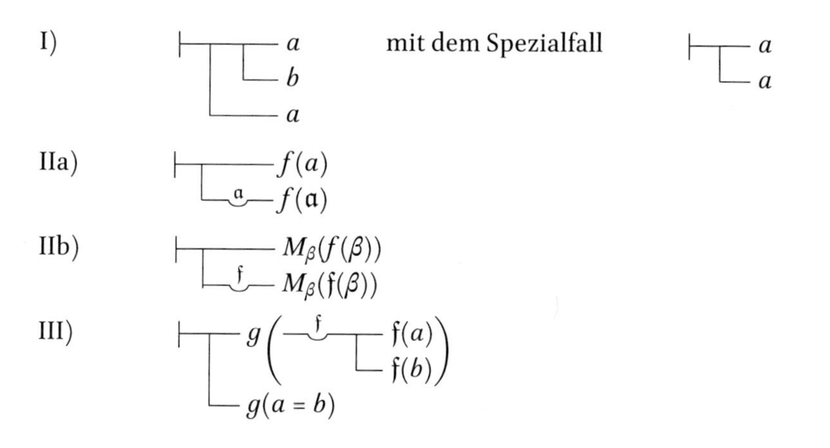

IV) $$\vdash\!\!\!\!\begin{array}{l}\!\!—\!\!\!\!\begin{array}{l} (— a) = (— b) \\ \llcorner\!\!\top (— a) = (\top b)\end{array}\end{array}$$

V) $$(\grave{\varepsilon}f(\varepsilon) = \grave{\alpha}g(\alpha)) = (\smile^{\mathfrak{a}}\!\!— f(\mathfrak{a}) = g(\mathfrak{a}))$$

VI) $$\alpha = \backslash\grave{\varepsilon}(\alpha = \varepsilon).$$

Diese Grundgesetze sehen harmlos aus. I) und IV) sind rein junktorenlogisch, IIa) und IIb) regeln mehr oder weniger nur die Verwendung freier Variablen und den Übergang von der gebundenen Form einer Allaussage zur freien, III) besagt, dass

$$—\!\!\smile^{\mathfrak{f}}\!\!\!\!—\!\!\!\!\begin{array}{l} — \mathfrak{f}(\Gamma) \\ \llcorner — \mathfrak{f}(\Delta)\end{array}$$

unter jeden Begriff fällt, unter den $\Gamma = \Delta$ fällt (erweitertes Gleichheitsaxiom), V) ist das von mir als „Umsetzungsformel" bezeichnete Abstraktionsprinzip, und VI) der aus der Kennzeichnungsdefinition gerechtfertigte Satz, dass jeder Gegenstand Δ mit dem Wert zusammenfällt, den die Kennzeichnungsfunktion dem Wertverlauf $\grave{\varepsilon}(\Delta = \varepsilon)$ zuordnet.

Statt nun Deduktionen aus diesen Grundgesetzen vorzuführen, ist es für unsere Zwecke wichtiger, von einer Metastufe aus zu betrachten, was dabei unter welchen Voraussetzungen vor sich (und eventuell schief-)geht. Das Grundschema des Aufbaus ist in dem nächsten Diagramm wiedergegeben.

Dabei müssen natürlich gewisse Forderungen erfüllt sein. *Alle* vorkommenden Ausdrücke müssen rechtmäßig gebildet sein, wobei wir noch klären müssen, wonach sich die Kriterien der rechtmäßigen Bildung richten, also die *Normen*, nach denen festgesetzt wird, ob ein Ausdruck rechtmäßig gebildet heißen soll oder nicht. Erfüllt sein muss auf jeden Fall, dass die Deduktionsregeln stets von rechtmäßig gebildeten Ausdrücken wieder auf solche führen, die rechtmäßig gebildet sind. Dies ist auch tatsächlich in Freges System gesichert. Die Deduktionsregeln müssen aber noch eine schärfere Erhaltungseigenschaft haben: sie müssen stets von wahren Sätzen nur wieder auf wahre Sätze führen.

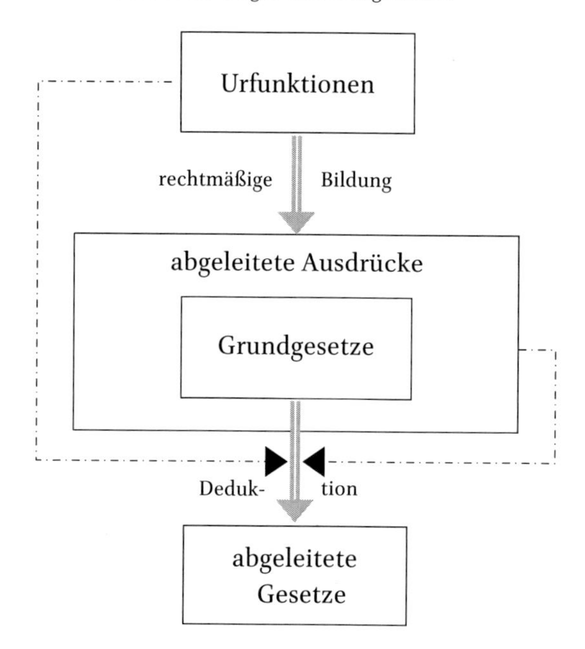

Daran könnte man nun Zweifel haben, wenn man schon weiß, dass Freges System sich ja als widerspruchsvoll herausgestellt hat, also mindestens ein falscher Satz in ihm ableitbar ist. Aber das braucht nicht an den Deduktionsregeln zu liegen – es könnte auch daran liegen, dass *die Grundgesetze selbst* nicht sämtlich wahre Sätze waren! Der Fehler wird sich sogar als noch etwas subtiler erweisen.

Wie steht es nun mit den schon erwähnten Kriterien für die rechtmäßige Bildung? Ich erinnere zunächst daran, dass (im Unterschied zu den allein auf Widerspruchsfreiheit verpflichteten Systemen vom „Hilbert-Typ") von Freges System gefordert wird, dass alle vorkommenden Ausdrücke eine Bedeutung haben, dass sie also sinnvoll sind oder, um Freges Terminologie beizubehalten, „bedeutungsvoll". Wie lässt sich eine solche Forderung überhaupt erfüllen? Bei Freges System scheint dies besonders schwierig zu sein, da er ja selbst angibt, nur die beiden Wahrheitswerte als „bekannt" vorauszusetzen. Nun, ganz so ernst brauchen wir diese Versicherung auch nicht zu nehmen, da die Betrachtung der semantischen Definitionen (wie bei allen solchen Systemen, so auch beim Fregeschen) zeigt, dass die Bekanntschaft mit der Allgemeinheit, der Gleichheit und z. B. den Wertverläufen im Wesentlichen doch schon vorausgesetzt wird – die Ausrede, dies sei dann nur auf der Metastufe der Fall, wollen wir hier als allzu schwach nicht gelten lassen.[7]

7 Vgl. *Thiel 1965c*, 83 f.

Frege ist in der Tat klar, dass er an dieser Stelle nicht so verfahren darf, dass er gewisse Ausdrücke als bedeutungsvoll schon voraussetzt, um etwa alle anderen daraus durch Regeln zu gewinnen, von denen man zeigen kann, dass sie die Eigenschaft „bedeutungsvoll zu sein" erhalten. Bevor ich die Kriterien Freges selbst nenne, will ich zeigen, wie sie sich in unserem Schema spiegeln:

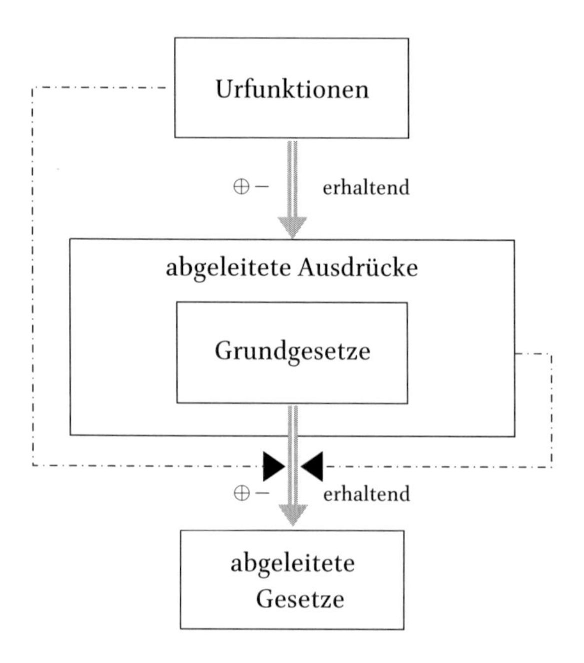

Dabei schreibe ich „⊕" für die Eigenschaft, bedeutungsvoll zu sein, und zwar in Form eines vorangestellten Prädikators, so dass „$\oplus A$" zu lesen ist: „der Ausdruck A ist bedeutungsvoll" – dies im Sinne der gleich zu erläuternden Fregeschen Kriterien.

Zunächst müssen nach diesen Kriterien die Namen der Urfunktionen bedeutungsvoll sein. Dann soll gezeigt werden, dass die Regeln der rechtmäßigen Bildung die Eigenschaft, bedeutungsvoll zu sein, auf die nach ihnen erzeugten Ausdrücke vererben. Erfüllen die Deduktionsregeln die schon früher aufgestellte Forderung, von rechtmäßig gebildeten Ausdrücken wieder auf rechtmäßig gebildete Ausdrücke zu führen, dann führen sie auch von bedeutungsvollen Ausdrücken wieder auf bedeutungsvolle. Gilt also all dies, dann hat jeder in Freges System rechtmäßig gebildete Ausdruck eine Bedeutung – die Forderung für Systeme vom „Frege-Typ" ist erfüllt – das System ist *„bedeutungsvollständig"*.

Dieser Ausdruck bedarf der Erläuterung, denn die Bedeutungsvollständigkeit ist eigentlich nicht analog zur üblichen „Vollständigkeit“ eines formalen Systems gebildet, sondern zu dem, was man als *Korrektheit* eines formalen Systems bezeichnet. Ein formales System heißt ja korrekt, wenn jeder in ihm ableitbare Satz auch ein wahrer Satz ist:[8]

$$\vdash A \prec\ \models A$$

und es heißt vollständig, wenn jeder nach den vorher gegebenen Wahrheitsbestimmungen wahre Satz in ihm auch ableitbar ist:

$$\models A \prec\ \vdash A.$$

Die „Bedeutungsvollständigkeit“ lässt sich entsprechend so ausdrücken:

$$\vdash A \prec \oplus A.$$

Stellt man die semantische Wahrheitserklärung mit der semantischen Erklärung von „bedeutungsvoller Ausdruck“ in Freges System in Parallele, dann ist die Bedeutungsvollständigkeit eine Art der Korrektheit. Der Terminus ist nun aber einmal üblich geworden, obwohl vielleicht nicht so üblich, dass er sich nicht noch ändern ließe – wenn man einen treffenderen wüsste. In der amerikanischen Literatur findet sich stattdessen “referential uniqueness”, aufgrund der Tatsache, dass in dem faktisch bedeutungs*un*vollständigen Fregeschen System sich auch die Folge ergibt, dass gewisse Ausdrücke – wenn man Freges Definitionen seiner Funktionen hinzunimmt – *zwei verschiedene* Bedeutungen haben müssten. Doch sind diese

8 Da in Freges System der Urteilsstrich vor *jeden* Namen des Wahren gesetzt werden kann, braucht „*A*“ hierbei nicht für eine Aussage zu stehen (z. B. ist ja „$\vdash\!\!\top\!\!-$ 2“ korrekt, vgl. *GGA* I, 11). Für „wahrer Satz“ hätte in den folgenden Bestimmungen daher immer „Name des Wahren“ zu stehen. Für unsere Untersuchung spielt es *keine* Rolle, dass Frege dem Urteilsstrich in den *GGA* die Aufgabe zuweist, die darauffolgende Zeichenverbindung als Namen des Wahren (und nicht als einen aus den Grundgesetzen ableitbaren Ausdruck) hinzustellen. Historisch gesehen hat Frege den Unterschied, den wir durch die Trennung von „$\vdash$ “ und „$\models$“ kenntlich machen, nicht durch eine terminologische Trennung oder in der Symbolik festgehalten. Freges „|“ hat die Funktion unseres „$\models$“, und da die Grundgesetze von vornherein aufgrund semantischer Überlegungen mit dem Urteilsstrich versehen werden, fallen nach Freges Vorstellung bei einem Begriffsschriftsatz Ableitbarkeit und die Eigenschaft, Name des Wahren zu sein, zusammen; das Problem der Vollständigkeit im heutigen Sinne taucht nicht auf.

Fälle von der Art, dass diese Ausdrücke Sätze sind und ihnen sowohl das Wahre als auch das Falsche als Bedeutung zugeordnet würde; was nichts anderes heißt, als dass einem solchen Ausdruck B nach einer Bestimmung das Wahre und (unter Heranziehung der Erklärung von $\mathrel{-\!\!\top\!\!-}\xi$) dem Ausdruck $\mathrel{-\!\!\top\!\!-} B$ ebenfalls das Wahre zugeordnet würde. Dafür haben wir den guten Ausdruck, dass das System *widerspruchsvoll* sei, und so ist es ja mit Freges System in der Tat. Der Terminus "referential uniqueness" suggeriert fälschlich, dass es *nur* auf die *Eindeutigkeit* der Bedeutungen ankomme; aber nötig ist vor allem das *Vorhandensein* einer Bedeutung, und diese scheint mit dem Wort "referential" allein nicht hinreichend ausgedrückt.

Frege nennt fünf einzelne Kriterien, die zusammen dafür bürgen sollen, dass ein gegebener Kreis von Ausdrücken bedeutungsvoll ist:

Ⓐ $\oplus\Phi(\xi) \Leftrightarrow \bigwedge_{\Delta}.\oplus\Delta \rightarrow \oplus\Phi(\Delta).$

Ⓑ $\oplus\Delta \Leftrightarrow \bigwedge_{\Phi}.\oplus\Phi(\xi) \rightarrow \oplus\Phi(\Delta).\wedge$
$\bigwedge_{\Psi}.\oplus\Psi(\xi,\zeta) \dot{\rightarrow} \oplus\Psi(\Delta,\zeta) \wedge \oplus\Psi(\xi,\Delta).$

Ⓒ $\oplus\Psi(\xi,\zeta) \Leftrightarrow \bigwedge_{\Gamma,\Delta}.\oplus\Gamma \wedge \oplus\Delta \rightarrow \oplus\Psi(\Gamma,\Delta).$

Ⓓ $\oplus\Omega_{\beta}(\phi(\beta)) \Leftrightarrow \bigwedge_{\Phi}.\oplus\Phi(\xi) \rightarrow \oplus\Omega_{\beta}(\Phi(\beta)).$

Ⓔ $\oplus\overset{\mathfrak{f}}{\smile}\mu_{\beta}(\mathfrak{f}(\beta)) \Leftrightarrow \bigwedge_{M}.\oplus M_{\beta}(\phi(\beta)) \dot{\rightarrow} \oplus\overset{\mathfrak{f}}{\smile} M_{\beta}(\mathfrak{f}(\beta)).$[9]

Eine wichtige Eigenschaft dieser Kriterien lässt sich mit einem konkreten Probeausdruck in einer künstlichen Testsituation leicht aufweisen. Angenommen, wir haben einen Bereich, der nur aus einem einzigen Eigennamen E und einem einzigen Funktionsnamen $\Phi^*(\xi)$ besteht. Wissen wir, dass der Eigenname E bedeutungsvoll ist,

$$\oplus E,$$

so wissen wir also nach Kriterium Ⓑ, dass

9 Man vgl. hierzu die syntaktisch präzisere und vervollständigte Formulierung dieser Kriterien bei *Hinst 1965*, § 4.2. Diese thematisch eng begrenzte, aber sehr wertvolle und für den ganzen hier behandelten Themenkreis heranzuziehende Arbeit ist in der Fregeliteratur gänzlich unbekannt geblieben und mir erst kurz vor der Bad Homburger Tagung durch ihr Auftauchen in einem Göttinger Antiquariatskatalog bekannt geworden. Wegen des Zeitdruckes der Publikation konnte die Hinstsche Arbeit auch noch nicht in die hier vorliegende Skizze einbezogen werden; einige weitere Bemerkungen finden sich jedoch unten.

$$\bigwedge_{\Phi} . \oplus \Phi(\xi) \to \oplus \Phi(E).,$$

d. h., da der Variabilitätsbereich des Quantors nur aus $\Phi^*(\xi)$ besteht,

$$\oplus \Phi^*(\xi) \to \oplus \Phi^*(E) \ldots\ldots\ldots\ldots\ldots (+).$$

Gilt nun $\oplus \Phi^*(\xi)$? Die bejahende Antwort wäre gleichbedeutend mit

$$\bigwedge_{\Delta} . \oplus \Delta \to \oplus \Phi^*(\Delta).,$$

(vgl. Kriterium Ⓐ), und dies, da der Variabilitätsbereich des Quantors nur aus E besteht, mit

$$\oplus E \to \oplus \Phi^*(E) \ldots\ldots\ldots\ldots\ldots (\ddagger).$$

$\oplus E$ war vorausgesetzt, doch kennen wir die Gültigkeit von $(\ddagger)$ nicht, sondern müssten sie gerade erst durch den Nachweis von $\oplus \Phi^*(E)$ zeigen. Um dies aus $(+)$ zu erschließen, müssten wir die Abtrennungsregel anwenden können, d. h. wir müssten $\oplus \Phi^*(\xi)$ schon wissen, was ja gerade erst gezeigt werden soll. Die einzige Alternative wäre, wenn wir auf eine irgendwo explizit getroffene Festsetzung zurückgreifen könnten, durch die dem komplexen Ausdruck $\Phi^*(E)$ eine Bedeutung tatsächlich zugeordnet wird; dann könnten wir natürlich $\oplus \Phi^*(E)$ aufgrund dieser expliziten Angabe behaupten. Aber ohne den Rückgriff auf eine solche Festsetzung ist ein Nachweis dafür, dass ein konkreter Ausdruck bedeutungsvoll ist, hoffnungslos. Mit anderen Worten: die Kriterien sind wegen auftretender Zirkel und unendlicher Regresse nicht anwendbar, um für einen gegebenen Bereich zu entscheiden, ob alle Ausdrücke in ihm bedeutungsvoll sind. Das hat Frege sehr wohl gewusst, und er hat deutlich ausgesprochen, dass die Anwendung dieser Kriterien „immer voraussetzt, dass man einige Namen schon als bedeutungsvolle erkannt habe; sie können aber dazu dienen, den Kreis solcher Namen allmählich zu erweitern" (*GGA* I, 46). Was sie wirklich leisten – nach Freges Meinung – ist: „Es folgt aus ihnen, dass jeder aus bedeutungsvollen Namen gebildete Name etwas bedeutet" (ebd.). Wir werden sehen, dass der Haken für diese Behauptung in der *Weise* liegt, auf die neue Namen aus schon vorhandenen gebildet werden.

Nehmen wir zunächst nicht gleich den kompliziertesten, sondern einen einfachen Fall. Es seien nur die drei junktorenlogischen Funktionen $—\xi$, $\top\xi$ und $\begin{array}{l}\overline{}\!\!\top\, \xi \\ \;\;\llcorner\, \zeta\end{array}$ gegeben, alle in unserem System auftretenden Namen seien solche für die beiden Wahrheitswerte, und wir könnten sogar noch entscheiden, ob ein gegebener Name ein solcher des Wahren oder des Falschen ist (wie das ja junktorenlogisch auch gilt). Dann ist, um $— \xi$ als bedeutungsvoll zu erweisen, zu prüfen, ob

$$\bigwedge_{\Delta} . \oplus \Delta \rightarrow \oplus — \Delta.$$

gilt. Der Variabilitätsbereich des Quantors besteht nur aus den Namen der Wahrheitswerte, und für solche ist die Funktion $— \xi$ ja erklärt:

$$— Ⓦ = Ⓦ$$
$$— Ⓕ = Ⓕ.$$

Setzen wir nun voraus – und das muss als Voraussetzung explizit gemacht werden! –, dass alle Namen der Wahrheitswerte bedeutungsvoll sind, dann ist auch der erhaltene Name des Wertes, — Ⓦ bzw. — Ⓕ, als Name eines Wahrheitswertes wieder bedeutungsvoll, und damit also auch der Funktionsausdruck $— \xi$ selbst. Genauso zeigt man, dass die anderen beiden Funktionsausdrücke bedeutungsvoll sind.

Man sieht auch leicht, dass – und dies gilt sogar allgemein, also auch für Freges volles System – die Einsetzung (ι) von bedeutungsvollen Ausdrücken wieder auf bedeutungsvolle führt. Ist etwa $\oplus \Gamma$ und $\oplus \Phi(\xi)$, dann heißt ja das zweite

$$\bigwedge_{\Delta} . \oplus \Delta \rightarrow \oplus \Phi(\Delta). ,$$

insbesondere ist also

$$\oplus \Gamma \rightarrow \oplus \Phi(\Gamma),$$

und da das Antecedens nach Voraussetzung gilt, können wir abtrennen und erhalten $\oplus \Phi(\Gamma)$, was wir zeigen wollten. Bei zweistelligen Funktionsnamen ist der Nachweis analog, wenngleich etwas komplizierter.

Aber nun ist die Einsetzung ja nicht die einzige Regel rechtmäßiger Bildung, sondern es kommen in Freges System noch die Lückenbildungsregeln hinzu. Die Verhältnisse sind insgesamt so:

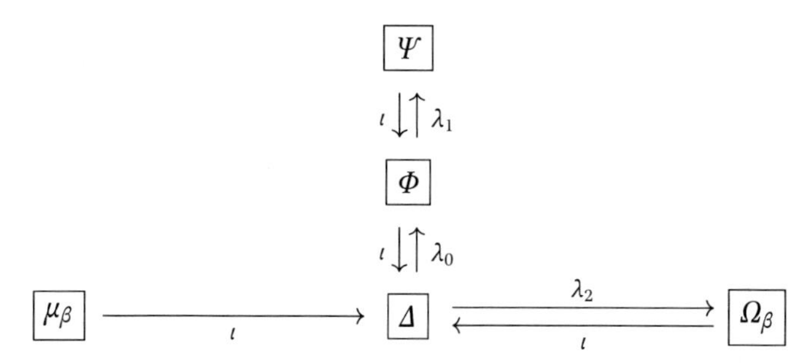

Unglücklicherweise sind die Lückenbildungsprinzipien auch nicht entbehrlich, da sie in Freges System insbesondere der Bildung zusammengesetzter Funktionsnamen dienen. Schon eine so einfache Funktion wie die Adjunktion benötigt ein Lückenbildungsprinzip:

$$\left.\begin{array}{l} \quad\;\; \begin{array}{l}\top\!\!-\!\!-\, \xi \\ \llcorner\!-\, \zeta\end{array} \\ \ldots \Rightarrow \quad \Gamma \\ \ldots \Rightarrow \,\top\!-\Delta \end{array}\right\} \overset{\iota}{\Rightarrow} \begin{array}{l}\top\!\!-\!\!-\, \Gamma \\ \llcorner\!\top\!-\, \Delta\end{array} \overset{\lambda_0}{\Rightarrow} \begin{array}{l}\top\!\!-\!\!-\, \xi \\ \llcorner\!\top\!-\, \Delta\end{array} \overset{\lambda_1}{\Rightarrow} \begin{array}{l}\top\!\!-\!\!-\, \xi \\ \llcorner\!\top\!-\, \zeta\end{array}$$

Ähnlich die einfache Aussage $\overset{\mathfrak{a}}{\smile}\, \mathfrak{a} = \mathfrak{a}$:

$$\left.\begin{array}{l} \quad\;\; \xi = \zeta \\ \ldots \Rightarrow \Delta \\ \ldots \Rightarrow \Delta \end{array}\right\} \overset{\iota}{\Rightarrow} \Delta = \Delta \overset{\lambda_0}{\Rightarrow} \left.\begin{array}{c} \xi = \xi \\ \overset{\mathfrak{a}}{\smile}\, \phi(\mathfrak{a}) \end{array}\right\} \overset{\iota}{\Rightarrow} \overset{\mathfrak{a}}{\smile}\, \mathfrak{a} = \mathfrak{a}\,.$$

Dabei müssen Γ und Δ schon als bedeutungsvolle Eigennamen vorausgesetzt sein – tatsächlich müsste man auch diese erst bilden, z. B. als Namen des Falschen durch Einsetzung von $-\!\!-\, \xi$ in $\overset{\mathfrak{a}}{\smile}\, \phi(\mathfrak{a})$.

Frege hat offenbar angenommen, dass die Lückenbildungsprinzipien zu den Regeln der rechtmäßigen Bildung hinzugenommen werden können, ohne dass in den Bedeutungskriterien Ⓐ bis Ⓔ andere Zusammensetzungen als durch Einsetzung entstehende berücksichtigt werden müssten. Wir werden dies gleich anhand seines Rechtfertigungsversuchs für die Lückenbildungsprinzipien sehen. Vorher will ich jedoch nochmals die Situation klarmachen, indem ich die Regeln rechtmäßiger Bildung mit den Urfunktionen zusammenschreibe:

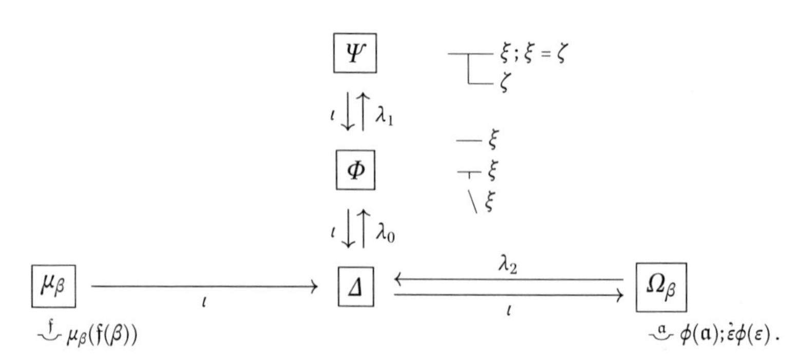

Wie schon erwähnt, garantieren die Bedeutungskriterien, dass alle durch *Einsetzung* aus den Namen der Urfunktionen entstehenden Namen bedeutungsvoll sind, wenn die Namen der Urfunktionen es sind. Sollten wir also auf einen Namen stoßen, der nicht bedeutungsvoll ist, so kann dies zunächst *zwei* Gründe haben: Entweder ist er unter Verwendung anderer Prinzipien als der Einsetzung gebildet worden, und das heißt bei Freges System, mit Hilfe von Lückenbildungsprinzipien, und diese Regeln sind nicht korrekt; oder aber er ist unter Verwendung von nicht bedeutungsvollen Namen gebildet worden – z. B. könnte ein Name einer Urfunktion nicht bedeutungsvoll gewesen sein (und dann käme es gar nicht darauf an, nach welchen Prinzipien der abgeleitete Name gebildet wurde). Es wird sich aber zeigen, dass die beiden Möglichkeiten nicht unabhängig voneinander sind. Die dabei vorliegenden Verhältnisse sind kompliziert und gegenwärtig sicher noch nicht voll durchschaut.

Meines Wissens gibt es bisher nur fünf Arbeiten, in denen das Scheitern der Fregeschen Mengenlehre im Zusammenhang mit seinen Bedeutungskriterien behandelt worden ist. Die erste ist die Münchener Dissertation von James Michael Bartlett (*1961*). Bartlett zeigt dort erstmals eine Lücke in Freges Versuch auf, die Bedeutungsvollständigkeit seines Systems zu erweisen (im § 31 der *Grundgesetze*). Die Lücke ist in der Tat erkannt, aber die Darstellung ist sehr skizzenhaft, und man fragt sich, *wie weit* Bartlett die bestehenden Verhältnisse durchsichtig gewesen sind. Er sieht einen Zusammenhang mit imprädikativen Begriffsbildungen, aber da er diese offenbar aus anderen Gründen *anerkennen* will, verweist er lieber auf die Unfähigkeit der Fregeschen Bedeutungskriterien, imprädikative Begriffsbildungen als bedeutungsvoll nachzuweisen. Er stellt sozusagen zur Auswahl, ob die Bildungsregeln zu ändern sind (wobei er aber ersichtlich *nicht* an ein Verbot imprädikativer Bildungen denkt), oder ob die Bedeutungskriterien geändert werden müssen. Da er dafür keine Gesichtspunkte anbieten kann, bleibt alles offen außer der sicheren Tatsache, dass Freges System ungenügend ist und der Nachweis der Bedeutungsvollständigkeit jedenfalls nicht klappt.

Die Unklarheiten in Bartletts Arbeit beklagt auch der zweite Autor, Michael David Resnik, in seiner Dissertation (*Resnik 1963*). Er sagt, er habe Bartlett erst voll verstanden, als er dessen Ergebnisse selbst erarbeitet hatte. Da nun laut Vorwort Bartlett die Resniksche Arbeit gelesen und beraten hat, schließe ich, dass er Resniks Darstellung als in Einklang mit seinen eigenen Darlegungen akzeptiert hat. Jedenfalls sollte der Stand der Einsicht bei Resnik nicht hinter den bei Bartlett zurückgefallen sein.

Von daher gesehen ist man etwas enttäuscht über das, was man zu unserem Problem bei Resnik erfährt. Die Darstellung ist technisch sehr ausgefeilt; vor allem zur Russellschen Antinomie und zu den Antinomien, die auch nach Freges Reparaturversuch ableitbar bleiben, erfährt man viel. Aber Resnik ist Axiomatiker, Fragen nach der Begründung oder nach dem inhaltlichen Hintergrund der verwendeten Verfahrensweisen sind ihm völlig fremd. So inkorporiert er Freges Definitionen der Funktionen, die Grundgesetze und die Bedeutungskriterien alle in ein einziges großes Axiomensystem, das er noch an einigen Stellen um bei Frege als selbstverständlich unterstellte Aussagen ergänzt, und zeigt dann, dass es damit eben nicht geht: in diesem System sind Widersprüche ableitbar. Wie wenig Resnik jedoch um die Korrektheit seiner Ausdrucksmittel und deren Sinn bekümmert ist, zeigt schon, dass er wie Frege selbst noch der Ansicht ist, letztlich sei eben das Grundgesetz V falsch. Wie bei Bartlett unterliegt der Grundhaltung die Überzeugung, es könne uns ja auch egal sein, wie es bei Frege sei, denn die heutigen logischen Systeme hätten ja diese Schwierigkeiten nicht mehr.

Kritischer ist Franz von Kutschera in seiner Münchener Habilitationsschrift (*v. Kutschera 1964*). Er stellt im Vorwort fest, dass es eine allgemein akzeptierte Lösung des Problems der logischen Antinomien bisher nicht gebe. Der Schwerpunkt der Diskussion habe sich rasch (ebd., 5)

> von der Frage nach dem Entstehungsgrund der Antinomien auf die Frage nach ihrer Vermeidbarkeit verschoben: auf das Problem, möglichst reiche Logiksysteme zu konstruieren, in denen die Antinomien nicht mehr abgeleitet werden können [...].

Darüber habe man manchmal vergessen, „daß neben der symptomatischen Behandlung der klassischen Logiksysteme die axiologische Problemstellung, die sich mit den Antinomien verknüpft, durchaus aktuell ist“ (ebd.). Das ist eine sehr vornehme Ausdrucksweise dafür, dass man auch nach den *Normen* für die Gestaltung eines sinnvollen Logiksystems fragen solle, und nicht nur danach *fragen*, sondern auch solche *angeben*.

Der Hauptteil der Arbeit zeigt dann, wenn auch unter Zugrundelegung einer Logik bzw. Semantik zweiter Stufe, dass – wie ich es für unsere Zwecke ausdrücken möchte – die heutigen semantisch aufgebauten Logiksysteme vor genau den gleichen Problemen stehen wie Freges System. Auch für die heutigen Systeme würde sich ein Nachweis der Bedeutungsvollständigkeit nicht führen lassen. Es kommen sogar einige vom üblichen logischen Standpunkt aus sehr unerfreuliche Dinge heraus: z. B. zeigt v. Kutschera, dass die geläufigen semantischen Beweise für Gödels Unentscheidbarkeitssatz, wenn das zugrunde gelegte System bedeutungsvollständig wäre, eine petitio principii enthielten, indem sie das, was sie begründen wollen, „daß es nämlich einen wahren, aber unbeweisbaren Satz in S_1 gibt, zur Bedingung [ihrer] Möglichkeit" hätten. Andernfalls hätte ein in Gödels Satz verwendeter bestimmter Ausdruck keine Bedeutung erhalten.[10]

Nun möchte man natürlich am Ende des Hauptteils der Arbeit gern etwas über die aktuelle „axiologische Problemstellung" wissen, genauer, man möchte hören, wie wir denn ein von diesen Mängeln freies System herstellen können. Dazu weiß v. Kutschera auch die Richtung: es könnte „die Begrenztheit des Ausdrucksvermögens formalisierter Systeme dafür sprechen, daß man den konzeptuellen Horizont der Logik auf das beschränkt, worüber man präzise reden kann" (ebd., 72). Das wäre in der Tat eine gute Idee. Aber zunächst sieht er zwei andere Wege: entweder man beweist die Bedeutungsvollständigkeit des Systems, das man verwendet – und das ist für die gegenwärtig üblichen Systeme nicht geschehen und vermutlich auch nicht möglich; jedenfalls kümmert sich niemand darum. Oder man schränkt die verwendeten Regeln der rechtmäßigen Bildung so ein, dass der Beweis möglich wird. Und nun heißt es überraschenderweise (ebd., 73):

> Dann käme man aber vermutlich zu einem System, wie es etwa die verzweigte Typentheorie ohne Reduzibilitätsaxiom ist, von der feststeht, daß sie der klassischen Logik im Hinblick auf die gegebene Erklärung der Antinomien zu starke Beschränkungen auferlegt [...].

Und hier muss ich nun gestehen, dass ich verwundert innehalte. Sind die Beschränkungen „zu stark", dann muss dies doch im Hinblick auf irgendwelche Gründe gelten, die für eine freiere Gestaltung der Logik sprechen. Ist die „gegebene Erklärung der Antinomien" der Bezugspunkt, so muss auch diese als Norm gerechtfertigt werden, damit wir wissen, warum wir diese

10 Der von Paul Lorenzen in seiner *Metamathematik* (1962) geführte Beweis unterliegt diesem Einwand nicht.

Erklärung der verzweigten Typentheorie ohne Reduzibilitätsaxiom vorziehen sollen, die doch ganz vernünftig aussieht – wenn wir nicht letztlich nur gesagt haben wollen, dass wir bei dem Verfahren bleiben möchten, das wir eben immer schon befolgen, weil es so bequemer ist. Bei v. Kutschera bleibt diese Frage also offen, und obwohl er auch sieht (ebd., 72), dass hier der Konflikt zwischen einer bestimmten Ontologie und dem Versuch, ihre Aussagen präzise, nämlich konstruktiv zu begründen, vorliegt, wird eine Entscheidung nicht getroffen.

Im Detail ihrer Ergebnisse unberücksichtigt muss die mir zu spät zur Kenntnis gelangte, in Anm. 9 genannte Arbeit von Peter Hinst bleiben, die ein Kapitel 4 „Die Bedeutungskriterien für *GGS*" enthält (wobei „*GGS*" die *GGA* bezeichnet). Dabei werden der methodologische Status der Bedeutungskriterien erörtert (§ 4.2), für den (nach vorher ausgearbeiteten modernen Prinzipien aufgebauten) junktorenlogischen Teil der *GGA* der Prädikator „$\oplus$" definiert und die Bedeutungskriterien als Theoreme bewiesen; anschließend wird ein Bedeutungsvollständigkeitsbeweis für dieses Teilsystem skizziert. Diese Untersuchung ist sehr verdienstvoll, wird doch z. B. deutlich, wie Freges Forderungen an Definitionen in den Bedeutungsvollständigkeitsbeweis eingehen. Im Unterschied zu unserem Ansatz wird allerdings wohl schon davon ausgegangen, dass (mit Hilfe eines Bedeutungsfunktors „bed(...)" formulierte) Bedeutungsfestsetzungen für das untersuchte Teilsystem der *GGA* getroffen worden sind und eine Definition von „$\oplus$" unter Bezug darauf vorliegt, dass die Namen von Wahrheitswerten bereits als bedeutungsvoll gelten dürfen. Eine Diskussion der Hinstschen Ergebnisse muss ich auf eine spätere Gelegenheit verlegen; es scheint jedoch, dass die vorliegenden Überlegungen durch sie nicht überflüssig geworden sind.

Schließlich ist noch ganz kurz – *zu* kurz – auf die Frage der Bedeutungsvollständigkeit von Freges System in meiner eigenen Fregearbeit von 1965 eingegangen. Ich habe dort geschrieben, dass Bartlett „das bedeutende Verdienst [hat], 1961 den eigentlichen Fehler im Fregeschen Beweisgang entdeckt zu haben" (*Thiel 1965c*, 82). Danach gebe ich eine im Wesentlichen mit v. Kutscheras Darstellung übereinstimmende Analyse zweier imprädikativer Ausdrücke, und drücke mich dann allerdings *auch* sehr zurückhaltend und vornehm aus. Die Bedeutungsfestsetzungen müssen geändert werden, heißt es dort – als ob die syntaktischen Regeln bleiben könnten und nur die Interpretation zur Debatte stünde. Dass dies eine auch für meinen damaligen Stand der Einsicht recht unglückliche Formulierung ist, wird schon daraus klar, dass ich danach feststelle, imprädikative Begriffsbildungen der in den beiden Beispielen vorgeführten Art dürften nicht mehr zugelassen werden. Aber dann folgt auch nur die Feststellung, dass dies jedenfalls keine

Systeme im Fregeschen Sinne mehr sein würden, weil für solche Systeme imprädikative Begriffsbildungen „wesentlich" sind.

In der Annahme, heute jedenfalls *etwas* mehr sagen zu können, kehre ich zu der Frage des Bedeutungsnachweises für die Namen von Urfunktionen und für imprädikative Ausdrücke zurück, mit der Warnung freilich, dass die von mir dabei gegebene Darstellung vermutlich auch noch nicht die letztgültige ist.

Ich beginne mit der einen Feststellung, dass Frege im Nachweis der Bedeutungsvollständigkeit (bzw. dem Versuch dazu) bereits voraussetzt, dass „$\dot{\varepsilon}\phi(\varepsilon)$" bedeutungsvoll ist. Das habe ich zwar früher schon mehrfach gesagt, aber es geschieht nicht auf ganz so einfache Weise, wie es scheint; denn Frege will ja ausdrücklich die Namen der Urfunktionen als bedeutungsvoll erweisen. Sehen wir uns zunächst an, was es *heißt*, dass „$\dot{\varepsilon}\phi(\varepsilon)$" bedeutungsvoll sei:

$$\oplus\,\dot{\varepsilon}\phi(\varepsilon) \Leftrightarrow \bigwedge\nolimits_{\Phi}.\oplus\ \Phi(\xi) \rightarrow \oplus\,\dot{\varepsilon}\Phi(\varepsilon).$$

Und für das Consequens gilt ja

$$\begin{array}{l}\oplus\,\dot{\varepsilon}\Phi\varepsilon \Leftrightarrow \bigwedge\nolimits_{X}.\oplus\ X(\xi) \rightarrow \oplus X(\dot{\varepsilon}\Phi(\varepsilon)).\wedge\\ \wedge \bigwedge\nolimits_{\Psi}.\oplus\ \Psi(\xi,\zeta)\dot{\rightarrow} \oplus\ \Psi(\dot{\varepsilon}\Phi(\varepsilon),\zeta) \wedge \oplus\Psi(\xi,\dot{\varepsilon}\Phi(\varepsilon)).\end{array}$$

Beschränken wir uns dabei der Einfachheit halber auf das erste Konjunktionsglied, so folgt freilich das gewünschte „$\oplus X((\dot{\varepsilon}\Phi(\varepsilon))$" aus dem Antecedens „$\oplus X(\xi)$", oder p. df. gleichwertig

$$\bigwedge\nolimits_{\Delta}.\oplus\ \Delta \rightarrow \oplus X(\Delta).,$$

nur mit Hilfe von „$\oplus\,\dot{\varepsilon}\Phi(\varepsilon)$", was es ja erst zu zeigen gilt. Aber Frege – und ich erinnere hier an die von Schweitzer vertretene Kontextthese im Zusammenhang der Einführung der Wertverlaufsnamen[11] – glaubt „$\oplus X(\dot{\varepsilon}\Phi(\varepsilon))$" für beliebiges „$X(\xi)$" und „$\Phi(\xi)$" schon dadurch gesichert zu haben, dass ja alle *Urfunktionen* erster Stufe für Wertverläufe als Argumente erklärt wurden.

Um zu zeigen, welche Schwierigkeiten sich hier ergeben, betrachte ich folgenden, von Frege als „∀" (ich lese: „A invers") bezeichneten Ausdruck:

$$\forall \leftrightharpoons \dot{\alpha}\left(\begin{array}{l} \top\!\!-\!\overset{\mathfrak{g}}{\smile}\!\!-\!\!\top\!\!-\ \mathfrak{g}(\alpha)\\ \qquad\quad \llcorner\ \dot{\varepsilon}(-\ \mathfrak{g}(\varepsilon)) = \alpha\end{array}\right)$$

11 *Scholz/Schweitzer 1935*, Anhang 1.

Sind alle Verbindungen mit Wertverlaufsnamen erklärt, dann ist auch dieser Ausdruck erklärt, und auch das Ergebnis seiner Einsetzung in einen analog gebauten Funktionsnamen:

$$\begin{array}{l} \top\!\smile^{\mathfrak{g}}\!\!\top\!\!-\; \mathfrak{g}(\forall) \\ \qquad\;\; \llcorner\!-\; \grave{\varepsilon}(-\, \mathfrak{g}(\varepsilon)) = \forall \ldots\ldots\ldots\ldots\ldots (R). \end{array}$$

Dies ist die Negation des in meiner Fregearbeit *1965a* auf Seite 83 als „(A')" bezeichneten Ausdrucks, und zwar wieder ein mit „— " beginnender Ausdruck, und im Übrigen ein Eigenname, da er keine Leerstellen hat. Wegen seiner Form „— Δ" hat er als Bedeutung entweder das Wahre oder das Falsche. Ich setze für das Folgende als schon gezeigt voraus, dass „∀" weder das Wahre noch das Falsche bedeutet, was sich unter den Voraussetzungen des Fregeschen Systems leicht zeigen lässt. Dann ist ∀ ein „sonstiger" Wertverlauf, so dass es schwierig ist, von „unten" aufbauend den Wert, d. h. die Bedeutung von (R) zu bestimmen. Wir versuchen also das indirekte Verfahren, eine der Annahmen zum Widerspruch zu führen. Angenommen,

$$(1) \qquad \begin{array}{l} \top\!\smile^{\mathfrak{g}}\!\!\top\!\!-\; \mathfrak{g}(\forall) \\ \qquad\;\; \llcorner\!-\; \grave{\varepsilon}(-\, \mathfrak{g}(\varepsilon)) = \forall \end{array}$$

bedeute das Wahre. Dann bedeutet nach Definition von „— ξ"

$$(2) \qquad \begin{array}{l} -\!\smile^{\mathfrak{g}}\!\!\top\!\!-\; \mathfrak{g}(\forall) \\ \qquad\;\; \llcorner\!-\; \grave{\varepsilon}(-\, \mathfrak{g}(\varepsilon)) = \forall \end{array}$$

nicht das Wahre, d. h., da es ein mit „— " beginnender Ausdruck ist und einen Wahrheitswert als Wert haben muss, das Falsche. Nun schreiben wir „∀" aus und nehmen nach der Umsetzungsformel die Rückübersetzung der entstehenden Wertverlaufsgleichheit im Unterglied vor:

$$(3) \qquad \begin{array}{l} -\!\smile^{\mathfrak{g}}\!\!\top\!\!-\; \mathfrak{g}(\forall) \\ \qquad\;\; \llcorner\!\smile^{\mathfrak{a}}\!\!-\; (-\, \mathfrak{g}(\mathfrak{a}) = \top\!\smile^{\mathfrak{f}}\!\!\top\!\!-\; \mathfrak{f}(\mathfrak{a}) \\ \qquad\qquad\qquad\qquad\qquad\qquad\;\; \llcorner\!-\; \grave{\varepsilon}(-\, \mathfrak{f}(\varepsilon)) = \mathfrak{a}). \end{array}$$

Dieser Ausdruck hat also nach Annahme als Bedeutung das Falsche. Dann muss es eine Funktion geben, so dass das Unterglied von (3) das Wahre, das Oberglied dagegen *nicht* das Wahre bezeichnet.[12] Nun sagt die Wahrheit des Untergliedes von (3), dass für alle $\mathfrak{a}$ der links vom folgenden Gleich-

12 Es genügt nicht zu sagen, „so dass [...] das Oberglied falsch ist", da $\mathfrak{g}(\forall)$ überhaupt kein Name eines Wahrheitswertes zu sein braucht. Wegen der in unserer Überlegung vorgenommenen Substitution von ∀ kann man auch nicht auf — $\mathfrak{g}(\forall)$ ausweichen.

heitszeichen stehende Ausdruck bedeutungsgleich dem rechts stehenden sei. Also können wir dies auch für „∀" anstelle von $\mathfrak{a}$ sagen, und folglich im Oberglied $\mathfrak{g}(\forall)$ durch $\neg\!\smile^{\mathfrak{f}}\!\!\begin{array}{l} \mathfrak{f}(\forall) \\ \dot{\varepsilon}(-\ \mathfrak{f}(\varepsilon)) = \forall \end{array}$ ersetzen. Dann darf – immer für die gewählte Funktion – das Oberglied nicht das Wahre bedeuten, da andernfalls der Gesamtausdruck das Wahre bedeuten würde, entgegen der Annahme. Also:

$$(4) \qquad \neg\!\smile^{\mathfrak{f}}\!\!\begin{array}{l} \mathfrak{f}(\forall) \\ \dot{\varepsilon}(-\ \mathfrak{f}(\varepsilon)) = \forall \end{array} \quad \text{bedeutet nicht das Wahre.}$$

Sieht man nun davon ab, dass hier mit Hilfe des Buchstaben „$\mathfrak{f}$" quantifiziert wird statt mit Hilfe des Buchstaben „$\mathfrak{g}$", so erkennt man beim Vergleich mit Formel (l), dass wir soeben hergeleitet haben, dass (l) nicht das Wahre bedeutet, falls wir annehmen, dass (1) das Wahre bedeutet. Dies ist ein Widerspruch, die Annahme ist also zu verwerfen.

Der auf die klassische Logik bauende Zuschauer würde nun aufgrund des Tertium non datur schließen: also bedeutet (l) nicht das Wahre, also das Falsche. Aber er hat nicht damit gerechnet, dass das gesamte System vielleicht widersprüchlich ist! Nehmen wir nämlich an, (l) bedeute das Falsche, dann bedeutet (2) das Wahre, und wenn das Unterglied in (3) das Wahre bedeutet, so muss also, damit der Gesamtausdruck wahr bleibt, auch das Oberglied das Wahre bedeuten. D. h. (4) bedeutet das Wahre, und da sich wieder (4) und (l) nur in dem Buchstaben der Quantifizierung unterscheiden, folgt aus der Annahme, (1) bedeute das Falsche, dass (l) das Wahre bedeutet! Da die beiden Implikationen

$$\begin{array}{l} \neg A \rightarrow \ \ A \prec \ A \qquad \text{und} \\ \ \ A \rightarrow \neg A \prec \neg A \end{array}$$

jedenfalls klassisch gültig sind,[13] haben wir als einen Widerspruch in Freges System hergeleitet. Wäre alles korrekt, so würde der Nachweis auch zeigen, dass einem Ausdruck, nämlich (1), zwei verschiedene Bedeutungen zugewiesen worden wären, entgegen Freges Forderungen.

Was wir hier gemacht haben, ist in der Tat eine semantische Herleitung der Russellschen Antinomie. Inhaltlich bedeutet unser Ausdruck (2), dass ∀ eine Klasse ist, die sich selbst nicht angehört, und unser Nachweis des

---

13 Statt der ersten Formel gilt $\neg A \rightarrow \bigwedge \prec \neg\neg A$ sogar konstruktiv, dann widersprechen sich eben $\neg A$ und $\neg\neg A$.

Widerspruchs folgt im Wesentlichen den Linien der üblichen Herleitung der Russellschen Antinomie in der naiven Mengenlehre, nur dass unsere Formulierung etwas präziser ist, indem sie vom Fallen eines Wertverlaufs unter den zugehörigen Begriff spricht. Freges System in den *Grundgesetzen der Arithmetik* ist also widerspruchsvoll, irgendwo „ist der Wurm drin“ – und, wie eingangs schon einmal gesagt, in allen anderen zeitgenössischen Systemen auch, von denen nur Freges System präzise genug war, um diesen Widerspruch nachzuweisen; als man ihn hatte, war er auch in den anderen Systemen, z. B. dem Dedekindschen, leicht zu haben.

Was kann nun schiefgegangen sein? In der semantischen Ableitung der Antinomie haben wir nur von den Definitionen der Funktionen $-\xi$, $\top\xi$ und $\begin{array}{l}\top\!\!-\xi\\ \llcorner\zeta\end{array}$ sowie von der Umsetzungsformel Gebrauch gemacht. Da der Fehler nicht in den junktorenlogischen Funktionen zu suchen sein wird (dies sei einmal ohne Diskussion unterstellt), hat Frege die Quelle der Antinomie in der Umsetzungsformel gesehen, und darin sind ihm bis heute fast alle Logiker gefolgt. Unsere bisherige Diskussion der Bedeutungskriterien und der Bedeutungsvererbung durch die Regeln der rechtmäßigen Bildung machen uns aber auf einen anderen schwachen Punkt aufmerksam: die Regeln der rechtmäßigen Bildung selbst, nach denen ja auch die in (R) und $\forall$ verwendeten Ausdrücke konstruiert wurden. Die Umsetzungsformel erscheint deswegen als harmlos, weil sie ja eine Rückübersetzungsregel ausdrückt und ein Widerspruch in einem System *mit* Umsetzungsformel in einen Widerspruch in dem zugehörigen System *ohne* Umsetzungsformel übersetzbar sein muss: das System wäre auch vorher schon widerspruchsvoll gewesen.[14] Sehen wir uns nun einmal die Konstruktion von $\forall$ an!

Sie ist nachfolgend abgebildet und erfordert alle Urfunktionen außer der Kennzeichnungsfunktion, also

$$-\xi,\ \top\xi,\ \xi=\zeta,\ \begin{array}{l}\top\!\!-\xi\\ \llcorner\zeta\end{array},\ \smile^{\mathfrak{a}}\!-\phi(\mathfrak{a}),\ \grave{\varepsilon}\phi(\varepsilon)\text{ und }\smile^{\mathfrak{f}}\!-\mu_\beta(\mathfrak{f}(\beta)).$$ [15]

14 Der Nachweis dafür ist freilich auch im vorliegenden Fall nicht trivial.

15 Statt des „Blankoeigennamens“ „Δ“ kann man z. B. $\smile^{\mathfrak{a}}\!-(\mathfrak{a})$ bilden und den Stammbaum um

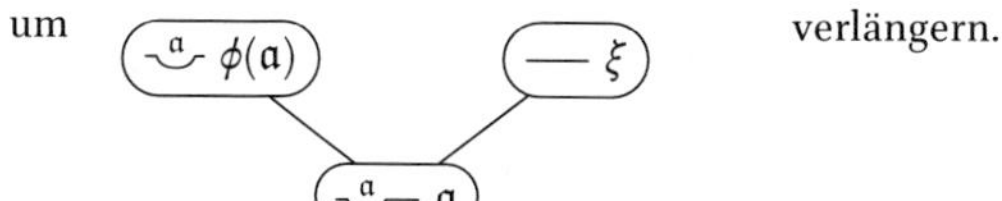

verlängern.

An zwei Stellen wird ein Lückenbildungsprinzip angewendet, nämlich bei der Bildung von

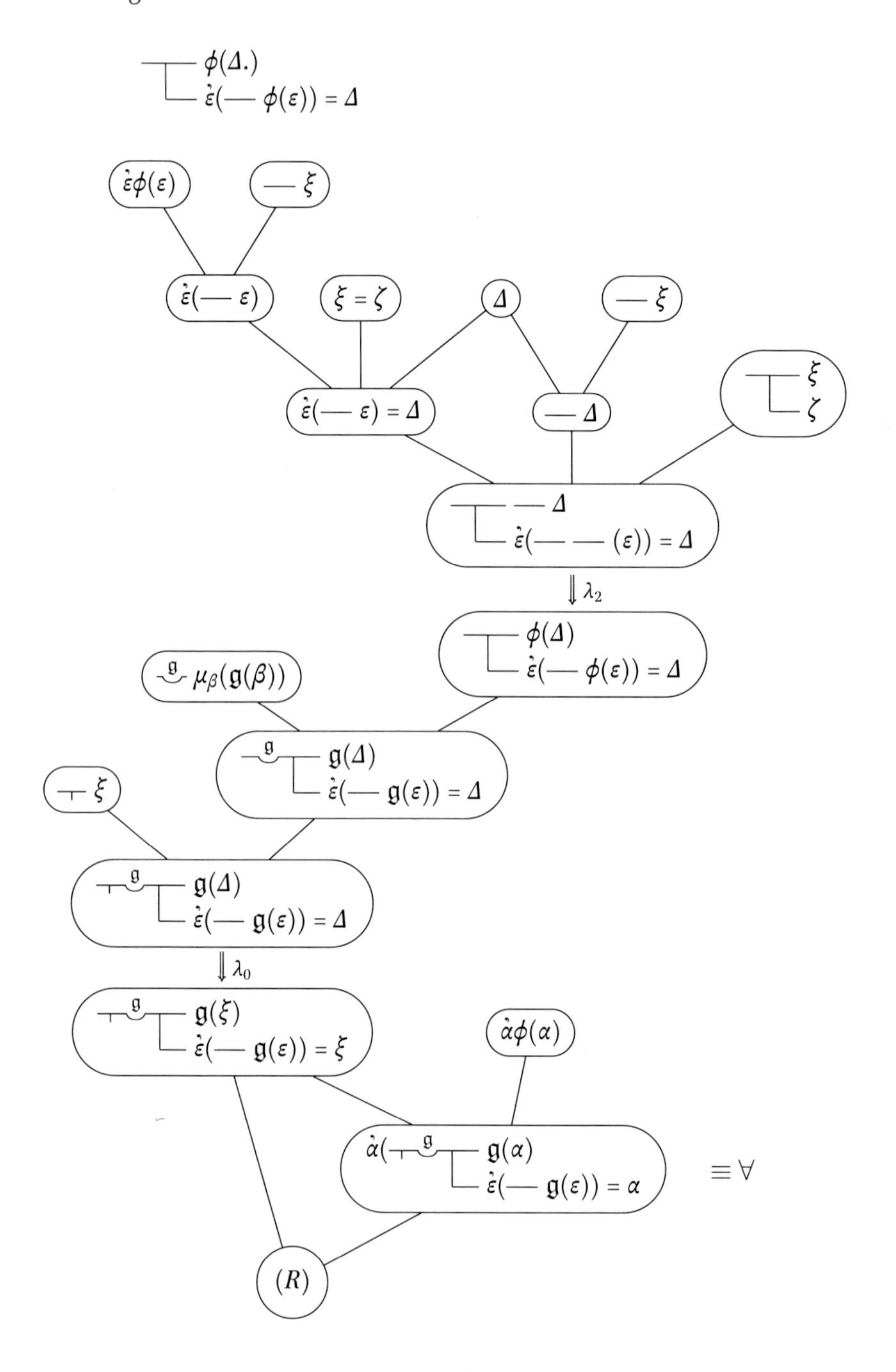

und bei der Bildung von $\overset{\mathfrak{g}}{\smile}\!\!\begin{array}{l} \top\!\!-\, \mathfrak{g}(\xi) \\ \llcorner\, \dot{\varepsilon}(-\, \mathfrak{g}(\varepsilon)) = \xi \end{array}$; (R) entsteht durch Einsetzung des konstruierten „$\forall$" in eine in seinem eigenen Stammbaum weiter oben stehende Formel!

Was daran anstößig ist, wird klar, wenn man sich die Überlegung genauer betrachtet, auf die Frege seine Überzeugung von der Korrektheit der Lückenbildungsprinzipien stützte. Ich zeige das an den Fällen für (λ_0) und (λ_2).

$X(\xi)$ sei durch Anwendung von (λ_0) aus $X(\Gamma)$ gebildet worden, und es gelte $\oplus X(\Gamma)$. Dann kann man, so meint Frege (*GGA* I, 47, Mitte), für ein *beliebiges* Δ von den Urfunktionen aus $X(\Delta)$ nach *denselben* Schritten konstruieren wie $X(\Gamma)$. Mit $\oplus\Delta$ gelte dann auch $\oplus X(\Delta)$, so dass auch die Aussage $\bigwedge_\Delta . \oplus \Delta \rightarrow \oplus X\Delta.$ gilt, also nach dem Bedeutungskriterium Ⓐ gerade $\oplus X(\xi)$. Analog für (λ_2): $\phi(\Delta)$ sei durch eine Anwendung von (λ_2) aus $\Phi(\Delta)$ entstanden, und $\oplus\Phi(\Delta)$ gelte. Dann kann man, so lautet wieder Freges Überlegung, für *beliebiges* $X(\xi)$, von den Urfunktionen aus, $X(\Delta)$ konstruieren nach denselben Schritten wie $\Phi(\Delta)$. Mit $\oplus X(\xi)$ gelte dann auch $\oplus X(\Delta)$, d. h. es gilt

$$\bigwedge_X . \oplus X(\xi) \rightarrow \oplus \Phi(\Delta).,$$

und das heißt nach Bedeutungskriterium Ⓓ, es gilt $\oplus\phi(\Delta)$.

In diesen Überlegungen steckt aber ein Fehler. Die Parallelkonstruktion, von der beide Male Gebrauch gemacht wird, lässt sich zwar formal durchführen, aber am Anfang stehen dann *nicht* immer Urfunktionen, wenn nämlich der *Parallel*ausdruck Δ (bzw. $X(\xi)$) erst mit Hilfe des durch Anwendung von (λ_0) bzw. (λ_2) *entstehenden* Ausdrucks konstruierbar ist. Dann gilt zwar nach wie vor die generelle Subjunktion

$$\bigwedge_\Delta . \oplus \Delta \rightarrow \oplus X(\Delta).$$

bzw. $$\bigwedge_X . \oplus X(\xi) \rightarrow \oplus X(\Delta).,$$

aber wir haben einen Zirkel

der sich auch in der Konstruktion zeigt: wir dürften ja Δ bzw. $X(\xi)$ erst *in der Konstruktion* verwenden, wenn das gerade zu rechtfertigende Prinzip – (λ_0) oder (λ_2) – schon für Konstruktionen legitimiert wäre! Der Zirkel ist also einfach von der Art

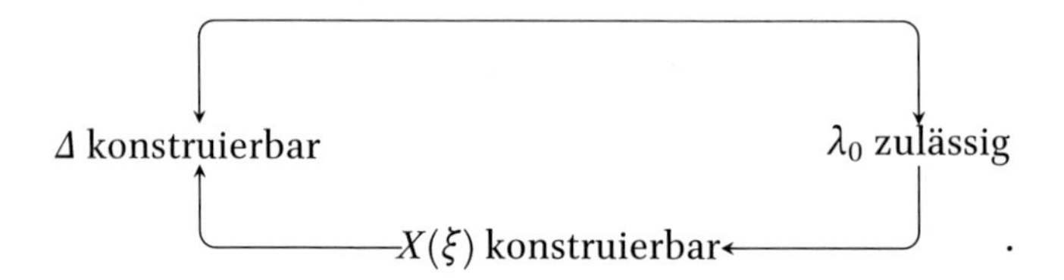

Ich zeige das noch an einem kurzen Beispiel:

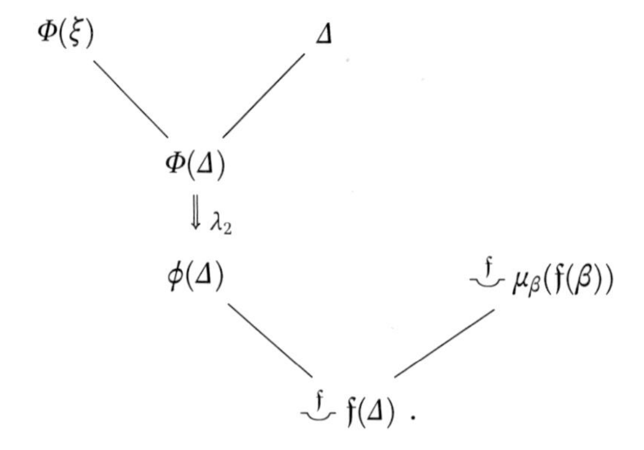

Auf die Bedeutungskriterien kann sich Frege hier nicht berufen, denn $\overset{\mathfrak{f}}{\smile}\,\mathfrak{f}(\Delta)$ ist ein Eigenname, so dass nach Bedeutungskriterium Ⓑ für $\oplus\overset{\mathfrak{f}}{\smile}\,\mathfrak{f}(\Delta)$ genügt:

$$\bigwedge\nolimits_{\Phi} . \oplus \Phi(\xi) \rightarrow \oplus \Phi(\overset{\mathfrak{f}}{\smile}\,\mathfrak{f}(\Delta)). \qquad \text{(etc.).}$$

Um dies zu zeigen, muss das Antecedens $\oplus\Phi(\xi)$ gelten, d. h. nach Ⓐ

$$\bigwedge\nolimits_{\Gamma} . \oplus \Gamma \rightarrow \oplus \Phi(\Gamma). ,$$

aber dafür muss insbesondere gelten

$$\oplus\overset{\mathfrak{f}}{\smile}\,\mathfrak{f}(\Delta) \rightarrow \oplus \Phi(\overset{\mathfrak{f}}{\smile}\,\mathfrak{f}(\Delta)),$$

und wir haben wieder den Zirkel.

Versucht man es nun mit der Erblichkeit der Eigenschaft, bedeutungsvoll zu sein, so passiert folgendes:
Damit $\oplus\!\overset{\mathfrak{f}}{\smile}\,\mathfrak{f}(\Delta)$ ist, braucht man $\oplus\phi(\Delta)$, d. h.

$$\bigwedge_{\Phi}.\oplus\Phi(\xi)\rightarrow\oplus\Phi(\Delta).\text{, insbesondere}$$
$$\oplus\!\overset{\mathfrak{f}}{\smile}\,\mathfrak{f}(\xi)\rightarrow\oplus\!\overset{\mathfrak{f}}{\smile}\,\mathfrak{f}(\Delta).$$

Aber $\oplus\!\overset{\mathfrak{f}}{\smile}\,\mathfrak{f}(\xi)$ können wir erst durch (λ_0) aus $\overset{\mathfrak{f}}{\smile}\,\mathfrak{f}(\Delta)$ oder einem $\oplus\!\overset{\mathfrak{f}}{\smile}\,\mathfrak{f}(\Delta')$ erhalten; d. h. wir können $\oplus\!\overset{\mathfrak{f}}{\smile}\,\mathfrak{f}(\xi)$ auch nicht ohne $\oplus\!\overset{\mathfrak{f}}{\smile}\,\mathfrak{f}(\Delta)$ zeigen![16]

Wie diese imprädikativen Ausdrücke zeigen, lässt sich der von Frege ausgelassene Beweisschritt auch *gar nicht tun.* Ich hatte schon angedeutet, welches Dilemma das für die orthodoxen unter den Fregeinterpreten bedeutet. Bartlett scheint sogar die Lückenbildungsprinzipien für durch die Bedeutungskriterien gerechtfertigt zu halten, und damit auch die imprädikativen Begriffsbildungen. An anderer Stelle behauptet er, für das um $\dot{\varepsilon}\phi(\varepsilon)$ und $\backslash\xi$ verminderte System Freges *gelinge* der Nachweis – was nach meiner besten Einsicht nicht stimmen kann, da auch bei Ausdrücken wie $\overset{\mathfrak{a}}{\smile}\,\mathfrak{a}=\mathfrak{a}$ die Zirkelhaftigkeit auftritt:

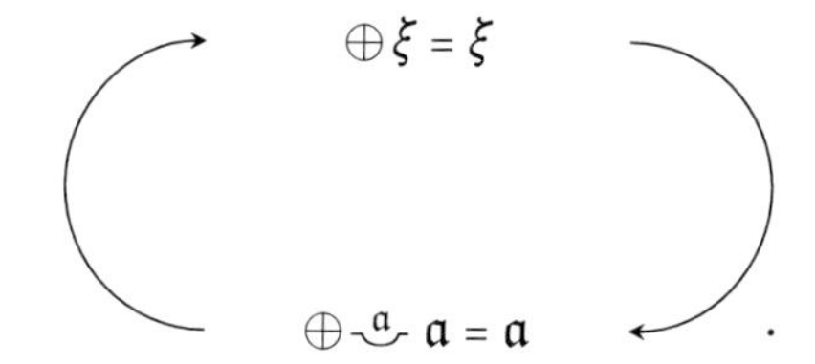

Die Konsequenz scheint mir, dass ein Widerspruchsfreiheitsbeweis für den Kalkül der Quantorenlogik (oder zunächst einmal für Quantorenlogik plus Gleichheit plus Mengen), nicht auf dem Wege über einen Beweis der semantischen Vollständigkeit (Bedeutungsvollständigkeit) zu führen ist. Im Übrigen sind in Freges System die Prinzipien der rechtmäßigen Bildung zu ändern. Nicht das Grundgesetz V ist aufzugeben und durch ein anderes zu ersetzen, welches beispielsweise eine einfache Typentheorie berücksichtigt, sondern die zu Widersprüchen führenden imprädikativen

16 Eine Erwägung wert wäre vielleicht, ob sich „schematische Lösungen" der von Carnap 1930 angeregten und von mir in meinem Grundlagenkrisenbuch (*Thiel 1972a*, 153 f.) kurz erörterten Art zur Kennzeichnung derartiger Schwierigkeiten verwenden lassen. Das Ergebnis kann aber, wie ich gezeigt zu haben glaube, selbst nur konstruktiver Art sein.

Ausdrücke sind zu vermeiden durch Regeln, die – axiomatisiert – eine verzweigte Typentheorie ergeben, allerdings in einer vereinfachten Fassung mit nur zwei Sorten von Variablen (wenn man dies wünscht). Welche imprädikativen Ausdrücke – im bisherigen Sinn von „imprädikativ" – dennoch zulässig sind, kann ich hier nicht mehr ausführen; ich muss dafür auf mein in Anm. 3 genanntes Buch und auf meinen (unveröffentlichten) Oberwolfacher Vortrag „Grundlagen der konstruktiven Arithmetik und Mengenlehre" verweisen.

Wahrheitswert und Wertverlauf. Zu Freges Argumentation im § 10 der „Grundgesetze der Arithmetik“

Nach der üblichen Darstellung der Fregeschen Logik, unter der man das in den *Grundgesetzen der Arithmetik* (*GGA* I, *Frege 1893*) ausgearbeitete, die klassische Quantorenlogik umfassende System der Mengenlehre mit Extensionalitätsaxiom und Komprehensionsschema versteht, treten als Gegenstände dieser Logik neben den von Frege als „das Wahre“ und „das Falsche“ bezeichneten beiden Wahrheitswerten nur noch Wertverläufe auf. Freges Ausführungen im § 10 der *Grundgesetze* dienen nach dieser Auffassung dazu, auch noch die beiden Wahrheitswerte mit zwei intuitiv als geeignet erscheinenden Wertverläufen zu identifizieren, so dass nach diesem Schritt alle in Freges System auftretenden Gegenstände Wertverläufe sind.

Obwohl Freges eigene Formulierungen im § 10, aber auch z. B. im § 31 der *Grundgesetze* dieser Auffassung Vorschub leisten, muss man sie aus sachlichen, auch durch andere Äußerungen Freges gestützten Gründen als inkorrekt und irreführend verwerfen. Es wird ja dabei so getan, als gäbe es eine Eigenschaft „Wertverlauf zu sein“, die einem Gegenstand zukommen oder nicht zukommen könne, als zerfalle also der Fregesche Bereich der Gegenstände in einen Teilbereich mit den beiden Wahrheitswerten und einen davon getrennten Teilbereich von ihnen verschiedener Wertverläufe, die dann im § 10 vereinigt würden. Dem widerspricht, dass Frege an anderen Stellen, insbesondere in der zweiten Anmerkung zum § 10 der „Grundgesetze“, ausdrücklich betont, dass „die Weise wie ein Gegenstand gegeben ist, nicht als dessen unveränderliche Eigenschaft angesehen werden darf, sintemal derselbe Gegenstand in verschiedener Weise gegeben werden kann“ (*GGA* I, 18, Anm. 1). Erst recht muss nach der Gleichsetzung der Wertverläufe $\grave{\varepsilon}(\!-\!\!-\, \varepsilon)$ und $\grave{\varepsilon}(\varepsilon = \top\!\!\overset{\mathfrak{a}}{\smile}\!- \mathfrak{a} = \mathfrak{a})$ mit dem Wahren bzw. dem Falschen im § 10 klar sein, dass z. B. das Wahre die Bedeutung sowohl des Wertverlaufsnamens „$\grave{\varepsilon}(\!-\!\!-\, \varepsilon)$“ als auch die des

---

Dieser Aufsatz ist zuerst erschienen in: Matthias Schirn (Hg.), *Studien zu Frege* I. *Logik und Philosophie der Mathematik*, Frommann-Holzboog: Stuttgart-Bad Cannstatt 1976 (*problemata*, 42), 287–299 (*Thiel 1976*).

Namens „$\smile\!\!\!\!^{\mathfrak{a}}\ \mathfrak{a} = \mathfrak{a}$" ist (der nicht die Gestalt eines Wertverlaufsnamens hat), dass also mit der Einführung der Wertverläufe neben den beiden Wahrheitswerten eine Unterscheidung nicht im Bereich der Gegenstände, sondern allein im Bereich der Namen getroffen worden ist. Dennoch leiden die Fregeschen Darlegungen an Widersprüchlichkeiten, die darauf zurückgehen, dass Frege die in der zitierten Fußnote festgehaltene, in anderem Kontext (*GLA*, *Frege 1884*, 78, § 67) von ihm schon früher geäußerte Einsicht durch eine ontologische Redeweise gerade im § 10 der *Grundgesetze* selbst desavouiert. Ohne diese Redeweise zu beseitigen – wie es auch Freges Ausführungen in der genannten Anmerkung zum § 10 entspricht –, wird man die Unstimmigkeiten selbst durch die subtilsten Interpretationsversuche nicht los. Freilich bedeutet dies nicht, dass nun die Problematik entfiele, deren Lösung Freges Ausführungen dienen sollten. Es scheint mir einen Versuch wert zu sein, die von Frege angegangenen Probleme auch ohne die im § 10 verwendete Redeweise, die einen unvermeidbaren Rückgriff auf ontologische Voraussetzungen suggeriert, darzulegen und zu klären. Der Text der zitierten Fußnote (*GGA* I, 18) lehrt, dass es Frege darum geht, ob uns ein Gegenstand als Wertverlauf gegeben ist, ob also der Name, den wir zu seiner Bezeichnung verwenden, ein aus einem Funktionsnamen „$\Phi(\xi)$" konstruierter Wertverlaufsname der Form „$\grave{\varepsilon}\Phi(\varepsilon)$" ist oder nicht. Die „Identifizierung" der Wahrheitswerte mit Wertverläufen im erwähnten § 10 ist nicht mehr als die explizite Festsetzung, dass zwei bestimmte Ausdrücke, die die angegebene Form von Wertverlaufsnamen haben, zur Bezeichnung des Wahren bzw. des Falschen dienen. Ob die Rede von „Bezeichnungen" und „Namen" für Abstrakta (wie sie in Freges Logik ja durchwegs behandelt werden) zu einer platonistischen Ontologie verpflichtet oder sich als „façon de parler" rekonstruieren lässt, steht an dieser Stelle noch nicht zur Debatte. Zunächst versuche ich nur, auf Grund einer Analyse des § 10 der *Grundgesetze* das Verhältnis von Wertverläufen und Wahrheitswerten, nach dem Gesagten also genauer von Wertverlaufsnamen und Namen von Wahrheitswerten, so weit wie möglich zu klären und die Rolle der einschlägigen Erwägungen Freges für die Struktur seines Systems verständlich zu machen. Historisch gesehen scheint Frege der erste zu sein, der zwischen „semantischen" und „syntaktischen" Überlegungen bei einem Aufbau der Logik oder der Mengenlehre trennt. Im semantischen Teil seiner *Grundgesetze*, den man im engeren Sinn bis § 25, im weiteren Sinn bis etwa § 46 incl. rechnen kann, werden gewisse Grundfunktionen des Systems dadurch „erklärt", dass ihre Werte für alle überhaupt passenden Argumente angegeben werden. Während Frege dabei die von ihm gewählten Namen der erklärten Funktionen explizit angibt, bezieht er sich auf ihre Werte und Argumente nicht mittels irgendwelcher Ausdrücke seiner Begriffsschrift, sondern gewissermaßen umschreibend, indem er z. B. einfach von „dem Wahren“ und „dem Falschen“ spricht und für eventuell einzuführende weitere Gegenstände eine Rubrik sonstige „Fälle“ vorsieht. Freges Erklärungen der Funktionen $—\ \xi$, $\top\ \xi$, $\xi = \zeta$ und $\overset{\mathfrak{a}}{\smile}\ \phi(\mathfrak{a})$ lauten, auf ein einheitliches Schema gebracht:

(1) Der Wert der Funktion $—\ \xi$ für das Argument Δ sei
  (1.1) das Wahre, falls von Δ gilt: Δ ist das Wahre
  (1.2) das Falsche sonst (d.h. falls von Δ gilt: Δ ist nicht das Wahre)
(2) Der Wert der Funktion $\top\ \xi$ für das Argument Δ sei
  (2.1) das Falsche, falls von Δ gilt: $—\ \Delta$ ist das Wahre
  (2.2) das Wahre sonst (d. h. falls von Δ gilt: $—\ \Delta$ ist nicht das Wahre)
(3) Der Wert der Funktion $\xi = \zeta$ für die Argumente Γ und Δ sei
  (3.1) das Wahre, falls von Γ und Δ gilt: Γ und Δ sind dasselbe
  (3.2) das Falsche sonst (d. h. falls von Γ und Δ gilt: Γ und Δ sind nicht dasselbe)
(4) Der Wert der Funktion $\overset{\mathfrak{a}}{\smile}\ \phi(\mathfrak{a})$ für das Argument $\Phi(\xi)$ sei
  (4.1) das Wahre, falls von der Funktion $\Phi(\xi)$ gilt: $\Phi(\xi)$ hat für jedes Argument das Wahre als Wert
  (4.2) das Falsche sonst (d. h. falls von der Funktion $\Phi(\xi)$ gilt: $\Phi(\xi)$ hat nicht für jedes Argument das Wahre als Wert).

Als Erklärungen der betr. Funktionen kann man diese Festsetzungen nur deshalb ansehen, weil Frege dabei voraussetzt, dass die im erklärenden rechten Teil jeweils herangezogenen beiden Wahrheitswerte bekannt sind. Diese Bekanntschaft schließt ihre Wiedererkennbarkeit und damit auch die Unterscheidbarkeit der beiden Wahrheitswerte voneinander ein – andernfalls wäre z. B. die gegebene Erklärung der Gleichheit zirkelhaft. Typisch für derartige Erklärungen ist, dass wir die Namen der erklärten Funktionen als neue Ausdrücke kennenlernen, dass Frege aber im erklärenden rechten Teil der Festsetzungen bewusst offenlässt, durch welche Namen das Wahre, das Falsche oder etwaige weitere Gegenstände in den einzelnen Anwendungsfällen gegeben sind. Der Grund ist ersichtlich: die Erklärungen sollen von der Form der Argumentausdrücke unabhängig sein, so wie ja auch z. B. die Quadratfunktion in der Arithmetik unabhängig davon erklärt wird, ob das Argument als Ziffernausdruck oder als komplizierter Rechenausdruck vorliegt. Ein solches Erklärungsschema kann also offensichtlich nicht zur Erweiterung des Gegenstandsbereichs der Begriffsschrift durch Einführung neuer Gegenstände dienen. Insbesondere kann eine Erweiterung des aus den beiden Wahrheitswerten bestehenden Ausgangsbereichs um neue, mit den Wahrheitswerten nicht zusammenfallende Wertverläufe nicht auf die Weise erfolgen, dass die Wertverlaufsnamen als Namen der Werte der Funktion zweiter Stufe $\grave{\varepsilon}\phi(\varepsilon)$ durch eine Erklärung dieser Funktion eingeführt werden. In einer solchen Erklärung, die nach unserem Schema so auszusehen hätte:

(5) Der Wert der Funktion $\grave{\varepsilon}\phi(\varepsilon)$ für das Argument $\Phi(\xi)$ sei
  (5.1) a_1, falls von $\Phi(\xi)$ gilt: ...
  (5.2) a_2, falls von $\Phi(\xi)$ gilt: ...
  ....
  (5.n) a_n sonst,

müssten ja unter den $a_1 \ldots a_n$ auch Wertverläufe bereits durch Umschreibungen angegeben und damit als schon bekannt vorausgesetzt werden.

Während sich Frege bei den angeführten Funktionserklärungen bedenkenlos auf ein Vorverständnis von Aussagen und Wahrheitswerten (sowie von Negation und Allgemeinheit) beruft, meint er dies im Fall der Wertverläufe offenbar nicht tun zu können. Das liegt wohl daran, dass unter diesen „neuen Gegenständen" insbesondere die Zahlen sind, deren Theorie – die Arithmetik – Frege ja gerade begründen will (*GGA* I, 16, § 9). Sie als bekannt, und zwar gleich als zur Kategorie der Wertverläufe gehörig vorauszusetzen, hätte Frege nur den Vorwurf einer petitio principii, nicht aber die Anerkennung seines logizistischen Reduktionsversuchs einbringen können. Freges Wertverläufe stehen in einer engen, durch unmittelbare Zuordnung hergestellten Beziehung zu Funktionen, wobei unter „technischem" Aspekt wichtig ist, dass einzig den einstelligen Funktionen erster Stufe Wertverläufe zugeordnet werden. Dass immerhin eine solche Zuordnung nötig ist, ergibt sich aus Freges Analyse der Anzahlaussagen in den *Grundlagen* (*GLA*, 82–83), die zur Definition der einem Begriff F zukommenden Anzahl als Umfang des Begriffs „gleichzahlig dem Begriff F" führte. Wenn Frege hier schreibt:

> Wenn wir in dem Satze: „die Erde hat mehr Masse als der Mond" „die Erde" absondern, so erhalten wir den Begriff „mehr Masse habend als der Mond",

und ausführt, dass

> „a fällt unter den Begriff F" die allgemeine Form eines beurtheilbaren Inhalts ist, der von einem Gegenstande a handelt,

so behandelt er Begriffe als einstellige Funktionen erster Stufe mit ausschließlich Wahrheitswerten als Werten, genau wie später in *Function und Begriff* und in den *Grundgesetzen*, nur ohne schon die dort herangezogene Rede von Funktionen zu bemühen. Von dieser Ausgangslage her ist es klar, dass Frege nach der im § 3 erfolgten Identifizierung von Umfang und Wertverlauf eines (so verstandenen) Begriffs jedenfalls Wertverläufe einstelliger Funktionen erster Stufe einführen muss. Nicht trivial, sondern sozusagen ein glücklicher Umstand ist es, dass Frege zur Begründung der Arithmetik nicht darüber hinaus auch den Funktionen zweiter oder gar höherer Stufe Wertverläufe zuzuordnen braucht, und dass die von Frege später (im § 36) eingeführten „Doppelwertverläufe", die sich zu Beziehungen so verhalten wie Wertverläufe zu Begriffen, nicht als abermals neue Gegenstände neben die beiden Wahrheitswerte und die „normalen" Wertverläufe treten, sondern ebenfalls durch den schon verfügbaren Prozess der Wertverlaufs(namen)bildung zu gewinnen sind, wie das folgende Schema zeigt:

$\Psi(\xi,\zeta)$

$\Downarrow$ Einsetzung

$\Psi(\Gamma,\Delta)$

$\Downarrow$ Bildung eines einstelligen Funktionsnamens

$\Psi(\xi,\Delta)$

$\Downarrow$ Bildung des zugehörigen Wertverlaufsnamens

$\grave{\varepsilon}\Psi(\varepsilon,\Delta)$

$\Downarrow$ Bildung eines einstelligen Funktionsnamens

$\grave{\varepsilon}\Psi(\varepsilon,\zeta)$

$\Downarrow$ Bildung des zugehörigen Wertverlaufsnamens

$\grave{\alpha}\grave{\varepsilon}\Psi(\varepsilon,\alpha)$.

Der erhaltene Gegenstandsname ist bei Frege der Name des zu der zweistelligen Ausgangsfunktion $\Psi(\xi,\zeta)$ gehörigen Doppelwertverlaufs.

Da sich Frege nicht auf eine „Bekanntschaft" mit Wertverläufen berufen will, kann er also auch keine Erklärung der Funktion $\grave{\varepsilon}\phi(\varepsilon)$ vom Typus der bisherigen Funktionserklärungen geben. Es ist bekannt, wie Frege (*GGA* I, 7) stattdessen die Rede von Wertverläufen einzuführen versucht hat:

> Ich brauche die Worte „die Function $\Phi(\xi)$ hat denselben Werthverlauf wie die Function $\Psi(\xi)$" allgemein als gleichbedeutend mit den Worten „die Functionen $\Phi(\xi)$ und $\Psi(\xi)$ haben für dasselbe Argument immer denselben Werth."

Ein derartiger Übergang zwischen zwei Redeweisen ist keine Definition im üblichen Sinn und hat mit einer solchen nur gemeinsam, dass der bei einem Übergang ersetzte und der dabei an seine Stelle tretende Ausdruck nach Freges eindeutiger Feststellung nicht bloß als bedeutungs-, sondern sogar als sinngleich festgesetzt werden (*Frege 1891a*, 10; vgl. *GGA* I, 16, Anm.). Wie Frege bereits in den *Grundlagen* bemerkt hatte, sind die Konsequenzen eines solchen Übergangs zunächst schwer überschaubar, denn wir wollen dabei „nicht die Gleichheit eigens für diesen Fall [sc. zwischen Wertverläufen] erklären, sondern mittels des schon bekannten Begriffs der Gleichheit, das gewinnen, was als gleich zu betrachten ist [sc. die Wertverläufe]." (*GLA*, 74) Eine gewisse Veranschaulichung soll deshalb noch im § 3 die Gleichsetzung der Wertverläufe von Begriffen, die Frege als spezielle einstellige Funktionen auffasst (s. o.), mit den Begriffsumfängen liefern (woraus man sieht, dass Frege so etwas wie eine „Bekanntschaft" zumindest mit diesen doch unterstellt; man vgl. zu dieser Frage auch die Problematik des „Hinweisens" z. B. in *GGA* II, *Frege 1903a*, 148, § 146).

Obwohl diese knappen Bemerkungen, richtet man sich nach der Überschrift des Abschnitts, nur „Einführendes" bieten, bleibt die Vorgehensweise auch im anschließenden Teil unverändert, der unter dem Titel „Zeichen von Functionen" die von uns schon angeführten Funktionserklärungen bringt. Hier führt Frege im § 9, um den im § 3 angegebenen Übergang begriffsschriftlich ausdrücken zu können, seine Wertverlaufsnotation ein. Freilich nicht nur zum Ausdruck von Wertverlaufsgleichungen; sobald diese begriffsschriftlich ausgedrückt sind, löst Frege die einzelnen Wertverlaufsnamen aus den beim Übergang erhaltenen Wertverlaufsgleichungen heraus:

> So schreibe ich z. B. für „$\smile\!\!\!\!^{\mathfrak{a}}\ \mathfrak{a}^2 - \mathfrak{a} = \mathfrak{a} \cdot (\mathfrak{a} - 1)$", „$\dot{\varepsilon}(\varepsilon^2 - \varepsilon) = \dot{\alpha}(\alpha \cdot (\alpha - 1))$", indem ich unter $\dot{\varepsilon}(\varepsilon^2 - \varepsilon)$ den Werthverlauf der Function $\xi^2 - \xi$, unter $\dot{\alpha}(\alpha \cdot (\alpha - 1))$ den Werthverlauf der Function $\xi \cdot (\xi - 1)$ verstehe.[1]

Allgemein soll das Zeichen „$\dot{\varepsilon}\Phi(\varepsilon)$" den Wertverlauf der Function $\Phi(\xi)$ bedeuten.

Dass Frege in der Tat gesonnen ist, Wertverlaufsnamen nicht nur in Ausdrücken bzw. Teilausdrücken der Gestalt „$\dot{\varepsilon}\Phi(\varepsilon) = \dot{\alpha}\Psi(\alpha)$" zu verwenden, für die allein durch die Umsetzungsregel Sinn und Bedeutung festgelegt worden sind, zeigt sein weiteres Verfahren im § 9. Bei der Erläuterung der Korrespondenzregeln zwischen den Namen von Funktionen und den Namen ihrer Wertverläufe bezeichnet er nämlich den Wertverlaufsnamen

1 *GGA* I, 14; die von Frege bei den beiden allein stehenden Wertverlaufsnamen versehentlich gesetzten einfachen Anführungszeichen sind weggelassen.

„$\acute{\varepsilon}(\varepsilon = \acute{\varepsilon}(\varepsilon^2 - \varepsilon))$“ als die Entsprechung des Funktionsnamens „$\xi = \acute{\varepsilon}(\varepsilon^2 - \varepsilon)$“, den Wertverlaufsnamen „$\acute{\alpha}(\alpha = \acute{\varepsilon}(\varepsilon = \alpha))$“ als die Entsprechung des Funktionsnamens „$\xi = \acute{\varepsilon}(\varepsilon = \xi)$“, und am Ende des Paragraphen den Wahrheitswert $\acute{\varepsilon}(\varepsilon^2 - \varepsilon) = \acute{\alpha}(\alpha \cdot (\alpha - 1))$ als Wert der Funktion $\xi = \acute{\alpha}(\alpha \cdot (\alpha - 1))$ für das Argument $\acute{\varepsilon}(\varepsilon^2 - \varepsilon)$. Da in die Leerstellen der hier genannten Funktionsnamen selbstverständlich beliebige passende Gegenstandsnamen, nicht nur Wertverlaufsnamen eingesetzt werden dürfen, lässt Frege also explizit die Bildung von Ausdrücken zu, deren Bedeutung nicht durch die Umsetzungsregel und somit bis dahin überhaupt nicht erklärt wurde. Dass hier nicht einfach ein Versehen vorliegt, zeigt Freges Versuch, die Mängel dieses Schrittes (zum Gebrauch von Wertverlaufsnamen auch außerhalb von Wertverlaufsgleichungen) im § 10 zu beseitigen, dem wir uns jetzt nach diesen umfänglichen Vorbereitungen zuwenden.

Der Paragraph beginnt mit der Feststellung, dass die Umsetzungsregel die Bedeutung eines Wertverlaufsnamens noch nicht vollständig festlege. Nur wenn ein Wertverlauf durch einen Namen von der Form „$\acute{\varepsilon}\Phi(\varepsilon)$“ gegeben und dadurch als Wertverlauf erkennbar ist, können wir ihn „wiedererkennen“, nämlich entscheiden, ob eine Gleichung mit einem beliebigen (also auch mit einem nicht schon als Wertverlaufsname gebildeten) Gegenstandsnamen „Δ“ wahr oder falsch, in Freges Sprechweise also ein Name des Wahren oder ein Name des Falschen ist. Ebensowenig können wir immer entscheiden, ob ein gegebener Wertverlauf eine gegebene Eigenschaft hat, und das heißt für eine durch einen Begriffsausdruck „$X(\xi)$“ gegebene Eigenschaft und einen u. U. sogar durch einen Wertverlaufsnamen „$\acute{\varepsilon}\Phi(\varepsilon)$“ gegebenen Wertverlauf, ob „$X(\acute{\varepsilon}\Phi(\varepsilon))$“ wahr oder falsch, $X(\acute{\varepsilon}\Phi(\varepsilon))$ also in Freges Redeweise das Wahre oder das Falsche ist.

Dass dies so ist, lässt sich leicht zeigen. Ist nämlich $X(\xi)$ eine umkehrbar eindeutige Funktion, d. h. gilt für zwei Argumente Γ und Δ außer der auf Grund des Funktionscharakters von $X(\xi)$ trivialen Implikation $\Gamma = \Delta \prec X(\Gamma) = X(\Delta)$ auch umgekehrt $X(\Gamma) = X(\Delta) \prec \Gamma = \Delta$, so gilt dies speziell auch dann, wenn man statt „Γ“ und „Δ“ zwei gleichbedeutende Wertverlaufsnamen „$\acute{\varepsilon}\Phi(\varepsilon)$“ und „$\acute{\alpha}\Psi(\alpha)$“ nimmt. Es folgt dann also „$\acute{\varepsilon}\Phi(\varepsilon) = \acute{\alpha}\Psi(\alpha)$“ aus „$X(\acute{\varepsilon}\Phi(\varepsilon)) = X(\acute{\alpha}\Psi(\alpha))$“ und umgekehrt; beide Gleichungen sind untereinander und daher – da dies für die erste von ihnen gilt – auf Grund der Umsetzungsregel jeweils auch mit „$\overset{\mathfrak{a}}{\smile}\ \Phi(\mathfrak{a}) = \Psi(\mathfrak{a})$“ bedeutungsgleich (nicht unbedingt sinngleich, wie „$\acute{\varepsilon}\Phi(\varepsilon) = \acute{\alpha}\Psi(\alpha)$“ und „$\overset{\mathfrak{a}}{\smile}\ \Phi(\mathfrak{a}) = \Psi(\mathfrak{a})$“, obwohl Freges Formulierung der Fußnote auf S. 16, wohl bewusst, den Fall der Sinngleichheit nicht ausschließt).

Wenn wir m. a. W. über die Wertverläufe nicht mehr Information erhalten, als dass die Umsetzungsregel in Kraft sei, können wir zwar nach dieser

Regel von „$\overset{\mathfrak{a}}{\smile}\ \Phi(\mathfrak{a}) = \Psi(\mathfrak{a})$“ zu einer Aussage „$\grave{\varepsilon}\Phi(\varepsilon) = \grave{\alpha}\Psi(\alpha)$“ übergehen, wissen dann jedoch nicht, worüber wir mit dieser neuen Aussage etwas aussagen – obwohl sie doch als Gleichung beansprucht, die Bedeutungsgleichheit zweier Gegenstandsnamen auszudrücken. Wir wissen nur, dass die neue Aussage denselben Wahrheitswert hat wie die Allaussage, von der wir ausgingen; aber denselben Wahrheitswert hat dann auch die Aussage „$X(\grave{\varepsilon}\Phi(\varepsilon)) = X(\grave{\alpha}\Psi(\alpha))$“, in der, wenn „$\grave{\varepsilon}\Phi(\varepsilon)$“ und „$\grave{\alpha}\Psi(\alpha)$“ überhaupt etwas bezeichnen und $X(\xi)$ von der genannten Art ist, jedenfalls über die von $\grave{\varepsilon}\Phi(\varepsilon)$ und $\grave{\alpha}\Psi(\alpha)$ verschiedenen Gegenstände $X(\grave{\varepsilon}\Phi(\varepsilon))$ und $X(\grave{\alpha}\Psi(\alpha))$, genauer (falls die Allaussage wahr ist): über den von „$X(\grave{\varepsilon}\Phi(\varepsilon))$“ und „$X(\grave{\alpha}\Psi(\alpha))$“ bezeichneten Gegenstand etwas ausgesagt wird. Freges Versicherung, dass die neue Aussage mit der alten sinngleich sei, hilft nicht einmal in der ausführlicheren Fassung aus *Function und Begriff* (*Frege 1891a*, 11) weiter; zwar drücken beide Aussagen „denselben Sinn aus [...], aber in anderer Weise“, die alte Aussage „stellt den Sinn dar als Allgemeinheit einer Gleichung, während der neu eingeführte Ausdruck einfach eine Gleichung ist, deren rechte Seite sowohl wie die linke eine in sich abgeschlossene Bedeutung hat“ (*GGA* I, 16); aber was diese Bedeutung nun sei, erfahren wir dabei nicht.

Man könnte sich daran stoßen, dass Frege bei der Behauptung dieser Nichtentscheidbarkeit für „eine gegebene Eigenschaft“ so einfach unterstellt, einige Begriffe – im Sinn Freges, der überdies auch seine Rede von Eigenschaften durch die Worte „Ich nenne die Begriffe, unter die ein Gegenstand fällt, seine Eigenschaften“ klar erläutert hat (*Frege 1892a*, 201) – seien umkehrbar eindeutige Funktionen. Tatsächlich ist dies aber unwesentlich, da sich selbst dann, wenn es nicht der Fall wäre, das Problem für Freges Aufbau der Begriffsschrift und damit seiner Logik in genau der gleichen Weise stellte. Wichtig ist dagegen die Zusatzforderung: „wenigstens, wenn es eine solche Function $X(\xi)$ giebt, deren Werth für einen Werthverlauf als Argument diesem selbst nicht immer gleich ist“ (*GGA* I, 16, Zeile 26 ff.), die einer ausdrücklichen Feststellung bedarf, sich im Übrigen aber von selbst versteht: würde für alle $X(\xi)$ und jeden beliebigen Wertverlauf $\grave{\varepsilon}\Phi(\varepsilon)$ entgegen der Zusatzforderung die Aussage $X(\grave{\varepsilon}\Phi(\varepsilon)) = \grave{\varepsilon}\Phi(\varepsilon)$ gelten, so würde uns diese Gleichung ja gerade garantieren, dass wir in „$\grave{\varepsilon}\Phi(\varepsilon) = \grave{\alpha}\Psi(\alpha)$“ und „$X(\grave{\varepsilon}\Phi(\varepsilon)) = X(\grave{\alpha}\Psi(\alpha))$“ über den gleichen, von jedem der vier auftretenden Namen bezeichneten Gegenstand etwas aussagten (vorausgesetzt, die Aussagen wären wahr).

Die von Frege beschriebene Unbestimmtheit hätte sich vermeiden lassen, wäre „für jede Function bei ihrer Einführung bestimmt“ worden, „welche Werthe sie für Werthverläufe als Argumente erhält, ebenso wie für alle andern Argumente“ (*GGA* I, 16). Dies soll nun nachgeholt werden. Die bis zum

§ 10 eingeführten Funktionen erster Stufe (nur für diese sind ja Wertverläufe passende Argumente) sind $\xi = \zeta$, $— \xi$ und $-\!\!\top\!\!- \xi$. Die Werte von $-\!\!\top\!\!- \xi$ sind völlig durch die Werte von $— \xi$ bestimmt, denn als Werte von $— \xi$ treten nur die beiden Wahrheitswerte auf und für diese als Argumente ist ja der Wert von $-\!\!\top\!\!- \xi$ durch die gegebene Funktionserklärung vollständig bestimmt. Die Funktion $— \xi$ aber lässt sich ihrerseits auf die Funktion $\xi = \zeta$ zurückführen. Da nämlich die Funktion $\xi = \xi$ für alle passenden Argumente das Wahre als Wert hat, ergibt sich als Wert der Funktion $\xi = (\xi = \xi)$ das Wahre, falls als Argument das Wahre genommen wird, dagegen das Falsche für jedes vom Wahren verschiedene Argument. So war aber gerade die Funktion $— \xi$ erklärt worden, die demnach für jedes Argument denselben Wert hat wie die Funktion $\xi = (\xi = \xi)$.

Zur nachträglichen Bestimmung, welche Werte die bisher eingeführten Funktionen für Wertverläufe als Argumente haben sollen, genügt also eine derartige Festsetzung für die Funktion $\xi = \zeta$. Da Frege noch keine anderen Gegenstände eingeführt hat, brauchen wir als Argumente außer den Wertverläufen nur die beiden Wahrheitswerte zu betrachten. Dabei sind drei Fälle zu unterscheiden. (1) Wird in beide Leerstellen des Funktionsnamens $\xi = \zeta$ ein Wertverlaufsname eingesetzt, so entsteht ein Ausdruck der Form „$\grave{\varepsilon}\Phi(\varepsilon) = \grave{\alpha}\Psi(\alpha)$", dessen Bedeutung, ein Wahrheitswert, durch die Umsetzungsregel bestimmt ist. (2) Sind beide in die Leerstellen von „$\xi = \zeta$" eingesetzten Argumentausdrücke *keine* Wertverlaufsnamen, so können sie nur Namen von Wahrheitswerten sein; die Bedeutung des entstehenden Ausdrucks ist dann durch die Erklärung der Funktion $\xi = \zeta$ festgelegt, sofern wir Freges Rückgriff auf die Bekanntheit der beiden Wahrheitswerte akzeptieren. Der verbleibende Fall (3) aber, bei dem in die eine Leerstelle von „$\xi = \zeta$" ein Wertverlaufsname, in die andere kein Wertverlaufsname (sondern ein nicht als Wertverlaufsname gestalteter Name eines Wahrheitswertes) eingesetzt wird, ist bislang ungeklärt. Bei seiner Behandlung bedient sich Frege der von mir eingangs kritisierten ontologischen Redeweise, indem er fragt, ob „einer der Wahrheitswerte etwa ein Wertverlauf sei." Wäre die Antwort verneinend, so ergäbe sich als Wert von $\xi = \zeta$ stets das Falsche, wenn nur eines der Argumente ein Wertverlauf wäre (denn das andere könnte dann nicht dasselbe sein). Wäre dagegen ein Wahrheitswert identisch mit einem Wertverlauf, etwa das Wahre die Bedeutung eines Wertverlaufsnamens „$\grave{\varepsilon}\Phi_w(\varepsilon)$", so wäre der Wert von „$\xi = \zeta$" das Wahre, wenn in eine der Leerstellen von „$\xi = \zeta$" der Ausdruck „$\grave{\varepsilon}\Phi_w(\varepsilon)$", in die andere irgendein Name des Wahren eingesetzt würde. Ganz analog verläuft die Überlegung für den Fall, dass das Falsche die Bedeutung eines Wertverlaufsnamens wäre.

Ob einer dieser Fälle vorliegt, wird durch die Umsetzungsregel nicht – also weder positiv noch negativ – entschieden. Dass es in der Tat offengelassen ist und durch eine eigene weitere Festsetzung entschieden werden kann, weist Frege durch eine originelle Erweiterung der eben angestellten Überlegung nach. Man kann nämlich von „$-\!\overset{\mathfrak{a}}{\smile}\!-\ \Phi(\mathfrak{a}) = \Psi(\mathfrak{a})$“ nicht nur, wie zu Anfang des § 10 gezeigt, sowohl zu „$\dot{\varepsilon}\Phi(\varepsilon) = \dot{\alpha}\Psi(\alpha)$“ als auch zu „$X(\dot{\varepsilon}\Phi(\varepsilon)) = X(\dot{\alpha}\Psi(\alpha))$“ mit einer umkehrbar eindeutigen und über dem Bereich der Wertverläufe von der Identität verschiedenen Funktion $X(\xi)$ übergehen. Sondern man kann überhaupt willkürliche, auf Grund ihrer Gestalt den einstelligen Funktionsnamen korrespondierende Ausdrücke „$\tilde{\eta}\Phi(\eta)$“ einführen und festsetzen, dass Gleichungen „$\tilde{\eta}\Phi(\eta) = \tilde{\alpha}\Psi(\alpha)$“ bedeutungsgleich mit „$-\!\overset{\mathfrak{a}}{\smile}\!-\ \Phi(\mathfrak{a}) = \Phi(\mathfrak{a})$“ seien, ohne dass diese Festsetzung zu irgendwelchen Widersprüchen führte. Denn wir können uns zwei, für mindestens ein Argument verschiedene Werte annehmende, sonst aber beliebige Funktionen aussuchen und mit Hilfe der ihren Namen „$\Lambda(\xi)$“ und „$M(\xi)$“ korrespondierenden Ausdrücke „$\tilde{\eta}\Lambda(\eta)$“ und „$\tilde{\eta}M(\eta)$“ eine Funktion $X(\xi)$ wie folgt erklären:

(6) Der Wert der Funktion $X(\xi)$ für das Argument Δ sei
- (6.1) das Wahre, falls von Δ gilt: Δ ist $\tilde{\eta}\Lambda(\eta)$
- (6.2) $\tilde{\eta}\Lambda(\eta)$, falls von Δ gilt: Δ ist das Wahre
- (6.3) das Falsche, falls von Δ gilt: Δ ist $\tilde{\eta}M(\eta)$
- (6.4) $\tilde{\eta}M(\eta)$, falls von Δ gilt: Δ ist das Falsche
- (6.5) Γ selbst für jedes sonstige Argument Γ (d.h. falls von Γ gilt, dass es vom Wahren, vom Falschen, von $\tilde{\eta}\Lambda(\eta)$ und von $\tilde{\eta}M(\eta)$ verschieden ist).

Diese Erklärung (im entsprechenden Text des § 10 auf S. 17 ist in Zeile 29 „$X(\xi)$“ statt „$\Phi(\xi)$“ zu lesen) liefert ersichtlich eine umkehrbar eindeutige Funktion. Nach den Ausführungen am Anfang unseres Paragraphen gilt also, dass „$X(\tilde{\eta}\Phi(\eta) = X(\tilde{\alpha}\Psi(\alpha))$“ immer bedeutungsgleich mit „$\tilde{\eta}\Phi(\eta) = \tilde{\alpha}\Psi(\alpha)$“ und daher (nach unserer willkürlichen Festsetzung) wie dieses selbst bedeutungsgleich mit „$-\!\overset{\mathfrak{a}}{\smile}\!-\ \Phi(\mathfrak{a}) = \Psi(\mathfrak{a})$“ ist. Damit stellt sich die Umsetzungsregel als ein Regel*schema* heraus, das einen Übergang von Aussagen der Form „$-\!\overset{\mathfrak{a}}{\smile}\!-\ \Phi(\mathfrak{a}) = \Psi(\mathfrak{a})$“ zu Gleichungen zwischen Ausdrücken erlaubt, die lediglich den vorkommenden Funktionsnamen „$\Phi(\xi)$“ und „$\Psi(\xi)$“ streng korrespondieren müssen, im Übrigen aber ganz willkürlich sind.

Von diesem etwas überraschenden Ergebnis macht Frege nun positiv Gebrauch. Die Gegenstände (man beachte wiederum die ontologische Redeweise Freges!), deren Namen die Form „$X(\tilde{\eta}\Phi(\eta))$“ haben, werden nach dem

Gesagten „durch dasselbe Mittel wiedererkannt wie die Werthverläufe“, so dass wir alle bisher in Freges System über Wertverläufe möglichen Aussagen statt mit Hilfe von Namen der Form „$\dot{\varepsilon}\Phi(\varepsilon)$“ auch mit Hilfe von Namen der neuen Form „$X(\tilde{\eta}\Phi(\eta))$“ machen könnten. Darüber hinaus – und das ist der eigentliche „Witz“ der Fregeschen Überlegungen – wissen wir auf Grund unserer eigenen Erklärung von $X(\xi)$ und unserer eigenen Auswahl von $\Lambda(\xi)$ und $M(\xi)$ jetzt, dass „$X(\tilde{\eta}\Lambda(\eta))$“ und „$X(\tilde{\eta}M(\eta))$“ Namen des Wahren bzw. des Falschen sind. Diese zusätzliche Festsetzung ist also ebenfalls ohne Widerspruch zum Regelschema der Umsetzung, nämlich gerade *auf Grund* der Untersuchung seiner Eigenschaften möglich.

Formal gesehen könnte man also einen *beliebigen* Wertverlaufsnamen – wobei wir „$\dot{\varepsilon}\Phi(\varepsilon)$“ jetzt als Abkürzung für „$X(\tilde{\eta}\Phi(\eta))$“ auffassen können – als Namen des Wahren, einen beliebigen anderen als Namen des Falschen festsetzen. Eine solche Festsetzung fehlte uns aber gerade vorhin, um die Erklärung der Funktion $\xi = \zeta$ für Wertverläufe als Argumente (und damit auch die Erklärungen der anderen bis dahin eingeführten Funktionen erster Stufe) zu vervollständigen. Frege trifft daher eine solche Festsetzung, freilich nicht willkürlich, sondern auf eine insofern auch „intuitiv befriedigende“ Weise, als das implizit schon immer unterstellte Vorverständnis von Begriffsumfängen berücksichtigt wird. Der Wertverlauf $\dot{\varepsilon}(\!-\!\!-\, \varepsilon)$ sei, so setzt Frege fest, das Wahre, der Wertverlauf $\dot{\varepsilon}(\varepsilon = \,\top\!\overset{\mathfrak{a}}{\smile}\!-\, \mathfrak{a} = \mathfrak{a})$ das Falsche. $\dot{\varepsilon}(\!-\!\!-\, \varepsilon)$ entspricht der Funktion $-\!\!-\, \xi$, also einem Begriff, unter den gemäß der Erklärung dieser Funktion das Wahre und nur dieses fällt.

$\dot{\varepsilon}(\varepsilon = \,\top\!\overset{\mathfrak{a}}{\smile}\!-\, \mathfrak{a} = \mathfrak{a})$ entspricht der Funktion $\xi = \,\top\!\overset{\mathfrak{a}}{\smile}\!-\, \mathfrak{a} = \mathfrak{a}$, also einem Begriff, unter den (da „$\top\!\overset{\mathfrak{a}}{\smile}\!-\, \mathfrak{a} = \mathfrak{a}$“ ein Name des Falschen ist, nämlich die Aussage, die leugnet, dass $\xi = \xi$ für jedes Argument das Wahre sei) das Falsche und nur das Falsche fällt. Das Wahre und das Falsche werden also in der Weise als Wertverläufe behandelt, dass sie gleichgesetzt werden mit dem Umfang eines Begriffs, unter den sie selbst, und zwar als einziger Gegenstand fallen.

Wenn dies „intuitiv befriedigend“ ist, sollte man dann nicht nur das Wahre und das Falsche, sondern überhaupt jeden Gegenstand so auffassen, d. h. mit dem Umfang von Begriffen gleichsetzen, unter die genau dieser Gegenstand fällt? In der zweiten Anmerkung zum § 10 (*GGA* I, 18, Anm. 1) hat Frege ausgeführt, dass eine derartige Gleichsetzung nicht allgemein durchführbar ist. Ich skizziere auch dies noch kurz. Ein Name für den Umfang eines Begriffs, unter den der Gegenstand Δ und nur dieser fällt, ist jedenfalls „$\dot{\varepsilon}(\varepsilon = \Delta)$“. Nach der vorgeschlagenen Gleichsetzung müsste „$\dot{\varepsilon}(\varepsilon = \Delta) = \Delta$“ gelten. Frege zeigt, dass dies nicht gelten kann, wenn (was sich nicht ausschließen lässt) Δ auch durch Wertverlaufsnamen bezeichnet werden kann.

Ist nämlich „$\grave{\alpha}\Phi(\alpha)$“ ein solcher, so geht die eben genannte Gleichung in „$\grave{\varepsilon}(\varepsilon = \grave{\alpha}\Phi\alpha)) = \alpha\Phi(\alpha)$“ über, was nach der Umsetzungsregel gleichbedeutend ist mit „$-\!\!\smile^{\mathfrak{a}}\!\!-\ (\mathfrak{a} = \grave{\alpha}\Phi(\alpha)) = \Phi(\alpha)$“. Damit dies gelte, müsste $\Phi(\xi)$ ein Begriff sein (weil links vom zweiten Gleichheitszeichen eine Gleichung, d. h. der Name eines Wahrheitswertes steht) und unter $\Phi(\xi)$ müsste $\grave{\alpha}\Phi(\alpha)$ und nur dieses fallen. $\xi = \grave{\alpha}\Phi(\alpha)$ und $\Phi(\xi)$ müssten also für jedes Argument den gleichen Wert annehmen. Da die erste Funktion für das Argument $\grave{\alpha}\Phi(\alpha)$ und nur für dieses das Wahre als Wert hat, muss auch die zweite, $\Phi(\xi)$, genau für das Argument $\grave{\alpha}\Phi(\alpha)$ das Wahre als Wert annehmen; für andere Argumente haben beide das Falsche als Wert. M. a. W.: nur für die Wertverläufe von sehr speziellen Begriffen, nämlich von solchen, unter die ihr eigener Umfang und nur dieser fällt, lässt sich die vorgeschlagene Gleichsetzung durchführen, nicht aber allgemein. (Man prüfe z. B. nach, dass sie für den Wertverlauf

$$\grave{\varepsilon}\left(\begin{array}{l} \top\!\!-\ \varepsilon = \top\!\!\smile^{\mathfrak{a}}\!\!-\ \mathfrak{a} = \mathfrak{a} \\ \llcorner\!\top\ \varepsilon = \ -\!\!\smile^{\mathfrak{a}}\!\!-\ \mathfrak{a} = \mathfrak{a} \end{array}\right)$$

zu einem Widerspruch führt!). Nicht, dass die versuchte Gleichsetzung im allgemeinen Fall scheitert, ist das Erstaunliche, sondern dass sie im Spezialfall der beiden Wahrheitswerte möglich war: letztlich, wie die Betrachtung von $\grave{\varepsilon}(\varepsilon = \Delta) = \Delta$ zeigte, eine Folge der Eigenschaften der Gleichheitsfunktion.

So weit die Erklärung des § 10, der mit der Forderung schließt, die Werte aller künftig noch einzuführenden Funktionen stets auch für Wertverläufe als Argumente zu erklären. Unbeabsichtigt erinnert Frege uns dabei daran, dass die ganze komplizierte Problematik nur durch die Forderung nach „vollständiger“ Erklärung von Funktionen, in unserem Fall der Funktion $\xi = \zeta$, entsteht. Im Übrigen ist es nicht schwer einzusehen, dass sich alle vorgeführten Überlegungen Freges auch allein unter Bezug auf *Ausdrücke*, also ohne Verknüpfung mit ontologischen Sprechweisen und Voraussetzungen, durchführen lassen. Es geht dann darum, einen mit einer wahren Aussage und einen mit einer falschen Aussage gleichbedeutenden Wertverlaufsnamen auf eine mit der Umsetzungsregel verträgliche Weise einzuführen. Um die Pointe noch deutlicher herauszuarbeiten: die Frage ist dann, ob sich zwei Funktionsnamen $\Phi_0(\xi)$ und $\Phi_1(\xi)$ so angeben lassen, dass die ihnen korrespondierenden Wertverlaufsnamen im Kalkül des Fregeschen Systems genau wie ein wahrer bzw. ein falscher Satz behandelt werden können, ohne dass das Grundgesetz V, welches ja die Verwendung der Wertverlaufsnamen entsprechend der Umsetzungsregel im Kalkül regelt, verletzt wird. Die Umformulierung der Überlegung kann wohl den interessierten Lesern überlassen bleiben. Dass sie überhaupt möglich ist, scheint mir zu zeigen, dass wer Freges platonistische Position verwirft, damit keineswegs auch schon die auf ihrem Hintergrund vorgenommenen Überlegungen zu verwerfen braucht, dass sich diese vielmehr sehr wohl ganz unabhängig davon und vielfach – wie ich andernorts ausführen möchte – sogar im Kontext konstruktivistischer Bemühungen fruchtbar machen lassen. Ich schließe mit einer Bemerkung, die einer endgültigen Bestätigung noch bedarf. Nach den Ausführungen im § 10 sind „$\grave{\varepsilon}(— \varepsilon) = (\overset{\mathfrak{a}}{\smile}\ \mathfrak{a} = \mathfrak{a})$“ und „$\grave{\varepsilon}(\varepsilon = \top\overset{\mathfrak{a}}{\smile}\ \mathfrak{a} = \mathfrak{a}) = (\top\overset{\mathfrak{a}}{\smile}\ \mathfrak{a} = \mathfrak{a})$“ Namen des Wahren, und zwar auf Grund ihrer Struktur wahre Sätze. Es scheint jedoch, dass aus Freges Grundgesetzen Gleichungen, in denen nur auf einer Seite des Gleichheitszeichens ein Wertverlaufsname, auf der anderen aber ein andersartiger Name eines Wahrheitswertes steht, überhaupt nicht ableitbar sind. Träfe diese Vermutung zu, so hätte der ganze § 10 Bedeutung nur für die inhaltliche *Interpretation* des Fregeschen Systems, für das im Übrigen relativ zu der in den *Grundgesetzen* selbst entwickelten Semantik eine jedenfalls bemerkenswerte Art von Unvollständigkeit aufgewiesen wäre.

Studie 6

Bedeutungsvollständigkeit und verwandte Eigenschaften der logischen Systeme Freges

Entgegen dem Eindruck des Titels enthält dieser Vortrag keine „technische" Untersuchung des Fregeschen Systems der Logik und Mengenlehre. Ich möchte vielmehr einen Überblick und ein Urteil über einige neuere Zugänge zu Freges Systemen geben, deren Neuheit freilich mehr in der geringen Beachtung besteht, die sie in der gegenwärtigen Forschung erfahren. Meines Wissens gehen sie auf Bartlett (*1961*) zurück, dem Arbeiten von Resnik (*1963*), von Kutschera (*1964*), Hinst (*1965*), Thiel (*1975b*) und von Nagel (*1982*) folgten, der eine einschlägige Magisterarbeit in Aachen abgeschlossen hat. Das Jubiläum von Freges *Begriffsschrift* [im Jahr 1979] erscheint mir als eine geeignete Gelegenheit, um auf diese Zugänge aufmerksam zu machen, zumal sie auf einen Gedanken Freges selbst zurückgehen, der ihm in seinem System der *Grundgesetze* einen wichtigen Platz einräumte. Ich beschränke mich im Folgenden auf dieses System in seiner Form vor der Entdeckung der Russellschen Antinomie, also auch ohne den als "Frege's Way Out" bekannt gewordenen Reparaturvorschlag im zweiten Band. Mit der Rede von „logischen Systemen Freges" (im Plural) möchte ich betonen, dass die behandelten Eigenschaften nicht von dem speziellen logischen System der *Grundgesetze* abhängen, sondern auch für Systeme mit anderen Fregeschen Axiomensystemen der Logik Geltung haben, z. B. auch für das der *Begriffsschrift*. Der Titel erfordert noch einen anderen Vorbehalt: Bedeutungsvollständigkeit und referentielle Eindeutigkeit sind Eigenschaften, die Frege seinen logischen Systemen verleihen wollte, die sie aber, wie sich herausgestellt hat, nicht besitzen. Mein Titel soll zum Ausdruck bringen, dass Frege diese Eigenschaften für einschlägig, ja sogar für unentbehrliche Eigenschaften jedes einer inhaltlichen Deutung fähigen Axiomensystems hielt.

Welches sind die wesentlichen Eigenschaften oder Züge des logischen Systems der Fregeschen *Grundgesetze*? Ganz grob skizziert enthält es Axiome für die klassische Junktoren- und Quantorenlogik mit Identität,

Dieser Aufsatz ist zuerst erschienen in: *„Begriffsschrift". Jenaer Frege-Konferenz, 7.–11. Mai 1979*, hg. v. Franz Bolck, Friedrich-Schiller-Universität: Jena 1979, 483–494 (*Thiel 1979*).

wobei ein besonderer Zug des Fregeschen Aufbaus seine Verschmelzung von Identität und Bisubjunktion ist. Ferner gibt es Schlussregeln wie die Abtrennungsregel, Substitutionsregeln, Regeln für den Übergang von schematischen Buchstaben zu quantifizierten Variablen und umgekehrt, und Regeln für die Umbenennung von Variablen, alles wie üblich. Schließlich gibt es Bildungsregeln für Formeln und für Terme, wobei Frege die Trennung zwischen Gegenstandsnamen und Funktionsnamen legt, und von den letzteren drei Sorten je nach der Stufe oder Ordnung auftreten. Ich verzichte auf eine Liste der Fregeschen Ausdrucksmittel und gebe stattdessen jeweils an, was ich für den Zweck der Darlegung brauche.

In einem sehr präzisen Sinn liegen die Bildungsregeln dem ganzen System zugrunde. Nicht nur beziehen sich die Schlussregeln nur auf wohlgebildete Ausdrücke, die Axiome müssen selbst wohlgebildet sein, und nur wohlgebildete Ausdrücke (des passenden Typus) dürfen für Variable eingesetzt werden. Dadurch spielen die Bildungsregeln eine wichtigere Rolle als man ihnen gewöhnlich zuschreibt. Stellt sich z. B. ein System als inkonsistent heraus, so braucht der Grund dafür nicht in der Fehlerhaftigkeit eines Axioms zu liegen, das dann durch ein anderes mit einer anderen Struktur zu ersetzen wäre. Man sollte darauf gefasst sein, dass eine der Bildungsregeln für den Widerspruch verantwortlich ist, indem sie sozusagen einen trojanischen Ausdruck in das System einlässt.

Soweit ich weiß, hat man in der Literatur der Frage kaum Beachtung geschenkt, ob Freges Verschmelzung oder Angleichung von Sätzen an Eigennamen, die in seinem System auf die Substituierbarkeit von Sätzen für Gegenstandsvariable hinausläuft, hinsichtlich der Widerspruchsfreiheit des Systems nicht schon Probleme aufwirft. Freges origineller Trick könnte sich sehr wohl als ein recht problematischer Einfall erweisen.

Aber lassen Sie mich von solchen vagen Vermutungen zu der konkreteren Charakteristik des Systems übergehen. Am augenfälligsten ist die deutliche Trennung zwischen einem semantischen und einem syntaktischen Aufbau eines logischen Systems, eine meines Wissens erstmals in Freges *Grundgesetzen* vorgenommene Unterscheidung, auch wenn die Terminologie erst neueren Datums ist. Freges Durchführung dieser Unterscheidung zeigt klar seine bemerkenswerte Einsicht in die Leistungsfähigkeit, aber auch in die Grenzen der formalen Verfahren und des formalistischen Standpunkts, den er – entgegen einer verbreiteten Meinung – nicht undifferenziert abgelehnt hat, dem er jedoch im Unterschied zu seinen Gegnern einen weitaus bescheideneren Ort und geringere Bedeutung im System zuwies. Der syntaktische Aufbau betrifft natürlich die oben erwähnten Hauptzüge des Systems, d. h. den Umgang mit dem deduktiven Instrumentarium. Der semantische Aufbau dagegen kümmert sich um die Bedeutungen der Ausdrücke, oder mit Frege genauer gesagt, um ihren Sinn und um ihre Bedeutung.

Aus einsichtigen Gründen ist die Hauptfrage diese: Wie können wir den Ausdrücken unseres logischen Kalküls einen Sinn und eine Bedeutung sichern? Welchen Regeln für Definitionen müssen unsere Erklärungen neu einzuführender Zeichen genügen? Obgleich die Struktur der *Grundgesetze* kompliziert ist, lässt sich die Dichotomie leicht ausmachen: bis zum § 47 gibt Frege Definitionen oder besser Festsetzungen der Bedeutung, die seine Grundzeichen haben sollen. Danach werden die Grundgesetze und die Deduktionsregeln zusammengestellt und semantische Überlegungen nur stets dann wieder aufgenommen, wenn ein neues Zeichen nicht nur als Abkürzung eines schon erklärten Zeichenkomplexes eingeführt werden soll. Mit den Schwierigkeiten, die sich hinsichtlich semantischer Definitionen und Argumentationen allgemein stellen, will ich mich hier nicht beschäftigen. Mein Problem ist hier die Verbindung beider Arten des Aufbaus. Dazu ist noch einiges zu sagen.

Beide Auffassungen beanspruchen Auffassungen desselben Gegenstandes zu sein und müssen daher zu der gleichen Menge an gültigen Formeln führen: weder soll es eine Formel geben, die aufgrund der semantischen Definitionen gültig, aus den Grundgesetzen aber nicht ableitbar ist, noch soll eine Formel ableitbar sein, deren Gültigkeit sich nicht unter Bezug auf die semantischen Definitionen oder Festsetzungen nachweisen lässt. Dies entspricht den bekannten Eigenschaften der semantischen Vollständigkeit bzw. Korrektheit. Angesichts der Inkonsistenz des Fregeschen Systems erscheint die Unterscheidung und ihre Untersuchung bezüglich dieses Systems müßig: es ist ja trivialerweise vollständig, und es ist nicht korrekt.

Korrektheit in dem eben erklärten Sinn ist ein Spezialfall der „Bedeutungsvollständigkeit". Ein System heißt bedeutungsvollständig, wenn jeder wohlgebildete Ausdruck des Systems aufgrund der semantischen Festsetzungen einen Sinn und eine Bedeutung besitzt. Mit der Operatorschreibweise „$\vdash A$" für „A ist ableitbar" und „$\otimes A$" für „A hat eine Bedeutung (erhalten)", gilt also insbesondere $\vdash A \prec \otimes A$ für jeden wohlgebildeten Ausdruck eines bedeutungsvollständigen Systems. Ich habe diese Eigenschaft in einigen Arbeiten (*Thiel 1975b, 1976* und *1978*) verwendet und dabei verschiedene in der vorhin genannten Literatur angedeutete Forschungsrichtungen weiterverfolgt. Eines der Ergebnisse ist, dass es in Freges System gewisse wohlgebildete Ausdrücke gibt, deren Bedeutung im semantischen Teil des Systems festgesetzt worden ist, während die Axiome und Schlussregeln des

Systems nicht ausreichen, um sie oder ihre Negate abzuleiten. Genauer ist die Sachlage die, dass die semantischen Festsetzungen einem Ausdruck *A* das Wahre als Bedeutung zuweisen, während *A* aus den Axiomen nicht ableitbar ist. In diesem Sinne scheint Freges System der *Grundgesetze bedeutungsunvollständig* zu sein – obwohl ich auf diese Frage gleich noch einmal zurückkomme.

Während diese Beschränktheit des Fregeschen Systems (vermutlich) harmloser Natur ist, sind die semantischen Festsetzungen andererseits zu freizügig: die Möglichkeit der Herleitung von Russells Antinomie in Freges System zeigt ja, dass Freges semantische Festsetzungen manchen Ausdrücken *mehr* als eine Bedeutung zuweisen. Denn drückt man den Widerspruch als Herleitbarkeit eines Ausdrucks *R* und seines Negates $\neg R$ aus, so gilt aufgrund von Freges Erklärung der Negation, dass *R* sowohl das Wahre als auch das Falsche als Bedeutung zugeordnet wird.

Meine Analyse dieser Sachlage ist verschieden von derjenigen Freges und von der heute üblichen. Frege glaubte den Fehler in seinem Grundgesetz V gefunden zu haben:

$$\grave{\varepsilon}\Phi(\varepsilon) = \grave{\alpha}\Psi(\alpha) \leftrightarrow -\!\overset{\mathfrak{a}}{\smile}\!- \Phi(\mathfrak{a}) = \Psi(\mathfrak{a}).$$

Dies ist sein Axiom der Wertverlaufsgleichheit, von einigen als “principle of abstraction”, von mir als „Umsetzungsformel“ bezeichnet. Frege schwächte später dieses Axiom in einer Richtung der Bisubjunktion durch Vorschalten einer bestimmten Bedingung ab, ein heute als “Frege’s Way Out” zitiertes Verfahren. Mehr als fünfzig Jahre nach der Entdeckung von Russells Antinomie ist gezeigt worden, dass auch dieses Vorgehen keinen wirklichen Ausweg darstellt, sondern zu anderen Antinomien führt. Aber wie gesagt, der Fehler braucht nicht in der Umsetzungsformel selbst zu stecken, denn sie enthält die schematischen Buchstaben „Φ“ und „Ψ“, in deren Variabilitätsbereich Ausdrücke liegen können, denen durch Freges semantische Festsetzungen keine Bedeutung verliehen wurde – oder aber mehrere.

Eine ganze Reihe von Auffälligkeiten hätte übrigens von vornherein zu diesem Verdacht führen können. Frege hatte sich auf die Umsetzungsformel konzentriert, und es findet sich eine merkwürdige Vorahnung der Katastrophe auf Seite VII des Vorworts zu den *Grundgesetzen*, wo er auf sein Grundgesetz V als „die Stelle“ hinweist, „wo die Entscheidung fallen muss“ (vgl. *GGA* I, *Frege 1893*, VII, Zeile 10 v. u.). Frege kam auch einem anderen Ausweg sehr nahe, als er im Anhang zu Band II der *Grundgesetze* (*GGA* II, *Frege 1903a*) die Falschheit des uneingeschränkten Komprehensionsprinzips bewies. Dieses Prinzip ist allerdings bei Frege ein Theorem, zu dessen Beweis er verschiedene starke Axiome der Logik zweiter Stufe und auch die Umsetzungsformel heranzieht, und offenbar hat Frege eher an der letzteren Zweifel bekommen als an den ja „rein logischen" Axiomen der zweiten Stufe. Dies freilich, obwohl sein eigener, ebenfalls im Anhang zu Band II gelieferter Beweis der Falschheit des Axioms V *ohne* Wertverlaufsnamen ihm hätte nahelegen können, dass der Fehler nicht in der Struktur des Axiomensystems, sondern vielleicht auch in den Bildungsregeln liegen könnte.

Die genauere Analyse der Situation in Freges System zeigt, dass es keinen zirkelfreien Weg der Konstruktion des Ausdrucks gibt, der zu der Antinomie führt (des weiter unten angegebenen Ausdrucks R), und dass diese Ausdrücke nicht bedeutungseindeutig sind, da sie entweder keine Bedeutung oder aber deren mehrere erhalten haben. Die Zirkelhaftigkeit ihrer Konstruktion, die sich durch die Bildungsregeln ergibt, war jedoch etwas, was Frege unbedingt vermeiden wollte. Ich fürchte, dass es mir in meinen früheren Arbeiten nicht gelungen ist, den genauen Sinn dieser Art von „Konstruktivität" klar zu machen, und dass meist eine Verwechslung mit dem gleichbenannten Begriff der modernen mathematischen Grundlagenforschung unterläuft. Um etwas tiefer in die Sache einzudringen, müssen wir zunächst klar sehen, dass Frege nicht naiv oder unbesonnen in die Falle der Antinomien gegangen ist. Er hatte vielmehr, ganz im Gegenteil, sorgfältige Vorkehrungen getroffen, um jedem Ausdruck seines Systems genau eine Bedeutung zu garantieren. Die §§ 29 bis 31 der *Grundgesetze* sind ein eindrucksvoller Versuch, Kriterien aufzustellen, die sich zur Prüfung eines Systems auf Bedeutungsvollständigkeit eignen. Man kann einen Bereich von Ausdrücken auf Bedeutungsvollständigkeit testen, wenn man einen bereits als bedeutungsvoll erkannten Bereich von Anfangsausdrücken hat. Was Frege vorschwebte, ist offenbar eine Art induktiven Vorgehens aufgrund einer Vererbbarkeit der Eigenschaft, bedeutungsvoll zu sein. Angenommen, wir beginnen mit dem Funktionsnamen $—\xi$ und dem Funktionsnamen $\dot{\varepsilon}\phi(\varepsilon)$ und verbinden sie (da der erste von erster, der zweite von zweiter Stufe ist) zu dem Gegenstandsnamen $\dot{\varepsilon}(—\varepsilon)$. Dies ist ein Wertverlaufsname, wie er in Freges System einem Mengenterm entspricht. Wir setzen diesen Ausdruck in die beiden Argumentstellen des Funktionsnamens erster Stufe $\xi = \zeta$ ein und erhalten $\dot{\varepsilon}(—\varepsilon) = \dot{\varepsilon}(—\varepsilon)$. Nach einer der Fregeschen Bildungsregeln dürfen wir jetzt *einen* der beiden Teileigennamen durch eine Argumentstelle für Gegenstandsnamen ersetzen. Aus der zuletzt gewonnenen Wertverlaufsgleichheit gewinnen wir also den Funktionsnamen erster Stufe $\xi = \dot{\varepsilon}(—\varepsilon)$.

Dies ist ein lehrreiches Beispiel. Wir sind von Urfunktionen ausgegangen und haben eine abgeleitete Funktion erhalten. Im Namen dieser Funktion dürfen wir nun die Argumentstelle ξ durch jeden beliebigen wohlgebildeten Gegenstandsnamen ersetzen. Beispielsweise können wir die Gleichung $(\smile^{\mathfrak{a}}\!\!-\ \mathfrak{a} = \mathfrak{a}) = \grave{\varepsilon}(-\!\!-\ \varepsilon)$ konstruieren. Für Ausdrücke dieses Typs hat Frege im semantischen Teil der *Grundgesetze* Bedeutungsfestsetzungen vorgenommen, und sie sind auch wohlgebildet. Nach einer kürzlich von mir vertretenen These sind solche Ausdrücke aber aus den Axiomen Freges nicht ableitbar. Sie gilt, wenn Freges Darlegungen im § 10 der *Grundgesetze* schlüssig sind, jedenfalls für die beiden Typen von Gleichungen, auf deren einer Seite „$\grave{\varepsilon}(-\!\!-\ \varepsilon)$" bzw. „$\grave{\varepsilon}(\varepsilon = \,\top\!\smile^{\mathfrak{a}}\!\!-\ \mathfrak{a} = \mathfrak{a})$" und auf deren anderer Seite kein Wertverlaufsname steht. Allgemeiner gesagt, lässt sich Freges semantisch begründete Austauschbarkeit der genannten beiden Wertverlaufsnamen mit Namen des Wahren bzw. des Falschen syntaktisch nicht imitieren (wie übrigens auch Freges semantisch begründeter Satz „$\vdash\!\top\!-\ 2$" (*GGA* I, 11), mit geeigneter Erklärung der 2 als Wertverlauf, nicht ableitbar ist). Wie dem auch sei, an unserem Beispiel lässt sich Freges Vorstellung von der Vererbung der Eigenschaft, bedeutungsvoll zu sein, erläutern. Vereinigen wir durch Einsetzung zwei als bedeutungsvoll bekannte Ausdrücke, so müssen wir wieder zu einem bedeutungsvollen Ausdruck gelangen. Und in der Tat gilt für die Vereinigung von zwei bedeutungsvollen Ausdrücken die Erblichkeit der Eigenschaft, bedeutungsvoll zu sein, aufgrund von Freges Festsetzungen im semantischen Teil der *Grundgesetze*.

Das gilt allerdings nicht für den letzten Schritt in unserer Konstruktion des abgeleiteten Funktionsnamens: die Ersetzung eines Teileigennamens durch eine Argumentstelle. Hier muss Frege auf die Prinzipien reflektieren, die für die Bedeutungsvollständigkeit eines ganzen Bereichs von Namen gelten. Seine Überlegungen sind ungefähr die folgenden. Ergeben zwei zusammenfügbare Ausdrücke einen bedeutungsvollen Ausdruck, dann kann man die Eigenschaft eines Funktionsnamens, bedeutungsvoll zu sein, so beschreiben, dass aus ihm ein bedeutungsvoller Gegenstandsname entsteht, wenn man *irgendeinen* typusmäßig passenden Namen in seine Argumentstelle(n) einsetzt. Und genauso lässt sich die Eigenschaft eines Gegenstandsnamens, bedeutungsvoll zu sein, so beschreiben, dass er mit *jedem* Funktionsnamen erster Stufe des Bereiches wieder einen bedeutungsvollen Ausdruck bildet. Dies ist sozusagen eine interne Eigenschaft des Bereichs, und es wäre ersichtlich zirkulär, hätten wir nicht eine Basis als bedeutungsvoll bekannter Ausgangsausdrücke.

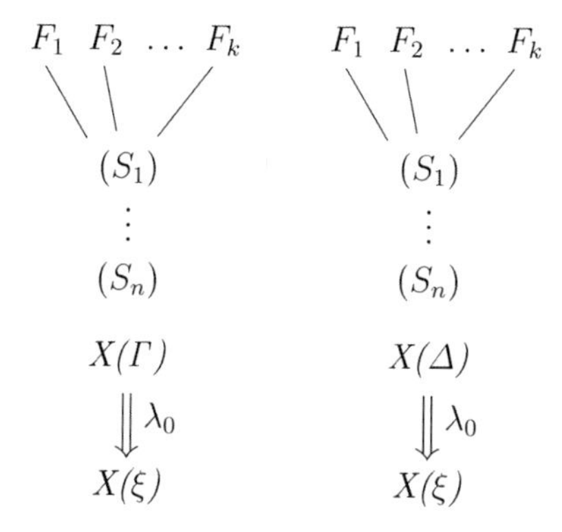

Frege scheint den letzten Schritt, die Schaffung einer Argumentstelle durch ein „Lückenbildungsprinzip“ als eine Art Umkehrung der Vereinigung von Ausdrücken zu einem neuen angesehen zu haben. Er denkt offensichtlich an eine Art von „Parallelkonstruktion“. In einem komplexen Gegenstandsnamen kann man einen Teileigennamen durch einen beliebigen anderen Gegenstandsnamen ersetzen. Ist der komplexe Name bedeutungsvoll, so ist er aus den bedeutungsvollen Namen der Urfunktionen nach gewissen Konstruktionsschritten hergestellt worden. Man versteht schwer, dass Frege von hier aus geschlossen haben sollte, dass dann jede Parallelkonstruktion nach den gleichen Schritten bedeutungsvolle Ausdrücke liefern müsse – aber dies scheint er in der Tat gemeint zu haben, oder es war eine undurchschaute Folge aus anderen seiner Überzeugungen. Während Frege an unserer Stelle gute Gründe für den Schluss auf $\bigwedge_{\Delta} . \otimes \Delta \rightarrow \otimes X(\Delta)$. zu haben glaubte, und dies ist gerade das Definiens für $\otimes X(\xi)$, lässt sich zwar die Parallelkonstruktion ausführen, aber an ihrem Beginn stehen dann nicht mehr notwendigerweise Namen von Urfunktionen. Das bedeutet aber, dass selbst im Falle, dass wir von der Bedeutungshaftigkeit unserer Urfunktionen überzeugt sein dürfen, keine Garantie dafür besteht, dass alle nach Freges Bildungsregeln konstruierbaren Ausdrücke (die Lückenbildungsprinzipien natürlich eingeschlossen) entlang der Konstruktionskette eine Bedeutung erhalten. Wir haben, kurz gesagt, keine vollständige Induktionsbasis. Ich behaupte nicht, den letzten Grund für das Scheitern des Fregeschen Bedeutungsvollständigkeitsbeweises in den *Grundgesetzen* aufgezeigt zu haben. Aber ich glaube, auf einen wesentlichen Zug des Fregeschen Systems hinweisen zu können, dessen nähere Erforschung für das Verständnis des Fregeschen Aufbaus der Logik sehr fruchtbar sein dürfte. Ich behaupte im Übrigen nicht, dass Systeme dieser Art, d. h. mit Bildungsregeln von im angegebenen Sinne zirkelhafter Art, für die also Bedeutungsvollständigkeitsbeweise nach Fregeschem Muster nicht möglich sind, deshalb nun unbedingt widerspruchsvoll sein müssten – sei es auch nur aus dem Grunde, dass dies auch von den Termen und den gewählten Axiomen abhängt.

Bei einer detaillierteren Untersuchung der Fregeschen *Grundgesetze* müsste man einem weiteren Punkt freilich mehr Aufmerksamkeit schenken. Frege, so habe ich ausgeführt, war sich der Zirkularität seiner Bedeutungskriterien voll bewusst. Er glaubte aber, diesen Nachteil dadurch überwinden zu können, dass er in seinen Bedeutungsfestsetzungen allen Funktionen für jedes im System je auftretende Argument einen Wert zuwies – also auch für Argumente, deren Namen im Verlaufe des Aufbaus des Systems bis in die Arithmetik und Analysis erst eingeführt würden. Er trug daher auch Sorge für eine sorgfältige Definition seiner Urfunktionen für Wahrheitswerte und für Wertverläufe als Argumente. Da er andere Gegenstände ausdrücklich auch nicht einzuführen gedachte, hätte es damit auch seine Ordnung haben können, wäre Frege nicht ein wichtiger Fall entgangen. Wenn wir seine Herleitung der Russellschen Antinomie genau überprüfen, finden wir, dass der zentrale Ausdruck

$$R \leftrightharpoons -\!\!\top\!\!\overset{\mathfrak{g}}{\smile}\!\!\top\!\!\begin{array}{l} \mathfrak{g}(\forall) \\ \dot{\varepsilon}(-\, \mathfrak{g}(\varepsilon)) = \forall \end{array}$$

mit

$$\forall \leftrightharpoons \dot{\alpha}\left(-\!\!\top\!\!\overset{\mathfrak{g}}{\smile}\!\!\top\!\!\begin{array}{l} \mathfrak{g}(\alpha) \\ \dot{\varepsilon}(-\, \mathfrak{g}(\varepsilon)) = \alpha \end{array}\right)$$

durch die Einsetzung des Ausdrucks $\forall$ in die Argumentstelle einer Formel entsteht, die ihm selbst in der eigenen Konstruktionskette vorausgeht. Falls Freges Überlegungen im § 10 sich als korrekt herausstellen sollten, wäre es kein Wunder mehr, dass seinem Versuch zu einem Bedeutungsvollständigkeitsbeweis kein Erfolg beschieden war.

Das Gesagte könnte bis hierher als bloße Erläuterung und, was ich allerdings sogar hoffe, Vereinheitlichung von Überlegungen erscheinen, die zum Thema Bedeutungsvollständigkeit und referentieller Eindeutigkeit, auch von mir selbst, in Arbeiten der letzten Jahre vorgetragen worden sind. Aber es gibt hier eine ganze Reihe unklar gebliebener Punkte, obwohl ich dennoch meine, dass wir einem besseren oder gar dem endgültigen Verständnis von Freges logischem System nähergekommen sind. Mag sein, dass einer der hier Versammelten eines Tages diese endgültige Beurteilung zu liefern imstande ist und damit auch die Situation der gegenwärtigen axiomatischen Mengenlehre aus ihrer eigenen Vergangenheit heraus erhellt. Ich möchte freilich schließen mit einigen Bemerkungen zur philosophischen Bedeutsamkeit des Fregeschen Versuchs, und damit auch seiner Untersuchung im Rahmen heutiger Logik- und Mathematikgeschichte.

Auf der Suche nach einer Garantie für die Bedeutungsvollständigkeit interpretierter formaler Systeme, sah sich Frege (so wie wir) zurückgeworfen auf das Problem, die Bedeutungshaftigkeit der Urfunktionen (oder überhaupt primitiver Ausdrücke) zu sichern. Freges Art und Weise des Aufbaus logischer Systeme unter starkem Einsatz induktiver Methoden hat sich durchgesetzt und man wird nicht hinter das von ihm Erreichte zurückfallen wollen. Wir alle sind uns der epochemachenden Entwicklung von Kalkülen im modernen Sinne durch Frege bewusst, und wir wissen, dass sein Ziel die Erhöhung der Sicherheit in den deduktiven Wissenschaften war. Jetzt beginnen wir zu verstehen, welche theoretische Bedeutung Freges darüber hinausgehendes Ziel hat: ein unerschütterliches Fundament für die Kalküle selbst zu finden. Dies ist eine Aufgabe, deren Aufweis erneut Freges tiefes Verständnis für die Möglichkeiten wie auch Grenzen formaler Verfahren beweist, und die Einzelheiten seines Versuches, für sie mehr Sicherheit zu schaffen, zeigen uns Vorstellungen von bemerkenswerter Tiefe. Angesichts der Tatsache, dass auch die heutige Logik und Methodologie noch vor dieser Aufgabe stehen, erscheint mir das Studium der Fregeschen Ideen intensivster Bemühungen würdig.

STUDIE 7

Frege und die Widerspenstigkeit der Sprache

Freges Anerkennung als Sprachphilosoph ist erst jüngeren Datums, sieht man von der schon weit zurückreichenden Diskussion seiner Unterscheidung zwischen Sinn und Bedeutung sprachlicher Ausdrücke und des Kontextprinzips ab, nach dem Wörtern nur im Zusammenhang eines Satzes Bedeutung zukommen soll; *Aschenbrenner 1968* ist vielleicht die erste Arbeit, die explizit eine auch für Sprach- und Literaturwissenschaft bedeutsame Sprachphilosophie bei Frege gegeben sieht. Noch Gabriel betrachtet den Titel *Schriften zur Logik und Sprachphilosophie* (*Gabriel 1971*) seiner Auswahl aus Freges *Nachgelassenen Schriften* (*Frege 1983a*) in seiner Einleitung als einer Rechtfertigung bedürftig, freilich auch fähig: zwar komme der Ausdruck „Sprachphilosophie" bei Frege nicht vor, und Frege habe sich selbst auch nicht als Sprachphilosoph verstanden – „aber in seinem Bemühen um die Logik wird Sprachphilosophie sozusagen mitgeliefert" (*Gabriel 1971*, XI; *Frege 1983a*). Auch jetzt will die Debatte nicht verstummen: Als Dummett 1973 den ersten der beiden geplanten Bände seiner großen Fregemonographie als *Frege. Philosophy of Language* veröffentlicht (*Dummett 1973*), halten ihm Kritiker vor, er habe gleich auf der Titelseite den ersten Fehler begangen, denn Frege habe sich mit Sprachphilosophie überhaupt nicht oder bestenfalls beiläufig im Rahmen anderer Untersuchungen befasst. Dummett ist eine Antwort nicht schuldig geblieben. Sie findet sich – vor allem im 3. Kapitel – in dem Begleitband *The Interpretation of Frege's Philosophy*, der aus dem Entwurf einer Einleitung zur zweiten Auflage des genannten Fregebuches erwachsen ist (*Dummett 1981a*). Die wichtigsten Punkte dieser inhaltlich in mehrfacher Weise wichtigen Stellungnahme eines der besten Fregekenner der Gegenwart lohnen hier festgehalten zu werden.

Freges formale Logik, insbesondere seine Quantifikationstheorie (die für uns zu einem geläufigen und selbstverständlichen Werkzeug geworden ist, für Frege aber eine überwältigende Entdeckung war), ist der Hauptfaktor für die spätere Entwicklung seiner Philosophie. Am deutlichsten ist dies für seine Sprachphilosophie, die bei Frege leider keine abschließende Dar-

---

Dieser Aufsatz ist zuerst erschienen in: *Zeitschrift für Phonetik, Sprachwissenschaft und Kommunikationsforschung* **36** (1982), H. 6, 620–626 (*Thiel 1982*).

stellung, etwa in der Art der *Grundlagen der Arithmetik* oder der *Grundgesetze der Arithmetik*, erfahren hat. Schon Gabriel betont Freges (auch heute nicht unübliche) zweifache Verwendungsweise des Wortes „Logik“, das einmal den Logikkalkül – bei Frege also die „Begriffsschrift“ – bezeichnet, das andere Mal aber eine den Kalkül selbst thematisierende Theorie (*Frege 1971*). Diese wird nun von Dummett in seinem Sinne genauer bestimmt und erläutert („Logik“ bezeichne im Folgenden stets diese umfassendere, philosophische Disziplin). Nach Frege wird die Logik durch das Wort „wahr“ gekennzeichnet; sie wird also eine Theorie der Wahrheit, wenn sie nicht ganz mit ihr zusammenfällt, zumindest als Kernstück enthalten müssen. Als solche hat sie die Bedingungen anzugeben, bei deren Vorliegen etwas Gesagtes oder Sagbares wahr genannt wird, und dazu muss dessen Bedeutung (“meaning”, in einem hier noch nicht auf die Fregesche Weise differenzierten Sinn) gegeben sein. Es ist also eine der Aufgaben dieser Theorie, zu sagen, was es ganz allgemein für einen Satz heißt, Bedeutung zu haben. Da diese Aufgabe von den klassischen Wahrheitstheorien nicht oder nur unzureichend wahrgenommen wird, würde Dummett die angestrebte Theorie statt „Wahrheitstheorie“ lieber „Bedeutungstheorie“ nennen, wäre nicht dieser Terminus in der gegenwärtigen Wissenschaftssystematik bereits anderweitig vergeben (z. B. im Sinn einer allgemeinen materialen Semantik). Sie trägt daher in Dummetts Fregebüchern den Namen “Philosophy of Language”, Sprachphilosophie.

In Freges Beiträgen zu einer so verstandenen Sprachphilosophie überwiegen, wenn nicht hinsichtlich des ihnen beigemessenen Gewichts, so doch zahlenmäßig bei weitem die Äußerungen über Mängel der Sprache. Betreffen die übrigen Äußerungen, etwa über das „Funktionieren“ von Sprache, teils formale Sprachen, teils natürliche Sprachen, teils unterschiedslos beide („Sprache überhaupt“), so bezieht sich Freges Klage über Mängel „der Sprache“ durchwegs auf die natürlichen Sprachen, seien sie in alltäglicher Rede, in der Dichtung oder innerhalb der Wissenschaft als Fachsprachen in Gebrauch. Frege findet Sprache in all diesen Verwendungsweisen als ein unvollkommenes Instrument des Gedankenausdrucks; für Logik und Sprachphilosophie gleichermaßen wichtig ist dabei ihr Mangel an Transparenz in dem Sinne, dass die Oberflächenstruktur eines Satzes nicht seine „wahre“, d. h. seine logische Struktur erkennen lässt. Um zu wissen, welchen Gedanken ein Satz ausdrückt, muss man erfassen, wie sein Sinn von den Sinnen seiner Teile abhängt; aber die grammatische Form des Satzes verrät noch nicht einmal, was man zu diesem Zweck als die Teile des Satzes anzusehen hat. Dennoch ist auch der Logiker nicht völlig verloren: alles, was sich über den Sinn eines Satzes sagen lässt, ist seiner sprachlichen Gestalt und dem

Kontext seiner Verwendung unmittelbar oder durch Schlussfolgerung zu entnehmen. Dieser Zugang Dummetts wird in dem genannten Buch auch in weiteren sprachphilosophisch orientierten Kapiteln fruchtbar gemacht (Indexikalität und Oratio Obliqua; Kripke über Eigennamen als starre Designatoren; Synonymität; Das Kontextprinzip, u. a.).

Substanz und Hintergrund der Dummettschen Feststellungen werden in der Zusammenschau mit Freges eigenen Äußerungen deutlich, die freilich weit über sein veröffentlichtes und nachgelassenes Werk verstreut sind. Die gebotene Raumbeschränkung mag entschuldigen, dass im Folgenden selbst eine Zusammenfassung der positiven semantisch-sprachanalytischen Beiträge Freges unterbleibt, wie sie vor allem in seinem bedeutenden Aufsatz „Über Sinn und Bedeutung" enthalten sind (*Frege 1892b*). Hier findet sich die logische Analyse der traditionellen Unterscheidung von gewöhnlicher, gerader und ungerader Rede auf Grund von Freges semantischer Grundunterscheidung zwischen Sinn und Bedeutung als den (anders als Färbung, Beleuchtung, Tonfall, usw.) logisch relevanten sprachlichen Rollen von Ausdrücken und ganzen Sätzen, ferner der Versuch einer semantischen Charakterisierung wissenschaftlicher und fiktionaler Rede, die subtile logisch-grammatische Analyse der Nebensätze in der deutschen Sprache, vor allem aber als Leitfaden all dieser Untersuchungen die Invarianz- und Kovarianzprinzipien, die das Verhältnis des Sinnes und der Bedeutung eines Satzes zu denen seiner bedeutungsfähigen Teile regeln und deshalb auch für die schon genannte Kontextthese von Wichtigkeit sind. Einen ausgezeichneten, bei aller Kürze inhaltsreichen Überblick über diese Lehren Freges gibt *Albrecht 1972*; für den Standpunkt der vorliegenden Bemerkungen wäre vielleicht *Thiel 1965a* hinzuzuziehen. Am Anfang von Freges wissenschaftlicher Arbeit steht nicht die darstellende, sondern die kritische Seite der Sprachanalyse, denn schon in der *Begriffsschrift* von 1879 sagt er (*BS*, VI), dass es

> eine Aufgabe der Philosophie ist, die Herrschaft des Wortes über den menschlichen Geist zu brechen, indem sie die Täuschungen aufdeckt, die durch den Sprachgebrauch über die Beziehungen der Begriffe fast unvermeidlich entstehen,

und auch in späteren Jahren hat Frege diese revolutionäre Aufgabe mehrfach in ähnlichen Worten hervorgehoben. Vieldeutigkeiten einzelner Wörter und ihres Gebrauchs, Abhängigkeit von Wörtern und Sätzen vom sprachlichen und außersprachlichen Kontext, unscharfe Bedeutung von Begriffswörtern, Pseudokennzeichnungen und andere Scheineigennamen, falsche Analogien und Vorspiegelungen einer gar nicht übernommenen logischen

Rolle bei bestimmten Ausdrücken in der Sprache werden von Frege so häufig und so eindringlich beschrieben, dass seine Feststellung, die Menschheit hätte sich ohne die Entwicklung der Sprache nie zum begrifflichen Denken erheben können, wie auch Flexibilität und Veränderlichkeit der Sprache „Bedingung ihrer Entwicklungsfähigkeit und vielseitigen Tauglichkeit ist", weniger als Anerkennung denn als Zugeständnis erscheint (*Frege 1882*, 49 f.).

Für Frege ist es nach dieser Bestandsaufnahme kein Wunder, dass die Sprache unfähig ist, das Denken vor Fehlern zu bewahren, zumal ihr feste Formen für das Schließen fehlen; sie ist „nicht in der Weise durch logische Gesetze beherrscht, dass die Befolgung der Grammatik schon die formale Richtigkeit der Gedankenbewegung verbürgte" (ebd., 50). Dabei denkt Frege weniger an die Fehler beim Schließen, wie sie seit der Antike in oft witzigen, mehr oder minder leicht durchschaubaren Trugschlüssen und einer den Techniken zu ihrer Vermeidung gewidmeten Lehre von den Trugschlüssen ihren Niederschlag gefunden hat. Es ist auch nicht allein die logische Ungenauigkeit der natürlichen Sprachen, die nach Freges eigenen Worten den Hauptgrund für ihn bildeten, eine eigene Kalkülsprache, seine „Begriffsschrift", aufzustellen, um logische Schlüsse nicht nur einwandfrei, sondern präzise zu lückenlosen Schlussketten zusammengesetzt wiederzugeben. Sondern Frege denkt bei seiner Kritik an der Sprache in erster Linie an die Fallen, welche die Sprache unseren Bemühungen um ihre Analyse innerhalb der oben genannten Logik im weiteren Sinne stellt. Wir wollen uns dies an einem für das Fregesche Gedankengebäude als Ganzes zentralen Problem vor Augen führen, wobei die unverminderte sprachphilosophische Aktualität dieses Problems und damit auch der Fregeschen Überlegungen zu seiner Lösung deutlich werden dürfte.

Schon 1879 ist es eine der Grundforderungen Freges, die Auffassung von der Subjekt-Prädikat-Struktur des Satzes, die ihm nur zur Beschreibung des Fallens eines Gegenstandes unter einen Begriff geeignet, in allen anderen Fällen aber völlig unangemessen scheint, aus der Logik zu verbannen und durch die Struktur von Funktion und Argument(en) zu ersetzen. Noch sein Brief an Husserl vom 30. 10./1. 11. 1906 enthält die barsche Forderung, man sollte mit „Subjekt und Prädikat in der Logik aufräumen", oder diese Wörter wenigstens auf den genannten Fall der Subsumtion beschränken. Auch hier zielt Freges Kritik nicht so sehr darauf, dass Sätzen wie „Kein Planet ist selbstleuchtend" oder „Triest ist kein Wien" zu Unrecht die Struktur $S \varepsilon P$ zugeschrieben würde (weil im ersten Fall *kein Planet* nicht Gegenstandsname ist und somit nicht als logisches Subjekt fungieren kann, und im zweiten Fall *ist kein Wien* nicht in die negative Kopula *ist kein* und ein vermeintliches

Prädikat *Wien* analysiert werden darf). Die Folgen der in solchen trivialen Beispielen immerhin angedeuteten Unklarheit, ob ein bestimmtes Wort als Eigenname oder als Begriffswort verwendet wird, scheinen Frege weit tiefer zu liegen und so die richtige Auffassung der Verhältnisse im Bereich des Logischen zu unterhöhlen.

Frege liefert nämlich eine sehr strenge Charakteristik von (in heutiger Terminologie) Nominatoren und Prädikatoren. Ein Eigenname wie *Wien* ist für Frege ein für allemal Name einer bestimmten Stadt und damit, logisch gesehen, eines Gegenstandes. *Wien* ist also seinem Wesen nach Nominator und kann niemals in einem Satz als Prädikator Verwendung finden. Demgegenüber – und für das folgende entscheidend – ist ein Begriff seinem Wesen nach „prädikativ", er ist mögliches Prädikat, das von einem Gegenstand ausgesagt werden kann. Dies zeigt sich darin, dass ein Begriffswort durch einen Gegenstandsnamen zu einem Elementarsatz ergänzt wird, und in diesem – und nur in diesem – Sinne nennt Frege Begriffswörter und Begriffe „ergänzungsbedürftig", „unvollständig" oder, in Anspielung auf die Theorie der chemischen Bindung, „ungesättigt". Frege ist nun der Auffassung, dass auch die Rolle eines Begriffs (und damit des entsprechenden Begriffsworts) ein für allemal festgeschrieben ist, dass also ein Begriffswort nie sinnvoll an der Subjektstelle eines Satzes auftreten kann, und zwar auch nicht unter Voranstellung der Worte „der Begriff ...". Hat Frege darin Recht, so könnte von dem Begriff, unter den ein das Begriffswort als Prädikat enthaltender Elementarsatz den durch das Subjekt des Satzes bezeichneten Gegenstand subsumiert, auch in einem anderen Satz nicht etwas durch ein Prädikat ausgesagt werden – wir könnten, krass gesprochen, gar nicht über Begriffe reden. Dies erscheint bizarr und paradox, nachdem wir doch von Begriffen sehr wohl Aussagen machen, etwa „Masse ist ein theoretischer Begriff" oder „der Begriff der geraden Primzahl ist nicht leer." Gerade solche Aussagen hält Frege für Musterbeispiele logisch fehlerhaften Ausdrucks, zu dem uns die natürliche Sprache (zumindest das zur Formulierung verwendete Deutsche, aber wie wir wissen, auch zahlreiche andere natürliche Sprachen) nicht nur verführe, sondern auch nötige, da sie logisch korrekte Ausdrucksweisen für die gemeinten Sachverhalte in ihrer Syntax nicht zur Verfügung stelle.

Wenn Freges Rede vom Kampf des Logikers mit der Sprache auf eine Situation mit Recht angewendet werden kann, so sicher auf seine Bemühungen, sein Bild von der Logik (im weiteren Sinne) vor dem Sog der Implausibilitäten, die es auf Grund der eben beschriebenen Folgerungen Freges selbst umgeben, zu retten und durchzusetzen. In einem ersten Anlauf, den Frege in seinem Aufsatz „Über Begriff und Gegenstand" (*1892a*) unternommen hat, postuliert er zu jedem Begriff, über den man etwas aussagen will, einen ihn bei dieser Gelegenheit vertretenden Gegenstand, der als Bedeutung von „der Begriff $\Phi(\xi)$" oder auch anderer in Aussagen über den Begriff auftretender Nominatoren fungieren soll (denn nach Frege zeigt die Verwendung des bestimmten Artikels in einer Wendung wie der eben genannten, von wenigen Ausnahmen abgesehen, das Vorliegen eines Gegenstandsnamens an).

Diese merkwürdige Lehre, nach der ein Begriff stets als Glied eines Paares auftritt, dessen anderes Glied ein dem Begriff eindeutig zugeordneter Gegenstand ist, stellt trotz der einigermaßen ausführlichen Diskussion solcher "concept-correlates" bei Autoren des englischsprachigen Raumes sicher keine befriedigende Lösung dar. Wohl zu gleicher Zeit – in den damals freilich unveröffentlicht gebliebenen „Ausführungen über Sinn und Bedeutung" –, ist Frege dann noch auf ein Mittel der Sprache gestoßen, das ihm eine alternative Behandlung des Problems nahelegte: Man könnte nämlich statt des auf die Rolle eines Gegenstandsnamens festgelegten (und nach Freges Meinung so die Prädikativität des Begriffs verleugnenden) Ausdrucks „der Begriff *A*" oder „die Bedeutung des Begriffsworts *A*" (wobei „*A*" autonym gebraucht ist), auch, und zwar besser sagen: „was das Begriffswort *A* bedeutet." Der Vorzug liegt darin, dass man ohne Syntaxwidrigkeit sagen kann, „Jesus ist, was das Begriffswort ‚Mensch' bedeutet", in dem Sinne von „Jesus ist ein Mensch". Mit den Augen des Logikers gesehen, könnte dies als ein nicht uneleganter Ausweg erscheinen, doch sollte auch der Logiker seine Augen nicht davor verschließen, dass dieser Weg reichlich gekünstelt wirkt und uns auch, vor der Fregeschen Aufgabe, uns durch logische Analyse der Sprache von ihrer Herrschaft zu befreien, die anderen, „ungekünstelten" Ausdrucksweisen der Sprache nicht vom Halse schafft. Man wird wohl, ohne Frege allzu sehr Unrecht zu tun, sagen dürfen, dass er in diesem Punkte die widerspenstige Sprache nicht zu zähmen vermocht hat.

Wie sollen wir uns heute zu dem dargelegten semantischen Problem stellen? Es wird kaum angehen, es als Kuriosität der Fregeschen Semantik abzutun, ist es doch nicht nur eng mit der Fregeschen und damit einer heute noch verbreiteten Ontologie des Logischen verbunden. Es bedarf auch ganz unabhängig davon einer Erklärung, wie man auf logisch konsistente Weise Aussagen über Begriffe (und andere in Freges Sinn unvollständige abstrakte Gegenstände) machen kann. Es gilt also, eine Möglichkeit zur Rede über Begriffe zu finden, ohne in die Fregesche Sackgasse zu geraten.

Einen wichtigen Schritt in diese Richtung verdanken wir *Schneider 1975*, einer Freges Überlegungen umsichtig rekonstruierenden Untersuchung, die sich bewusst auf die Titelfrage beschränkt und zur Frage des Begriffsrealismus bei Frege sowie zu einer systematischen Lösung des Problems nur Hinweise gibt. Wenn man sich weniger Zurückhaltung auferlegt, so wird man nach einem Ausweg aus der Sackgasse bereits an der Stelle suchen, wo Frege in sie hineingeraten ist, das ist bei der Verwerfung der Unterscheidung von Subjekt und Prädikat. Definieren wir nämlich als Subjekt das, worüber in einer (elementaren) Aussage etwas ausgesagt, wovon in ihr etwas prädiziert wird, so müssen Begriffe auch Subjekte sein können. Dies wird möglich, wenn wir Subjekt zu sein und Prädikat zu sein als Rollen oder Funktionen verstehen, ablesbar an den Rollen oder Funktionen der entsprechenden Nominatoren bzw. Prädikatoren im Satz. Auch wenn man abstrakte Gegenstände quasi als Entitäten zulässt (oder als „Quasi-Entitäten"), darf man die von ihnen übernommenen Rollen nicht mit Eigenschaften verwechseln, die sie (ontologisch oder sonstwie ihrem „Wesen" nach) charakterisieren.

Dann kann keine Rede mehr davon sein, dass die Verwendung eines Ausdrucks wie „der Begriff der Primzahl" die Prädikativität des Begriffs der Primzahl „verleugne". Es gilt dann unvermindert, was Frege eher resignativ in seiner „Einleitung in die Logik" (*1983e*) fordert, uns der eigentlichen Sachlage „immer bewußt zu bleiben, damit wir nicht in Fehler verfallen" (ebd., 210), – aber was uns bewusst bleiben muss, ist jetzt dies, dass eine syntaktische Rolle zu erfüllen etwas ganz anderes ist, als einen ontologischen Status einzunehmen, und der Fehler, in den wir nicht verfallen dürfen, ist der, die Rolle starr mit einem tatsächlichen oder hypostasierten ontologischen Status zu verknüpfen. Dass ein Gegenstandsname nicht als Prädikator fungieren kann, bleibt bei diesem Vorschlag ganz unbestritten – es bedarf nur einer anderen und eigenen Begründung. Aber von der vermeintlichen Beschaffenheit abstrakter Entitäten (z. B. ihrer Ungesättigtheit) darauf zu schließen, dass sie nur durch Namen mit entsprechenden Eigenschaften bezeichnet werden könnten, wäre (als Kategorienfehler im Sinne Ryles) ein nicht weniger grober Missgriff als die Kontamination der semantischen Rolle eines Ausdrucks (als Sinn oder Bedeutung) mit dem ontologischen Status des durch ihn Ausgedrückten oder Bezeichneten.[1] Frege wäre, hätte er diesen Ausweg akzeptiert, nicht mehr zum Verzicht auf die Einführung von Klassen oder Mengen gezwungen gewesen, der seine späte Philosophie der Mathematik beengt (nicht nur weil mit den Klassen die einzigen Gegenstände wegfallen, die man als „Vertreter" der Begriffe heranziehen könnte und die Frege eine Zeitlang auch mit dieser Aufgabe wohl hat betrauen wollen). Nach dem hier vorgeschlagenen Ausweg ist der Umstand, dass die

1 Vgl. *Thiel 1965a*, § 2.4; *Thiel 1967*; *Dummett 1981b*, 41 f.

„Ergänzungsbedürftigkeit" der Begriffswörter den Begriffen eine ausschließliche Rolle als Prädikate aufzunötigen scheint, nur einer der „Fallstricke [...], die von der Sprache dem Denkenden gelegt werden".[2]

2 *Frege 1918b*, 150. Alle Schriften Freges, die neben den drei Monographien von 1879, 1884 und 1893/1903 zu seinen Lebzeiten veröffentlicht wurden, finden sich wieder abgedruckt in *Frege 1967*. Die in Frage kommenden Texte aus dem wissenschaftlichen Nachlass finden sich in *Frege 1983a*, die meisten auch in den Auswahlbänden *Frege 1971* und *Frege 1973*.

Studie 8

Gottlob Frege: Die Abstraktion

Einleitung

Friedrich Ludwig Gottlob Frege ist am 8. November 1848 in Wismar geboren. Er studierte Mathematik, Physik, Chemie und Philosophie, von 1869 bis 1871 in Jena, danach in Göttingen, der damaligen „Hochburg der Geometrie“, wo er am 12. Dezember 1873 mit einer mathematischen Arbeit zum Dr. phil. promoviert wurde. Er habilitierte sich 1874 in Jena für das Fach Mathematik, wurde 1879 a. o. Titularprofessor und 1896 zum o. Honorarprofessor ernannt, als der er ein jährliches Gehalt von 3000 Mark aus der Zeiss-Stiftung erhielt. Seit dem Sommersemester 1900 war Frege Mitdirektor des Jenaer Mathematischen Instituts; im Dezember 1903 wurde ihm, wie es zu dieser Zeit für Honorarprofessoren üblich war, der Hofratstitel verliehen.

Freges ausschließliche Konzentration auf Probleme der Logik und mathematischen Grundlagenforschung, die dem damaligen mathematischen Wissenschaftsbetrieb recht fernlagen, wurde durch die Aufnahme in die Leopoldinische Akademie der Naturforscher in Halle und in den Circolo Matematico di Palermo von der internationalen Gelehrtenwelt anerkannt. Sie ist nichtsdestoweniger wohl schuld daran, dass Frege trotz peinlichster Erfüllung seiner Lehrverpflichtungen in Jena das normale Ziel der akademischen Laufbahn, das Ordinariat, nicht erreicht hat. Er ließ sich 1917 krankheitshalber von der Lehrtätigkeit beurlauben und wurde am 19. Oktober 1918 emeritiert.

Gottlob Frege verstarb in der Nacht vom 25. zum 26. Juli 1925 in Bad Kleinen; seine letzte Ruhe hat er auf dem alten Friedhof in Wismar gefunden.

Dieser Aufsatz ist zuerst erschienen in: Josef Speck (Hg.), *Grundprobleme der großen Philosophen. Philosophie der Gegenwart I*, Vandenhoeck & Ruprecht: Göttingen 1972, 9–44 (*Thiel 1972b*).

Freges Einfluss auf die Philosophie

Freges Aufnahme in die offizielle Philosophiegeschichtsschreibung liegt noch nicht lange zurück. Der Jenaer Philosoph P. F. Linke konnte es 1946 durchaus als echte und schwierige Aufgabe ansehen, in einem Artikel um die Anerkennung der philosophischen Bedeutung Freges zu kämpfen. In dem *1949* von W. Ziegenfuß herausgegebenen *Philosophen-Lexikon* sucht man Frege noch vergebens – an einer Stelle, an der, wie G. Patzig nicht ohne Sarkasmus vermerkt, für einen Artikel über G. Frenssen (über dessen philosophische „Bedeutung" sich der heutige Leser dort informieren möge) durchaus Platz gewesen ist.

In der Tat ist für Frege weder das philosophische Klima seiner Zeit noch dasjenige der folgenden Jahrzehnte günstig gewesen. Als er die ersten Schriften publizierte, galt die von ihm betriebene Grundlagenforschung der exakten Wissenschaften als philosophisch einfach nicht relevant. Welches Interesse hätte er bei den zeitgenössischen Philosophen erregen, welches eigene Interesse bei ihnen befriedigen können? Der bereits zusammengebrochene spekulative Idealismus, der als Reaktion auf ihn gefolgte Materialismus, die Philosophie Schopenhauers und die in eine „Hegelsche Rechte" und eine „Hegelsche Linke" gespaltene kritische Gesellschaftsphilosophie befassten sich mit Themen, die zu Freges Anliegen scheinbar völlig ohne Beziehung standen.

Die einzige Verbindung mit den exakten Wissenschaften pflegten einige Progressive, die sich, in den Bahnen von Herbart und Beneke und zum Teil mit Hilfsmitteln der Physiologie, psychologischen Fragestellungen zugewandt hatten und von denen einige auf ihren Lehrstühlen in Personalunion Psychologie und Philosophie vertraten. Mit der von Frege sehr missbilligten Folge allerdings, dass in umfangreichen Lehrbüchern und „Systemen" auch der Gegenstand der Logik psychologisch angegangen wurde, für den dann die Psychologie mit einem Begründungsanspruch auftrat. Frege hat diesen Psychologismus mit zunehmender Schärfe und Bissigkeit bekämpft und dabei alle Argumente bereits zur Verfügung gestellt, mit deren Hilfe später E. Husserl – der Frege aus noch zu nennendem Anlass kannte – die Überwindung des Psychologismus gelang.

Einen Ausweg aus dem Psychologismus und eine Neubelebung kritischen Philosophierens suchte eine andere, Gedanken Kants wiederaufnehmende Richtung ebenfalls. Zu gemeinsamer Arbeit mit diesem Neukantianismus, der von O. Liebmann *1865* begonnen und durch Gelehrte wie F. A. Lange, H. Cohen, W. Windelband, H. Rickert, P. Natorp, E. Cassirer und B. Bauch zur beherrschenden Richtung des letzten Drittels des neunzehnten und noch der ersten Jahrzehnte des zwanzigsten Jahrhunderts wurde, waren Ansätze in großer Zahl vorhanden. Aber auch die Neukantianer nahmen von Freges Arbeit keine oder nur ablehnende Notiz – mit der einzigen Ausnahme von B. Bauch, der nach dem Ersten Weltkrieg Fregesche Gedanken aufgriff und zu verbreiten suchte, – mit wenig Erfolg freilich, da die Wirren dieser Zeit dem kritischen Philosophieren im Allgemeinen ebensowenig günstig waren wie der Grundlagenforschung der exakten Wissenschaften im Besonderen. Und zur Phänomenologie und Lebensphilosophie, die dem Neukantianismus zu Anfang unseres Jahrhunderts in der Gunst des intellektuellen Publikums folgten, hatte Frege nun wirklich keine Beziehung.

Dieselben Richtungen aber waren in Deutschland, nach der zwölfjährigen Zwangspause unabhängigen Philosophierens, auch nach dem Zweiten Weltkrieg tonangebend. So verwundert es nicht, dass Frege durch deutsche Philosophen, die in jenen zwölf Jahren Deutschland meist unfreiwillig verlassen hatten, zunächst im englischsprachigen Ausland bekannt wurde – unterstützt durch die Wertschätzung, die Frege dort z. B. durch das Urteil B. Russells vereinzelt bereits genoss. In seiner Heimat fand der inzwischen von den Philosophen neopositivistischer und sprachanalytischer Richtung als Bannerträger gefeierte Frege erst in den fünfziger Jahren ein regeres Interesse, als die (anfangs sehr unkritische) Rezeption dieser Richtungen hier einsetzte. So fällt die Anerkennung der philosophischen Bedeutung Freges zusammen mit der Ausbreitung jener analytischen und sprachphilosophischen Strömungen, denen Frege zwar viele Anregungen gegeben hat, mit denen aber ebenso viele Züge des Fregeschen Denkens deutlich kontrastieren. Dies wird deutlich, wenn wir die wichtigsten der veröffentlichten Schriften Freges genauer betrachten.

Die erste Buchveröffentlichung ist ein Bändchen mit dem Titel *Begriffsschrift. Eine der arithmetischen nachgebildete Formelsprache des reinen Denkens* (*BS, Frege 1879*). Dem äußeren Anblick nach kaum Philosophisches verratend – auf knapp 100 Seiten werden Formeln in einer bizarr anmutenden, sich nach zwei Dimensionen über die Druckseite ausbreitenden logischen Symbolik hergeleitet –, lässt diese Schrift doch bereits die beiden großen Ströme erkennen, in denen Frege steht. Da ist einmal die Tradition des Kantianismus, noch deutlicher in der zweiten Fregeschen Schrift zu sehen, aber schon 1879 in der Auffassung der logischen Gesetze als „Gesetze der reinen Vernunft" hervortretend. Im Rahmen eines à la Kuno Fischer vereinfachten Kantianismus zwar, aber doch im Namen Kants und in einem Sinne, der im Unterschied zu Freges späteren ontologisierenden Auffassungen transzendentalphilosophisch heißen kann. Zum anderen ist da die große Leibniztradition, soeben wiedererweckt durch die Leibnizausgaben von Raspe, Erdmann, Gerhardt und Pertz, durch die Leibnizbiographie von Guhrauer und durch Leibnizstudien von angesehenen Forschern wie Trendelenburg. Dazu kommt eine gerade in England entstehende „algebraische Logik", die damals in Deutschland sonst nicht als philosophisch relevant betrachtet, von Frege jedoch im Zusammenhang der Leibniztradition als wichtig erkannt wurde.

Im Vorwort zur *Begriffsschrift* stellt sich Frege, bereits mit der Absicht, die Bemühungen der englischen Logiker zu übertreffen, bewusst in die von Leibniz herkommende Linie. Er will ein logisches Zeichensystem schaffen, das nicht nur die logischen Gesetze wiederzugeben erlaubt, sondern in einer beliebigen Einzelwissenschaft, mit deren eigenen Symbolen und Aussagen, logisch zu schließen gestattet. Bei den Engländern geht das schon für diejenige Wissenschaft nicht, die sich für solche Anwendungen zu allererst anbietet: die Mathematik. Da nämlich die englischen Logiker die logischen Gesetze selbst mit algebraischen Zeichen (0, 1, +, −, =) schreiben, kommt es beim Ersetzen der logischen Aussagensymbole durch mathematische Aussagen zu einem heillosen Durcheinander, weil z. B. beim Auftreten eines Pluszeichens jeweils erst mühsam festgestellt werden muss, ob es logisch oder arithmetisch gemeint ist. Frege vermeidet dies auf einfache Weise. Er gibt die logischen Verknüpfungen nicht durch algebraische Verknüpfungszeichen wieder, sondern durch Linienverbindungen zwischen den Aussagesymbolen – so dass sich der so bizarr wirkende Formelapparat auf einmal als höchst zweckmäßig und leistungsfähig erweist. In der Tat ist zu vermuten, daß es nur an ihrer Abweichung von der „Linearität des Denkens", an dem ungewohnten Anblick und an der mühevollen Arbeit für den Setzer beim Buchdruck gelegen hat, wenn diese „Begriffsschrift" von keinem anderen Autor übernommen worden ist.

Geblieben ist das Verdienst Freges, in diesem Symbolismus ein vollständiges Axiomensystem der Junktorenlogik aufgestellt zu haben, eine Gruppe von Grundaussagen also, aus denen sich alle mittels Junktoren (wie „nicht", „und", „oder", „wenn–dann") zusammengesetzten Aussagen, die nach der klassischen Logik allein schon auf Grund ihrer Form als wahr gelten, nach gewissen angegebenen Regeln des logischen Schließens ohne Ausnahme ableiten lassen. Daneben hat Frege auch schon einen wesentlichen Teil der Quantorenlogik aufgebaut, in der neben den junktorenlogisch wahren Aussagen auch solche untersucht werden, die mit Hilfe der Quantoren „alle", „manche" und „kein" zusammengesetzt sind. Diese Leistung ist deshalb so einmalig, weil Frege dafür keine Vorläufer gehabt, sondern seine Einsichten ganz allein gewonnen hat. Schon dies hätte ihm einen Platz in der Geschichte der Logik gesichert.

Aber Frege wollte noch etwas anderes. Sein Zeichensystem sollte, wie die Aufstellung zweier grundlegender Definitionen im letzten Teil der *Begriffsschrift* zeigt, nicht nur der Deduktion der bekannten logischen Gesetze dienen. Frege definiert dort zunächst einmal, was es heißen soll, dass irgendwelche Objekte eine unendliche Reihe ohne Verzweigungen bilden. Er definiert dann, was es heißt, dass ein Objekt unmittelbarer oder mittelbarer Nachfolger eines anderen Objekts in einer solchen Reihe ist. Die Anwendung auf die Grundzahlen liefert die Erklärung der Nachfolgerbeziehung zwischen Grundzahlen und die Formulierung des Prinzips der vollständigen Induktion. Die Pointe dabei ist, dass diese Definitionen allein von logischen Ausdrucksmitteln Gebrauch machen, während doch die durch eine solche Anwendung des allgemeinen Verfahrens definierten Beziehungen bis dahin als typisch arithmetische, d. h. mathematische und somit jedenfalls nicht rein logische, galten. In seinem Kommentar lässt Frege bereits das gewaltige Programm durchblicken, dem er dann seine Lebensarbeit gewidmet hat: nicht nur diese, sondern alle nichtgeometrischen mathematischen Begriffe und Aussagen auf rein logische Begriffe und Aussagen zurückzuführen.

Das Bändchen von 1879, das die ersten Ansätze zu diesem „logizistischen" Programm enthielt, war verlegerisch alles andere als ein Erfolg. Daran war, wie Frege zu Recht vermutete, die neuartige Begriffsschrift zumindest mitschuldig, und so verzichtete er in seinem zweiten Buch, das fünf Jahre später mit einem wiederum nur knappen Umfang (130 Seiten) erschien, ganz auf dieses Hilfsmittel. Das Buch *Die Grundlagen der Arithmetik. Eine logisch mathematische Untersuchung über den Begriff der Zahl* (*GLA*, *Frege 1884*) enthält den nächsten Schritt im logizistischen Programm. Nachdem Frege in der ersten Schrift die Nachfolgerbeziehung zwischen Grundzahlen logisch erklärt hatte, will er nun die Grundzahlen selbst rein logisch definieren und zeigen, dass sie keine Gegenstände eines von der Logik unabhängigen Bereichs der Arithmetik, sondern Gegenstände einer (freilich sehr hoch entwickelten) Logik sind. Wie Frege dabei vorgeht, wird uns ausführlich beschäftigen. Hier sei nur erwähnt, dass auch dieses heute mit Recht zu den philosophischen „Klassikern" gezählte Bändchen (trotz des Verzichts auf die Begriffsschrift und trotz seiner bemerkenswerten Thesen) damals nicht erfolgreich war: es hat ebenso wenig wie irgendeine andere Schrift Freges zu dessen Lebzeiten eine zweite Auflage erreicht.

Der erste Band von Freges Hauptwerk, *Grundgesetze der Arithmetik, begriffsschriftlich abgeleitet* (*GGA* I, *Frege 1893*), erschien erst neun Jahre später. Er ist ein Dokument für Freges unbeirrtes Streben nach Verwirklichung des von ihm als „euklidisch" bezeichneten „Ideal(s) einer streng wissenschaftlichen Methode der Mathematik", das er durch die schon bei der *Begriffsschrift* beschriebene lückenlose Deduktion noch besser erfüllt zu haben glaubt als Euklid in seinen „Elementen". Über den Zweck dieser einzigartigen Strenge schreibt Frege im Vorwort, nachdem er zuvor seine Schrift von 1884 erwähnt hat: „Ich will hier durch die That die Ansicht über die Anzahl bewähren, die ich in dem zuletzt genannten Buche dargelegt habe" (*GGA* I, VIII f.). Das gelinge nur, weil „durch die Lückenlosigkeit der Schlussketten [...] jedes Axiom, jede Voraussetzung, Hypothese, oder wie man es sonst nennen will, auf denen ein Beweis beruht, ans Licht gezogen wird; und so gewinnt man eine Grundlage für die Beurtheilung der erkenntnisstheoretischen Natur des bewiesenen Gesetzes" (*GGA* I, VII). Und diese Beurteilung ergibt nach Frege, dass die Sätze der Arithmetik rein logischer Natur sind – jedenfalls dann, wenn die von Frege gemachten Aussagen über Begriffsumfänge, auf die wir noch zu sprechen kommen, selbst rein logischer Natur sind.

Wenn Frege diesen Nachweis für so wichtig hielt, weshalb hat er dann neun Jahre damit gewartet? Frege hat den Hauptgrund dafür nicht nennen wollen: dass sich wegen der hohen Satzkosten und des zu erwartenden finanziellen Misserfolgs eines in Begriffsschrift geschriebenen Buches kein Verlag fand, der das Werk in sein Programm aufgenommen hätte. Frege ließ es, unter großen finanziellen und persönlichen Opfern, auf eigene Kosten drucken, und dies erklärt die lange Druckdauer für den ersten Band ebenso wie den Umstand, dass auch der zweite Band erst nach weiteren zehn Jahren erschien. Frege selbst nennt nur zwei Gründe für die Verzögerung. Erstens seine Enttäuschung über die kühle Aufnahme oder Ignorierung seiner beiden ersten Schriften. Er beurteilt wohl die Lage nicht falsch, wenn er klagt, die Mathematiker dächten, wenn von Begriff, Beziehung und Urteil die Rede sei, „metaphysica sunt, non leguntur!" (etwa: „Das ist Metaphysik, das lesen wir nicht!"), während sich die Philosophen beim Anblick einer Formel sagten, „mathematica sunt, non leguntur!". Frege wird dabei auch an die psychologisch orientierten Logiker gedacht haben, denn er schließt das Vorwort mit einer langen, vielzitierten Attacke auf den zeitgenössischen Psychologismus in der Logik. Der zweite Grund für die Verzögerung des Werkes seien jedoch die „inneren Umwandlungen der Begriffsschrift" als „Folgen einer eingreifenden Entwickelung" seiner logischen Ansichten (*GGA* I, IX f.). Sie gehen teils auf die von Frege entworfene Semantik zurück, teils auf die neue Fregesche Auffassung, dass Begriffe nichts anderes als spezielle Funktionen seien – mit allen Konsequenzen für die Auffassung der Begriffsumfänge und, da Frege die Anzahlen als eine ganz bestimmte Art von Begriffsumfängen definiert, auch für die Philosophie der Zahl.

Der zweite Band, 1903 erschienen, führt zunächst die Ableitung des von Frege für wichtig gehaltenen Bestandes an Sätzen über Grundzahlen zu Ende. Vor dem Aufbau der reellen Zahlen, der sich jetzt anzuschließen hätte, fügt Frege unter dem Titel „Kritik der Lehren von den Irrationalzahlen“ eine Kritik an so prominenten Mathematikern wie Cantor, Dedekind, Heine, Thomae und Weierstraß ein. Sie gehört zum Lesenswertesten, was sich an grundlagenkritischen Äußerungen zur Mathematik aus dem 19. Jahrhundert findet. Erst danach beginnt Frege seinen eigenen Aufbau der Analysis – und bricht ihn nach etwa hundert Seiten abrupt ab.

Ein „Nachwort“ verrät, weshalb: „Einem wissenschaftlichen Schriftsteller kann kaum etwas Unerwünschteres begegnen, als dass ihm nach Vollendung einer Arbeit eine der Grundlagen seines Baues erschüttert wird. In diese Lage wurde ich durch einen Brief des Herrn Bertrand Russell versetzt, als der Druck dieses Bandes sich seinem Ende näherte“ (*GGA* II, *Frege 1903a*, 253). Russell, ein damals noch kaum hervorgetretener junger britischer Mathematiker, hatte in Freges System einen Widerspruch abgeleitet – die heute nach Russell benannte Antinomie. Man kann es geradezu als tragische Ironie bezeichnen, dass dieser Widerspruch zwar auch in allen anderen damals bekannten logischen Systemen steckte, dass aber erst Freges System mit seinem lückenlosen Aufbau den strengen Nachweis dieses Widerspruchs erlaubte. Die Russellsche Entdeckung war höchst folgenreich. Sie hat die Begründung der mathematischen Grundlagenforschung als einer eigenen Disziplin veranlasst und diese bis heute in wichtigen Teilen bestimmt. Denn sie machte mit dem Erfordernis von Widerspruchsfreiheitsbeweisen für mathematische Theorien zugleich deutlich, dass man, bei dem offensichtlich gewordenen Versagen der Evidenz der mathematischen Theorien, sicherstellen müsste, dass der Beweis der Widerspruchsfreiheit einer mathematischen Theorie selbst verlässlicher ist als diese. Auf allgemein anerkannte Art ist das Problem bis heute nicht gelöst worden. Freges und Russells eigene Lösungen haben sich als unzureichend herausgestellt, und Frege selbst ist durch den Zusammenbruch seines Systems so erschüttert worden, dass er den zunächst so erfolgversprechenden Weg des Logizismus verlassen hat, ohne eine befriedigende andere Begründung der Arithmetik zu finden.

Bei der zusammengezogenen Besprechung der drei Fregeschen Hauptschriften, die den Inhaltsüberblick erleichtern und den roten Faden in Freges Schaffen sichtbar machen sollte, haben wir kleinere Schriften und Aufsätze übergangen. Von ihnen – es sind insgesamt vierzig – seien hier auch nur die wichtigsten nachgetragen. In drei kurzen Arbeiten hatte Frege schon vor Erscheinen des ersten Bandes der *Grundgesetze* eine Art Vorveröffentlichung des logischen Einleitungsteils unternommen. Der separat gedruckte

Vortrag *Function und Begriff* von 1891 ist eine überaus klare Einführung in die Gedankengänge, die Frege zu seiner neuen Auffassung der Begriffe als Funktionen gebracht hatten (*1891a*). Genauer gesagt handelt es sich um die Auffassung der Begriffsausdrücke als Funktionsausdrücke mit genau einer Leerstelle, deren Ersetzung durch einen zulässigen Argumentausdruck den Funktionsausdruck in eine wahre oder eine falsche Aussage überführt. Anschließend wird auf dieser Basis die Verbindung von Begriff und Begriffsumfang und allgemeiner von Funktion und „Wertverlauf" dargelegt.

Von den beiden anderen, 1892 erschienenen Arbeiten „Über Begriff und Gegenstand" (*Frege 1892a*) und „Über Sinn und Bedeutung" (*Frege 1892b*) übergehen wir die erste, da sie sich nach heutiger Ansicht mit Scheinproblemen herumschlägt, die nur durch eine unglückliche Verquickung ontologischer Vorstellungen mit einer unzweckmäßigen Notation entstehen. Wichtig ist dagegen der Aufsatz „Über Sinn und Bedeutung". Frege unterscheidet hier zwischen dem „Sinn" und der „Bedeutung" eines Zeichens, gibt für gewisse Arten sprachlicher Ausdrücke diesen Sinn und diese Bedeutung an und untersucht schließlich die Beziehungen zwischen Sinn und Bedeutung eines ganzen Aussagesatzes zu Sinn und Bedeutung der einzelnen Satzteile. Alles das war zu Freges Zeit Pionierarbeit, und mit gutem Grund hat ein führender Fregeforscher der Gegenwart, James Michael Bartlett, diesen Aufsatz als den „Urtext der modernen Semantik" bezeichnet (*1961*, 14).

In einem 1885 gehaltenen und 1886 publizierten Vortrag „Über formale Theorien der Arithmetik" greift Frege gewisse zeitgenössische Bestrebungen an, die Arithmetik als ein rein formales, inhaltsleeres „Rechenspiel" zu begründen (*Frege 1886*). Dabei sollen, so wie im Schachspiel, ausgehend von einer Anfangsstellung des Spiels, nach festen Regeln bestimmte Spielstellungen erreicht werden, von gewissen Anfangsformeln aus nach festen Regeln bestimmte Formeln als „Spielstellungen" des Rechenspiels hergestellt werden. Mit Recht hat Frege bemängelt, dass dabei weder die Wahl der Anfangsformeln noch die der Spielregeln begründet wird und somit auch die hergestellten Formeln als unbegründet gelten müssen; sie können dann natürlich auch keine Begründung der Arithmetik leisten. In polemischen Aufsätzen gegen seinen Jenaer Kollegen Johannes Thomae in den *Jahresberichten der Deutschen Mathematiker-Vereinigung* von 1906 und 1908 hat Frege diese Kritik weitergeführt (*Frege 1906b* und *Frege 1908*).

In den Kontext der Formalismuskritik gehören auch Freges kritische Bemerkungen zu Hilberts *Grundlagen der Geometrie*. Er hat sie unter dem Titel „Über die Grundlagen der Geometrie" (*1903b*) in den ebengenannten Jahresberichten, z. T. im Dialog mit dem Hilbertschüler Korselt, veröffentlicht. Frege hat hier ausgeführt, was später Husserl so ausdrückte: dass

Axiomensysteme wie das von Hilbert der Geometrie zugrunde gelegte nicht Theorien, sondern Theorienformen liefern, dass also die aus den Axiomen abgeleiteten Formeln auch gar keine Aussagen sind, sondern erst in solche übergehen, wenn eine Deutung der verwendeten Zeichen und damit insbesondere des Axiomensystems angegeben wird. Dass Frege daneben die Möglichkeiten der axiomatischen Methode nicht voll erkannt habe, ist wohl richtig, auch, dass er Hilbert in vielem missverstanden habe – aber es ist ebenso wahr, dass Hilbert die berechtigten Fregeschen Einwände nicht verstanden hat.

Philosophiegeschichtlich wichtig ist Freges vernichtende Rezension von Husserls *Philosophie der Arithmetik* in der *Zeitschrift für Philosophie und philosophische Kritik* (*1894*), mit der er Husserl vermutlich vom Psychologisten zum Antipsychologisten „umgedreht" hat – die Frage ist jedoch umstritten. Schließlich sei noch der Aufsatz „Über das Trägheitsgesetz" erwähnt, ein Beitrag zu einem Grundlagenproblem der Physik, in dem sich Frege in verblüffender Weise auch auf diesem Gebiet auf der Höhe der Diskussion zeigt (Vgl. *Frege 1891b* und *Janich 1975*).

Alle veröffentlichten Schriften Freges sind heute wieder in Nachdrucken greifbar; die drei Hauptschriften in Separatausgaben, die anderen in einem von I. Angelelli herausgegebenen Sammelband *Kleine Schriften* (*Frege 1967*). Aus dem wissenschaftlichen Nachlass, der zunächst von Freges Pflegesohn Alfred aufbewahrt, dann dem Institut für Mathematische Logik und Grundlagenforschung in Münster zur Publikation übergeben und dort 1945 durch Kriegseinwirkungen z. T. vernichtet wurde, sind die erhalten gebliebenen wissenschaftlichen Manuskripte und der wissenschaftliche Briefwechsel – u. a. mit Hilbert und Russell – in zwei sorgfältig kommentierten Bänden erschienen (*Frege 1983a* und *Frege 1976*). Wolfgang Mayer verdanken wir die bislang vollständigste Bibliographie der Schriften Freges, ihrer Übersetzungen in andere Sprachen und der Sekundärliteratur über Frege bis 1975 (*Schirn 1976*).

Als Einführung in das Werk Freges eignen sich der erstmals 1941 (*Scholz 1941*) veröffentlichte schöne Beitrag „Gottlob Frege" (*1961c*) von Heinrich Scholz, sowie die sehr empfehlenswerte Darstellung von G. Patzig in O. Höffes Sammlung *Klassiker der Philosophie* (*1981*). Ausführlicher, freilich auch schwieriger, sind die Analysen der Fregeschen Logik und Semantik von Ch. Thiel, *Sinn und Bedeutung in der Logik Gottlob Freges* (*1965a*) und der Fregeschen Sprachphilosophie von M. Dummett: *Frege. Philosophy of Language* (*1973*). Als Ergänzung zum Thema Abstraktion lese man G. Patzigs Studie „Gottlob Frege und die ‚Grundlagen der Arithmetik' " (*1966*), wer das Französische beherrscht, auch die im Literaturverzeichnis genannten speziellen Arbeiten von J. Vuillemin (*1964* und *1966*). Zum Einfluss auf Husserl vergleiche man D. Føllesdal (*1958*), zum Zusammenbruch des Fregeschen Systems H.-D. Sluga (*1962*).

Inwiefern sind Freges Schriften für uns heute philosophisch wertvoll? Sehen wir es – ohne Philosophie als Morallehre, als Weltanschauungs- und Lebenshilfe abwerten zu wollen – als eine wichtige Aufgabe gegenwärtigen Philosophierens an, nicht einen Bestand an wahren philosophischen Sätzen aufzubauen, sondern einen Prozess der Verdeutlichung, eine Klärung unserer praktischen und theoretischen Probleme einzuleiten, so hat eine solche Philosophie in Frege zweifellos einen ihrer Klassiker. Denn wir verdanken Frege nicht nur ein „logisches Meisterwerk, das an Originalität und Tragweite nur mit Aristoteles' Analytiken verglichen werden kann" (*Lorenzen 1960*, 156). Frege ist uns, unabhängig davon und von seiner Rolle als Hauptvertreter des Logizismus in der mathematischen Grundlagenforschung, ein Denker, dessen Bemühen um begründetes Reden und strenges Argumentieren, wie es viele seiner Schriften zeigen, auch heute noch als vorbildlich gelten kann.

Die Analyse der Zahlaussagen

Gottlob Frege hat das Problem, das ihn zeitlebens beschäftigt und für sein gesamtes Werk den Leitfaden abgegeben hat, am Schluss seines Hauptwerkes selbst formuliert: „Wie fassen wir logische Gegenstände, insbesondere die Zahlen?" Er hat es dort als das „Urproblem der Arithmetik" bezeichnet – weil er der Auffassung war, dass die Arithmetik lediglich ein hoch entwickelter Teil der Logik sei. Er betrachtete also die Frage nach der Erfassung der „logischen Gegenstände" als die der ganzen Logik zugehörige allgemeinere, die nach der Erfassung der Zahlen als die der Arithmetik zugehörige speziellere Frage. Trotz des ungeheuren Aufwandes, mit dem sich Frege auch an den Aufbau von Logik und Arithmetik gemacht hat, geht es bei der hier erörterten Frage nicht um die technische Seite dieser beiden Wissenschaften. Wie wir die „Gegenstände" dieser Disziplinen „fassen", ist eine erkenntnistheoretische Frage. Sie zu stellen, gehört zum Begründungsproblem der beiden genannten Wissenschaften, sie zu beantworten, als Teillösung zu jeder für sie vorgeschlagenen Begründung.

Freges Antwort auf die Frage, nicht mit seinen Worten, aber in seinem Sinne, lautet: Wir erfassen logische Gegenstände durch *Abstraktion*. Wie Abstraktionsprozesse vor sich gehen, wie sie als kunstvolle Hilfsmittel, aber unreflektiert, in der Sprache auftreten, wie sie nicht weniger kunstreich, aber nunmehr reflektiert in den Wissenschaften eingesetzt werden können, dies erstmals zum Thema gemacht und weitgehend geklärt zu haben, ist Freges Verdienst.

Er hat die Abstraktionsprozesse freilich nicht um ihrer selbst willen untersucht, sondern zur Lösung des soeben genannten Spezialfalls der Zahlen, genauer: der natürlichen Zahlen oder, wie wir mit Frege künftig sagen wollen, der „Anzahlen" 0, 1, 2, 3 usw. Frege will, so wissen wir, den Begriff der *Anzahl* durch rein logische Begriffe definieren und die Sätze über Anzahlen auf rein logische Sätze zurückführen. Obwohl es nirgends bei Frege ausgesprochen ist, schließt sich dieses Programm an ein anderes an, dem sich damals gerade die Mathematiker widmeten. Schon seit Anfang des 19. Jahrhunderts hatten sie versucht, die Grundbegriffe der Analysis, also im Wesentlichen der Infinitesimalrechnung, auf elementarere Begriffe zu reduzieren. Unter diesen stellten sie sich die Begriffe der elementaren Arithmetik vor – so sollten z. B. die reellen Zahlen allein durch ganze Zahlen definiert, die Sätze über Grenzwerte allein auf Sätze über ganze Zahlen zurückgeführt und in diesem Sinne „arithmetisiert" werden. Angenommen, das wäre vollkommen gelungen: dann würde Freges Programm, die Anzahlen auf rein logische Begriffe zu reduzieren, da die ganzen Zahlen leicht auf Anzahlen zurückführbar sind, den „Weg zurück" noch ein Stück weit fortsetzen und die Analysis nicht nur „arithmetisieren", sondern sogar „logifizieren".

Damit wäre dann endlich auch ein Rätsel gelöst, das sich schon den Scholastikern und später Locke gestellt und das Leibniz veranlasst hatte, die Arithmetik als eine ihrer Allgemeinheit wegen nur als Teil der Metaphysik zu verstehende Wissenschaft anzusehen: das Rätsel, weshalb alles, was überhaupt durch Merkmale von anderem unterschieden und dadurch bestimmt werden kann, auch zählbar ist. Für Frege war es der Grund zu seiner Vermutung, dass die Arithmetik tatsächlich nur ein Teil, jetzt nicht mehr, wie bei Leibniz, der Metaphysik, sondern der ebenso universellen Logik sein müsse.

Frege hat als erster von einer solchen Zurückführung nicht nur geträumt, sondern die Logifizierung wirklich in Angriff genommen. In den *Grundlagen der Arithmetik* versicherte er sich eines möglichst angemessenen Ausgangspunktes einerseits durch eine ausführliche Kritik der wichtigsten historisch aufgetretenen philosophischen Lehren über die Zahl, andererseits durch eine sorgfältige Durchmusterung und Analyse der Sprache. Nur so konnten die zu erstellende Definition des Zahlbegriffs und die Festsetzung des Sinnes der Grundaussagen über Zahlen wirklich beanspruchen, als eine unsere Intentionen – den Sinn unserer Aussagen über Zählhandlungen – treffende Rekonstruktion zu gelten.

Dabei sind unter den Aussagen mit Zahlangaben zunächst die arithmetischen herauszufinden, d. h. diejenigen, die tatsächlich etwas über Zahlen sagen. Übergehen wir unter diesem Gesichtspunkt unbestimmte Aussagen wie „Tausende säumten die Straßen“ oder „Die Anzahl der Schaulustigen war größer als erwartet“, so bleiben im Wesentlichen die durch folgende Beispiele veranschaulichten Typen:

(1) Die Anzahl der Tierkreiszeichen ist gleich der Anzahl der Monate
(2) Die Anzahl der Wurzeln einer Gleichung ist gleich ihrem Grad
(3) Fünf ist eine Anzahl
(4) Fünf ist eine Primzahl
(5) Es gibt neun Musen
(6) Argus hat hundert Augen.

Die nähere Betrachtung zeigt, dass sich zunächst Typ (2) auf Typ (1) zurückführen lässt. Die Aussage (2) besagt ja, dass für jede bestimmte Gleichung G die Aussage gilt: „Die Anzahl der Wurzeln von G ist gleich dem Grad von G.“ Mit dem Sinn dieser Aussage, die zum Typ (1) gehört, ist aber auch der Sinn aller gleichgebauten Aussagen und damit der Sinn der Allaussage (2) bestimmt.

Das Beispiel (4) besagt so viel wie „Fünf ist eine Anzahl und diese Anzahl ist prim“ und führt damit auf den Typ (3) zurück. Die Aussage (5) lässt sich ohne Änderung des Sinnes ausdrücken durch „Die Anzahl der Musen ist neun“, die Aussage (6) als „Die Anzahl der Argusaugen ist hundert“. Außer dem Typ (3) bleiben also nur Aussagen übrig, in denen der Bestandteil „Die Anzahl der ...“ auftritt, wobei an der Stelle der drei Punkte irgendwelche Merkmale der Gegenstände angegeben werden, von deren Anzahl die Rede ist. Und zwar geschieht die Angabe durch die *Prädikatoren* „Tierkreiszeichen“, „Monat“, „Muse“ und „Argusauge“, also jeweils durch einen einfachen oder zusammengesetzten Prädikator P. Daher können wir den uns interessierenden Redeteil auch vereinfachend ausdrücken durch „Die Anzahl der x, denen der Prädikator P zukommt“, abgekürzt „$x(P)$“. Ist Q ein weiterer Prädikator und n irgendeine durch ein Zahlwort oder Ziffern gegebene bestimmte Anzahl, so ist das Resultat unserer Überlegung, dass wir nur noch den Sinn von Zahlaussagen der folgenden drei Typen zu klären haben:

I. $x(P) = x(Q)$
II. $x(P) = n$
III. n ist eine Anzahl.

Einen Vorschlag dazu hat der zu Freges Zeit auch in Deutschland sehr einflussreiche englische Philosoph J. St. Mill in seinem *System of Logic* (*1843*) gemacht. Seine empiristische Auffassung der Zahlen und der Arithmetik steht der unreflektierten Alltagsauffassung der Zahlen sehr nahe, und sie enthält jedenfalls die entscheidenden Fragen, was immer man von Mills Antworten halten mag (die Frege als naiv und unbrauchbar völlig verworfen hat.) Mill fällt zunächst auf, dass man in der Sprache „immer“ – Fälle wie unseren Typ III betrachtet er offenbar nicht – mit Zahlen *von etwas* zu tun hat, das Wort „zehn“ also etwa zehn Körper, zehn Glockenschläge oder zehn Pulsschläge usw. bedeutet. Zahlen „in abstracto“, sagt Mill, gibt es nicht. Es ist immer etwas da, dem die Zahl oder Anzahl *zukommt.*

Von welcher Art ist dieses „Etwas“, dem wir eine Anzahl zuschreiben? Was liegt näher als zu sagen: Nun, es sind die Dinge, die wir zählen, um ihre Anzahl festzustellen. „Ihre“ Anzahl – die wir nicht jedem einzelnen dieser Dinge zuschreiben, sondern ihnen als einer Gesamtheit. So besagt eine Anzahlaussage nach Mill, „dass eine bestimmte Gesamtheit durch Zusammenbringen bestimmter anderer Gesamtheiten oder durch Entfernen bestimmter Teile einer Gesamtheit hätte gebildet werden können, und dass wir deshalb diese Gesamtheiten aus jener durch Umkehrung des Verfahrens wieder gewinnen könnten“ (*1843* II, 152). Es gibt also stets eine charakteristische Weise, in der eine Gesamtheit aufgebaut ist und in Teile zerlegt werden kann. Beispielsweise ist es für eine Gesamtheit $\overset{\circ}{\circ\circ}$ von drei Kringeln charakteristisch, nach dem Schema $\overset{\circ}{\circ\circ} = \circ\circ + \circ$ zerlegbar zu sein. Wenn nach Mill das Wort „Zwei“ alle Paare von Dingen bezeichnet und „Zwölf“ alle Dutzende von Dingen, so teilen wir, wenn wir die Anzahl Zwei bzw. Zwölf einer Gesamtheit zuschreiben, dabei die Zusammensetzungs- und Zerlegungseigenschaften mit, die diese Gesamtheit mit allen anderen Paaren bzw. Dutzenden gemeinsam hat (*Mill 1843* II, 150).

Frege ist mit Mill darin einig, dass die Anzahl nicht etwas ist, das den einzelnen gezählten Gegenständen zugeschrieben wird: In der Aussage „Argus hat blaue Augen“ sagen wir von jedem Argusauge, dass es blau sei, aber in der Aussage „Argus hat hundert Augen“ wollen wir nicht sagen, dass jedes Argusauge hundert sei. Eine solche Formulierung ist ersichtlich sinnlos, und damit zeigt bereits die sprachliche Analyse, dass das Wort „hundert“ nicht als Prädikator einzelnen Dingen zu- oder abgesprochen wird. Aber daraus folgt noch keineswegs, dass wir uns nun dem Vorschlag Mills anzuschließen hätten, die Zahlwörter als Prädikatoren von „Gesamtheiten“ zu verwenden. Frege hat den Haken gesehen, den die Millsche Auffassung trotz aller Plausibilität hat: die unentbehrliche Voraussetzung, dass man wisse, was jeweils die zu zählenden „Einheiten“ sind.

Solange das offenbleibt, kann man ein und derselben Gesamtheit durchaus verschiedene Anzahlen zuschreiben. Beispielsweise kann jemand auf die Frage „Wie viele sind denn auf der Tanzfläche?" ebenso gut antworten „Vierzehn Personen" wie „Sieben Paare". Er kann also der auf der Tanzfläche sichtbaren Gesamtheit einmal die Anzahl Vierzehn, einmal die Anzahl Sieben zuschreiben, indem er sie einmal als Gesamtheit einzelner Personen, einmal als Gesamtheit von Paaren auffasst. Aber was heißt das, sie einmal so und einmal so „auffassen"? Es heißt, in der präzisen Anzahlaussage jeweils einen anderen Prädikator zu verwenden, also beim einen Mal zu sagen, „Auf der Tanzfläche sind vierzehn *Personen*", beim anderen Mal, „Auf der Tanzfläche sind sieben *Paare*". Auf das jeweils letzte Wort dieser Aussagen kommt es also an, denn ersetzen wir einen solchen Prädikator in einer wahren Anzahlaussage durch einen anderen, so wird die Aussage, wenngleich nicht immer, so doch im Allgemeinen, in eine Aussage übergehen, die nicht mehr wahr ist. Ersetzen wir in unserem Beispiel den Prädikator „Person" durch den Prädikator „Paar", so wird aus dem Satz „Auf der Tanzfläche sind vierzehn Personen" der Satz „Auf der Tanzfläche sind vierzehn Paare", und dieser kann, wenn der erste Satz wahr ist, nicht zur gleichen Zeit ebenfalls wahr sein. Andererseits ändert sich in gewissen Fällen mit Sicherheit nichts: wenn wir den Prädikator in der Anzahlaussage durch einen synonymen, durch einen Prädikator desselben Sinnes ersetzen, wenn wir z. B. statt „Auf der Tanzfläche sind vierzehn Personen" sagen „Auf der Tanzfläche sind vierzehn Leute". Das, worauf es ankommt, ist also das, was solche untereinander synonymen Prädikatoren „gemeinsam haben", was sie alle „darstellen". Frege nennt es den *Begriff* und formuliert das Ergebnis der bisherigen Analyse so: „Die Zahlangabe enthält eine Aussage von einem Begriffe" (Inhaltsangabe des § 46 der *Grundlagen*).

Dies ist natürlich nur ein Vorschlag, aber einer, der sich in der Folge bewährt. Wissen wir nämlich, ob von Personen oder von Paaren die Rede ist, so liegt auch ihre Anzahl unverrückbar fest, und wir können eindeutig sagen, dass die Anzahl der Personen auf der Tanzfläche vierzehn und die Anzahl der Paare auf der Tanzfläche sieben ist. In diesen Aussagen erkennen wir nun aber solche unseres Typus II; denn wenn wir „Person auf der Tanzfläche" durch P_1, „Paar auf der Tanzfläche" durch P_2 abkürzen, so haben diese Aussagen die Gestalt:

$$x(P_1) = 14\,,$$
$$x(P_2) = 7\,.$$

Und zwar mit dem wesentlichen Unterschied gegenüber der Analyse von Mill, dass die Anzahl jetzt den von den Prädikatoren dargestellten Begriffen zugeschrieben wird statt einer noch nicht durch Prädikatoren hinreichend bestimmten „Gesamtheit“. Zur Vereinfachung der im Folgenden noch öfter gebrauchten Rede von Begriffen, die durch einen Prädikator dargestellt werden, vereinbaren wir, von „dem Begriff *P*“ zu sprechen, wenn wir „den durch den Prädikator *P* dargestellten Begriff“ meinen. Die Gegenstände, die „unter den Begriff *P* fallen“, seien die Gegenstände, denen der Prädikator *P* zu Recht zugesprochen wird.

Ist nun dasjenige, dem wir eine Anzahl zuschreiben, der Begriff, unter den die von uns gezählten Gegenstände fallen, und durch den sie überhaupt erst zu einer bestimmten Gesamtheit zusammengeschlossen werden, dann ist es kein Wunder, dass wir auch solche „Gegenstände“ zählen können, die uns gar nicht sinnlich gegeben werden können wie Mills Körper, Glockentöne oder Pulsschläge, ja dass wir sogar solche „Gegenstände“ zählen können, die es, wie z. B. Einhörner, verschwendungssüchtige Schotten oder teilbare Primzahlen, vielleicht oder auch mit Sicherheit gar nicht gibt. Denn die Prädikatoren „Einhorn“, „verschwendungssüchtiger Schotte“ und „teilbare Primzahl“ (und damit, in Freges Terminologie, die von ihnen dargestellten Begriffe) gibt es ja auf jeden Fall. Sie haben nur die besondere Eigenschaft, „leer“ zu sein, wie man kurz dafür sagt, dass kein einziger Gegenstand unter sie fällt. Ebenso ist es eine Eigenschaft eines Begriffs, wenn genau ein Gegenstand unter ihn fällt. Schreiben wir also die Anzahl einem Begriff zu, so ergibt sich gar nicht erst das bei Mill auftretende Problem, eine *Gesamtheit* erklären zu müssen, die aus einem einzigen oder aus gar keinem Gegenstand bestehen soll. Dies ist zweifellos ein Pluspunkt für die Fregesche Auffassung, dass die Anzahl einem Begriff zukommt und nicht einer Gesamtheit von Gegenständen, die unter einen Begriff fallen.

Zugleich kann Frege an den Anzahlaussagen den wichtigen Unterschied von Prädikatoren verschiedener „Stufe“ aufweisen. Die Prädikatoren, die den einzelnen Dingen einer Gesamtheit zukommen, drücken ja Eigenschaften dieser Dinge aus, z. B. die Eigenschaft, eine Person, ein Einhorn oder ein verschwendungssüchtiger Schotte zu sein. Wenn wir dagegen von diesen Prädikatoren selbst reden und sagen, dass sie genau soundsovielen, unter Umständen auch gar keinem Gegenstand zukommen (oder, was dasselbe heißt, dass unter den entsprechenden Begriff soundsoviele Gegenstände fallen oder auch gar keiner), so drücken wir damit eine Eigenschaft dieses Prädikators bzw. Begriffs aus. Eine solche Eigenschaft nennt Frege von höherer, nämlich von *zweiter Stufe* im Unterschied zu den Dingeigenschaften, die bei ihm von *erster Stufe* sind. Niemals kann eine Eigenschaft zweiter Stufe von einem Ding, niemals eine Eigenschaft erster Stufe von einem Begriff ausgesagt werden. Hier steckt der Grundgedanke aller modernen Typentheorien mit ihren Stufenhierarchien. Aber dieser allgemeine Fall soll uns hier nicht beschäftigen. Wir halten als für Freges Philosophie der Zahl entscheidend nur fest, dass in einer Anzahlaussage dem Begriff, unter den die Dinge der durch den Begriff bestimmten Gesamtheit fallen, eine Eigenschaft zweiter Stufe zugeschrieben wird, nämlich die Eigenschaft, gerade soundsoviele Dinge unter sich zu befassen. Gegen dieses Ergebnis erhebt sich nun allerdings noch ein Bedenken. Benutzen wir nicht, indem wir von „soundsovielen Dingen" sprechen, die unter einen Begriff fallen, bereits in versteckter Weise den Anzahlbegriff? Haben wir also nicht mit unserer Erklärung der „Anzahl, die einem Begriff zukommt" in Wahrheit eine zirkelhafte Definition aufgestellt und damit einen Lapsus begangen, vor dem schon in den Lehrbüchern der logischen Propädeutik gewarnt wird?

Nun, die Situation an dieser Stelle unserer an Frege orientierten Überlegungen ist die: Wir haben geklärt, von welcher Art dasjenige ist, dem wir eine Anzahl zuschreiben, und gefunden, es sei ein Begriff. Aber von welcher Art das diesem Begriff in einer Anzahlaussage Zugeschriebene ist, das haben wir noch nicht geklärt. Dieser Frage, was denn „die Anzahlen selbst" seien, wenden wir uns jetzt zu.

Was ist eine Anzahl?

Frege führt dem Leser seiner *Grundlagen* drei Versuche vor, die Frage „Was ist eine Anzahl?" zu beantworten. Sehr naheliegend ist nach den bisherigen Erörterungen der folgende erste Versuch, der die Anzahlaussagen unserer beiden Typen I und III auf den Typus II zurückführt: Eine Aussage vom Typ I sei dann und nur dann wahr, wenn es eine Anzahl n gibt, für die sowohl die Aussage $x(P) = n$ als auch die Aussage $x(Q) = n$ wahr ist; die Aussage „n ist eine Anzahl" sei dann und nur dann wahr, wenn es einen Begriff P gibt, so dass die Aussage $x(P) = n$ wahr ist. Für die Aussagen vom Typ II aber gelte folgendes. Einem leeren Begriff möge die Anzahl 0 zukommen. Einem Begriff, unter den nur ein einziger Gegenstand fällt, komme die Anzahl 1 zu. Schließlich komme einem Begriff die Anzahl $n + 1$ zu, wenn dem Begriff, unter den mit Ausnahme eines einzigen alle, aber auch nur die Gegenstände fallen, die unter den erstgenannten Begriff fallen, die Anzahl n zukommt.

Frege erklärt jedoch diesen ersten Vorschlag trotz seiner Plausibilität und formalen Korrektheit für unbrauchbar. In ihm wird nämlich gar nicht das definiert, was wir brauchen; erklärt wird vielmehr lediglich der Sinn von Ausdrücken der Form „Die Anzahl, die dem Begriff P zukommt". Schon für die Entscheidung, ob eine durch Ziffern gegebene Anzahl n einem Begriff P zukommt, müssten wir auf ein Verfahren zur Anzahlermittlung, nämlich auf das Zählen der unter den Begriff P fallenden Gegenstände zurückgreifen. Dieses Verfahren ist uns zwar hinreichend vertraut, aber es ist selbst noch nicht verstehbar rekonstruiert. Wir können damit noch nicht einmal beweisen, dass das Ergebnis einer Zählhandlung eindeutig ist – sondern höchstens aus unserer Erfahrung berichten, dass dies bisher immer zugetroffen sei. Kurz, um eine Anzahlaussage $x(P) = n$ zu verstehen, müssen wir entweder den Ausdruck $x(P)$ unabhängig einführen oder aber eine andere Erklärung jener Aussage suchen.

Die Frage der unabhängigen Einführung erörtert der zweite Versuch. Er geht von einer sprachkritischen Einsicht aus, deren Formulierung in der bisherigen Fregeliteratur wohl ausnahmslos missverstanden worden ist. Die Stelle steht auf S. 72 der *Grundlagen der Arithmetik* und lautet:

> Die Selbständigkeit, die ich für die Zahl in Anspruch nehme, soll nicht bedeuten, dass ein Zahlwort ausser dem Zusammenhange eines Satzes etwas bezeichne, sondern ich will damit nur dessen Gebrauch als Praedicat oder Attribut ausschliessen.

Dies wird vor allem von Vertretern der sprachanalytischen Richtung so gelesen, als ob hier lediglich einmal mehr der Fregesche Grundsatz der *Grundlagen* ausgesprochen sei, die Wörter hätten überhaupt nur im Zusammenhang eines Satzes einen Sinn (*GLA*, X). Ohne diese These hier in ihrer Allgemeinheit zu diskutieren, sei doch darauf hingewiesen, dass die genannte Interpretation dem Zitat in keiner Weise gerecht wird. Denn sie lässt dessen Schlusssatz nicht nur unverstanden, sondern erschwert sogar sein Verständnis erheblich. Andererseits wird dieser Satz sofort verständlich als die Feststellung, dass sich Zahlwörter wie „hundert" von Prädikatoren wie „blau" ganz deutlich dadurch unterscheiden, dass sie nicht wie diese einem Gegenstand zu- oder abgesprochen werden. Diese Feststellung ergänzt dann lediglich den vorausgehenden Teil des Zitats, nach welchem die Zahlwörter auch nicht von der Art jener Eigennamen sind, die man aufweisbaren Gegenständen durch einfache Zuordnung, sozusagen durch Etikettieren, zuweisen kann, noch ehe sie in irgendeinem anderen Satz über jene Gegenstände verwendet worden sind.

Fazit also: Zahlwörter sind weder Prädikatoren noch gewöhnliche Eigennamen, sondern von einer dritten, bisher noch nicht betrachteten Art. Wörter dieser dritten Art erweisen sich als in ganz besonderer Weise an die Aussagen gebunden, in denen sie auftreten. Dies eigens hervorzuheben hätte Frege kaum Grund gehabt, wenn er mit den Anhängern der genannten „kontextualistischen" Auffassung überzeugt gewesen wäre, dass ja ohnehin alle Wörter in einer solchen Abhängigkeit vom Satzzusammenhang stünden.

Die Zahlwörter aber stehen in einer nur für die „Gegenstände dritter Art" charakteristischen Abhängigkeit, von der jetzt erst einmal geklärt werden muss, ob sie nicht die Unabhängigkeit von Zahlangaben der Form „Die Anzahl, die dem Begriff P zukommt" in Aussagen, welche die Gleichheit zweier Anzahlen feststellen, beeinträchtigt. Es gilt also, „Wiedererkennungsurteile" des Typs $x(P) = x(Q)$ zu erklären, ohne den Ausdruck „Die Anzahl, die dem Begriff P zukommt" bereits zu verwenden. Erst „nachdem wir so ein Mittel erlangt haben, eine bestimmte Zahl zu fassen und als dieselbe wiederzuerkennen, können wir ihr ein Zahlwort zum Eigennamen geben", schreibt Frege (*GLA*, 73). Dabei ist eine solche Zuordnung natürlich nur innerhalb dieser Rekonstruktion wirklich neu, denn in der Sprache ist sie ja unanalysiert schon vollzogen.

Ein Kriterium für die Gleichheit von Anzahlen hatte schon Hume genannt: „Wenn zwei Anzahlen so miteinander verbunden sind, daß jeder Einheit der einen Anzahl genau eine Einheit der anderen Anzahl entspricht, so nennen wir sie gleich" (*1888*, 71). Für eine unmittelbare Anwendung ist dieses Kriterium allerdings aus dem einfachen Grunde nicht geeignet, weil man dazu schon wissen müsste, was eine Anzahl sei – um sie überhaupt mit einer anderen vergleichen zu können. Einen Weg, das Kriterium auch ohne diesen Vorgriff nutzbar zu machen, hat Frege mit bewundernswertem Scharfblick gesehen. Er erkannte nämlich die Verwandtschaft dieses Falles mit einer Reihe anderer Fälle, in denen ebenfalls ein Wort eingeführt wird, das weder ein Eigenname im gewöhnlichen Sinne noch ein Prädikator, sondern ganz ähnlich wie die Zahlwörter ein „Drittes" ist.

Beispielsweise pflegt man in der ebenen Geometrie die Aussage zu erklären, dass eine Gerade g einer Geraden h parallel sei:

$$g \parallel h .$$

Zusätzlich lernt man dann, dass man denselben Sinn ebenso gut ausdrücken kann, indem man sagt, dass die Richtung der Geraden g gleich der Richtung der Geraden h sei:

$$\vec{g} = \vec{h} .$$

Auf diese Weise wird in der Geometrie das Wort „Richtung" eingeführt, und in völlig analoger Weise auch die Wörter „Stellung" (einer Ebene im Raum), „Gestalt" (eines Dreiecks) usw.

Mit welchem Recht dürfen wir statt der ersten auch die zweite Redeweise verwenden, also statt von der Parallelität zweier Geraden von der Gleichheit ihrer Richtungen sprechen? Wir müssten ja sicher sein können, dass durch diesen Übergang nicht irgendwelche Widersprüche entstehen – denn natürlich kann man nicht von jeder beliebigen Aussage über zwei Geraden widerspruchsfrei zu einer Gleichheitsaussage über ihnen zugeordnete „Gegenstände dritter Art“ übergehen. Nun, die hier zulässigen Aussagen sind die sogenannten Äquivalenzaussagen, in denen ein zweistelliger Prädikator $R(x,y)$ mit der Eigenschaft auftritt, dass für jedes überhaupt zulässige Argument a die Aussage $R(a,a)$ gilt, und dass für alle überhaupt zulässigen Argumente a, b und c mit den Aussagen $R(a,b)$ und $R(a,c)$ stets auch die Aussage $R(b,c)$ gilt. Diese Eigenschaft hat nun aber auch die Gleichheit selbst, und dies ist der tiefere Grund dafür, weshalb sich bei der vorgeschlagenen „Übersetzung“ von Äquivalenzaussagen in Gleichheitsaussagen kein Widerspruch ergibt.

Unabhängig davon kann man aber auch noch fragen, weshalb man hier von einer „Gleichheit“ spricht. Die Berechtigung dazu liegt darin, dass nach der von Frege akzeptierten Leibnizschen Erklärung der Gleichheit zwei Ausdrücke genau dann das Gleiche bezeichnen, wenn sie in allen zulässigen Kontexten (bei der Richtungsgleichheit heißt das: in allen wahren geometrischen Aussagen) durcheinander ersetzt werden können, ohne dass sich die Wahrheit der Aussage ändert. In der Tat: Ist die Aussage „Die Richtung von g ist gleich der Richtung von h“ wahr, so ist auch die Aussage wahr, die aus ihr entsteht, wenn man den Ausdruck „Die Richtung von g“ durch den Ausdruck „Die Richtung von h“ ersetzt oder umgekehrt. Wann immer man später noch geometrische Aussagen anderen Typs einführen möchte, muss man sie auf diese wechselseitige Ersetzbarkeit der Richtungsausdrücke hin prüfen. Eine Aussage, bei der diese Ersetzbarkeit nicht besteht, wird man nicht als Aussage über Richtungen ansehen und deshalb auch nicht als solche einführen dürfen.

Nach diesem Muster von Parallelität und Richtung könnte man nun auch von der bei Hume erwähnten Beziehung zwischen Anzahlen ausgehen, die wir ja mit Frege präziser als diejenige Beziehung aufgefasst haben, die zwischen zwei Begriffen besteht, wenn jedem Gegenstand, der unter den einen dieser Begriffe fällt, genau ein Gegenstand entspricht, der unter den anderen Begriff fällt. Wir nennen sie die Beziehung der „Gleichzahligkeit“, obwohl diese Fregesche Bezeichnung insofern recht unglücklich ist, als sie den (ganz unbegründeten) Verdacht erweckt, die Erklärung dieser Beziehung mache schon zirkelhaft vorgreifend von den Anzahlen Gebrauch. Da die Gleichzahligkeit eine Äquivalenzbeziehung ist, könnten wir von einer Aussage „Der Begriff P ist gleichzahlig dem Begriff Q“ übergehen zu der Aussage: „Die Anzahl, die dem Begriff P zukommt, ist gleich der Anzahl, die dem Begriff Q zukommt“ – kurz, von $P \sim Q$ zu $x(P) = x(Q)$.

Frege hat dies noch nicht als die gesuchte Lösung anerkannt. Es zeigt sich nämlich, dass der Ausdruck „Die Richtung der Geraden g" bei dem vorgeschlagenen Übergang nicht nur überhaupt an Aussagen gebunden bleibt – dies hatten wir ja nicht anders erwartet –, sondern sogar an die sehr speziellen Gleichheitsaussagen der Form „Die Richtung von g ist gleich der Richtung von h", in denen links und rechts vom Gleichheitszeichen Ausdrücke derselben Gestalt stehen. Das aber ist, hier wie im Fall der Anzahlen, viel zu eng, denn „die vielseitige und bedeutsame Verwendbarkeit der Gleichungen beruht [...] darauf, daß man etwas wiedererkennen kann, obwohl es auf verschiedene Weise gegeben ist" (*GLA*, 79). Und tatsächlich könnten wir, wenn wir uns in dieser Weise beschränken, nicht einmal die Aussagen unseres Typs II erfassen.

Das Unbefriedigende der Situation wird durch eine weitere Überlegung noch deutlicher. Wir sind nämlich nicht in der Lage, die Richtung der Geraden g und h als „dasjenige" zu bezeichnen, „was" an den beiden Geraden gleich sei. Denn als jeweils gleich kommt durchaus Verschiedenes in Frage. Nicht nur das, was wir die „Richtung" der Geraden nennen, ist gleich, auch die dazu senkrechten Richtungen sind gleich, und überhaupt die Richtungen aller Geraden, die zu den beiden gegebenen in einem bestimmten Winkel geneigt sind. Würden wir den Übergang formal so beschreiben, dass wir von $g \parallel h$ zu $g^* = h^*$ übergehen, so könnten wir niemals behaupten, g^* sei die Richtung der Geraden g (statt die dazu senkrechte oder irgendeine andere).

Freilich könnten wir damit insoweit zufrieden sein, als wir mit Hilfe der Gleichheitsaussagen jedenfalls das, was wir in unserem inhaltlichen Vorverständnis die Richtung von g nennen, auch als Richtung von h „wiedererkennen". Aber selbst wenn uns dieser Lösungsversuch hier genügen sollte, so befriedigt er im Falle der Anzahlen keineswegs. Zwar bestand Freges Ziel auch darin, die Anzahl, die einem Begriff P zukommt, in ihrer Gestalt als Anzahl eines zu P gleichzahligen Begriffs Q „wiedererkennbar" zu machen. Aber darüber hinaus sollte doch eine logische Klärung des Anzahlbegriffs selbst erreicht werden, die von der bloßen Festsetzung, in der erhaltenen Gleichheitsaussage $x(P) = x(Q)$ möge der Ausdruck „$x(P)$" als Eigenname der dem Begriff P zukommenden Anzahl gelten, nicht geleistet, sondern immer noch vorausgesetzt ist.

Vom Begriff zum Begriffsumfang

Frege hat diese Mängel in einem dritten und letzten Anlauf zu beheben versucht. Diesmal war es nicht die Gebrauchssprache, deren Analyse ihn weiterführte, sondern die etablierte Fachsprache der Logiker – mit der Folge allerdings, dass der § 68 der *Grundlagen* mit dem neuen Vorschlag in die voraufgegangene Diskussion geradezu hineinplatzt. Die zugrunde liegende Idee ist folgende. Wenn die Gerade g der Geraden h parallel ist, dann ist der Umfang des Begriffs „Gerade parallel der Geraden g" gleich dem Umfang des Begriffs „Gerade parallel der Geraden h". Denn wenn eine Gerade j zum Umfang des Begriffs „Gerade parallel der Geraden g" gehört, heißt das ja, dass sie unter diesen Begriff fällt, also zu der Geraden g parallel ist. Da g und h parallel sein sollten und die Parallelität eine Äquivalenzbeziehung ist, folgt, dass die Gerade j auch zu der Geraden h parallel ist. Somit fällt j auch unter den Begriff „Gerade parallel der Geraden h" und gehört demnach zum Umfang dieses Begriffs. Andererseits gilt auch umgekehrt: Sind die beiden genannten Begriffsumfänge gleich, so ist die Gerade g parallel der Geraden h.

Aus der zuletzt geschilderten misslichen Lage glaubt Frege damit einen Ausweg gefunden zu haben; denn – so ist seine Überlegung – was der Umfang eines Begriffs sei, das wissen wir ja, und die Begriffe „Gerade parallel der Geraden g" und „Gerade parallel der Geraden h" sind ja gegeben.

So macht Frege seinen dritten Vorschlag, indem er definiert:

> Die Richtung der Geraden $g \leftrightharpoons$
> Der Umfang des Begriffs „Gerade parallel der Geraden g".

Dasselbe Verfahren lässt sich natürlich auf jeden beliebigen Übergang von einer Äquivalenzaussage zu einer Gleichheitsaussage anwenden, insbesondere auf den Übergang von einer Gleichzahligkeitsaussage zu einer Gleichheitsaussage über Anzahlen. Frege definiert dementsprechend:

> Die Anzahl, die dem Begriff P zukommt $\leftrightharpoons$
> Der Umfang des Begriffs „Gleichzahlig dem Begriff P".

Dies ist die berühmte logizistische Anzahldefinition, die später A. N. Whitehead und B. Russell – geringfügig umformuliert – in ihr großes Werk *Principia Mathematica* (*1910–13*) aufgenommen haben. Sie erscheint freilich so fremdartig, dass Frege selbst im § 69 der *Grundlagen* den naheliegenden Einwand behandelt hat, man stelle sich doch unter einer Anzahl keinen

Begriffsumfang vor. Aber wie soll man so etwas feststellen? Die meisten Sprecher der deutschen Sprache würden um eine Antwort auf die Frage „Was stellen Sie sich unter einer Anzahl vor?“ ziemlich verlegen sein, und selbst wenn sie eine hätten, würden sie oft recht erstaunt sein über manche Konsequenzen ihrer eigenen Auffassung, die nicht unmittelbar ersichtlich, aber mit zwingender Logik deduzierbar sind. Wie Freges Vorgehen im § 69 zeigt, hat er jedoch Bedenken gegen seine Anzahldefinition weniger von einem Vorverständnis der Anzahlen als von einem Vorverständnis der Begriffsumfänge erwartet. Er stellt nämlich die Frage: „Denkt man sich unter dem Umfange eines Begriffs nicht etwas Anderes?“ Und er gibt zur Antwort (*GLA*, 80): „Was man sich darunter denkt, erhellt aus den ursprünglichen Aussagen, die von Begriffsumfängen gemacht werden können. Es sind folgende:

1. die Gleichheit,
2. dass der eine umfassender als der andere sei.“

Dabei ist die Gleichheitsaussage (1) in dem von uns eingeführten Sinn zu verstehen, während die Aussage, dass der Umfang eines Begriffs „Gleichzahlig dem Begriff *P*“ umfassender sei als der Umfang eines Begriffs „Gleichzahlig dem Begriff *Q*“, auf Grund einer besonderen Eigenschaft dieser Begriffe gar nicht auftreten kann. Denn Begriffe dieser Art sind entweder zueinander fremd oder aber gleich: Gehört ein Begriff *X* aus dem Umfang des Begriffs „Gleichzahlig dem Begriff *P*“ auch zum Umfang des Begriffs „Gleichzahlig dem Begriff *Q*“, so muss *X* sowohl zu *P* als auch zu *Q* gleichzahlig sein. Dann aber sind, da die Gleichzahligkeit eine Äquivalenzbeziehung ist, auch *P* und *Q* untereinander gleichzahlig. Also muss jeder Begriff, der zum Umfang des Begriffs „Gleichzahlig dem Begriff *P*“ gehört, d. h. gleichzahlig zu *P* ist, auch gleichzahlig zu *Q* sein und somit zum Umfang des Begriffs „Gleichzahlig dem Begriff *Q*“ gehören. Da auch das Umgekehrte gilt, bleiben als „ursprüngliche Aussagen“ über Begriffsumfänge in der Tat nur die Gleichheitsaussagen übrig.

Unter den Voraussetzungen dieses dritten Versuchs zu einer Anzahldefinition dürfte am wichtigsten die sein, dass jedermann wisse, was ein Begriffsumfang sei. Frege hat auf diese Voraussetzung seiner Anzahldefinition ausdrücklich hingewiesen: „Ich setze voraus, dass man wisse, was der Umfang eines Begriffes sei“, heißt es in einer Fußnote zur Anzahldefinition im § 68 der *Grundlagen*, und nochmals in der Zusammenfassung: „Hierbei setzten wir den Sinn des Ausdruckes ‚Umfang des Begriffes‘ als bekannt voraus“ (*GLA*, 117). Man fragt sich, was Frege auf dem Standpunkt der

Grundlagen denn auf eine direkte Frage, was der Umfang eines Begriffes sei, hätte antworten wollen. Dem Buch von 1884 ist es nicht zu entnehmen, und so ist es auch nicht recht verstehbar, wie Frege einerseits die Wichtigkeit der Begriffsumfänge selbst noch für die späteren Definitionen der „höheren" Zahlenarten betonen und andererseits geradezu beiläufig sagen kann: „Ich lege auch auf die Heranziehung des Umfangs eines Begriffes kein entscheidendes Gewicht" (ebd.).

Denn schließlich ruht auf dieser Voraussetzung das ganze logizistische Programm in der Fassung von 1884. Nachdem schon die Mittel der *Begriffsschrift* erlaubten, die Gleichzahligkeits- und die Nachfolgerbeziehung rein logisch zu definieren, erforderte die Vollendung des Programms ja nur noch eine Erklärung derjenigen Anzahlen, die in der Anzahlenreihe den Anfang bilden. Man erhält diese Erklärung aus den im ersten Versuch aufgestellten Definitionen, indem man die dort genannte „Anzahl, die dem Begriff *P* zukommt" überall durch den entsprechenden „Umfang des Begriffs ‚Gleichzahlig dem Begriff *P*'" ersetzt. Beispielsweise ist die Anzahl 0 der Umfang des Begriffs „Gleichzahlig dem Begriff ‚von sich selbst verschieden'" (wobei natürlich jeder andere leere Begriff ebenso brauchbar wäre), und die Anzahl 1 ist der Umfang des Begriffs „Gleichzahlig dem Begriff ‚Gleich 0'" (weil nur ein einziger Gegenstand gleich der Null ist, nämlich die Null selbst).

Wo stehen wir damit? Von den beiden ersten Typen von Anzahlaussagen, $x(P) = x(Q)$ und $x(P) = n$, verwandelt sich der erste unmittelbar, der zweite mit Hilfe der eben gegebenen einzelnen Anzahldefinitionen in eine Aussage über die Gleichheit zweier Begriffsumfänge. Der Typ III schließlich, „*n* ist eine Anzahl", wird – wie schon vorgeschlagen – durch die Aussage erklärt: „Es gibt einen Begriff *P*, dem die Anzahl *n* zukommt." Damit hätte Frege alle nach der früheren Analyse verbliebenen Anzahlaussagen erklärt und das logizistische Programm abgeschlossen gehabt – wäre nicht die Voraussetzung dagewesen, dass wir Begriffsumfänge hinreichend kennen, um Aussagen über Begriffsumfänge zuverlässig begründen zu können.

Dieses von Frege angenommene Vorverständnis der Begriffsumfänge unterscheidet sich von dem Vorverständnis, an dem wir unsere Rekonstruktionen gebrauchssprachlicher Ausdrücke messen, gerade dadurch, dass die Rede von Begriffsumfängen erst innerhalb der Logik terminologisch eingeführt wird. Darf man dann überhaupt so etwas wie eine „intuitive Bekanntschaft" mit Begriffsumfängen annehmen? Und wenn ja, genügt dann dieses intuitive Fundament den hohen Ansprüchen, die Frege an die Sicherheit und Strenge des Fundaments der Mathematik gestellt hatte?

Daran kann man zweifeln, und Frege gab es am Ende seines Buches selbst zu: „Diese Weise, die Schwierigkeit zu überwinden, wird wohl nicht überall

Beifall finden"(*GLA*, 117). Es sieht so aus, als hätte sie auch Freges eigenen Beifall verloren, als er 1893 im logischen Einleitungsteil der *Grundgesetze der Arithmetik* neue Maßstäbe auch auf die bis dahin unkritisch aus der traditionellen Logik übernommenen Begriffsumfänge anwandte. Das Ergebnis der Analyse war: Aussagen über Begriffsumfänge dürfen nicht mehr wie in den *Grundlagen* als „ursprüngliche Aussagen" zugrunde gelegt, sie müssen vielmehr ihrerseits erst begründet werden.

Eine begründete Redeweise über Begriffsumfänge geht aus von der schon eingeführten Rede über Begriffe. Wir hatten sie auf die Rede von einstelligen, d. h. stets genau einem Gegenstand zu- oder absprechbaren Prädikatoren zurückgeführt (deren Einstelligkeit im Folgenden unterstellt sei). Eine Aussage über einen *Begriff P* besagte, dass diese Aussage von einem *Prädikator P* gemacht werde und zugleich auch noch von allen Prädikatoren Q, die zu P synonym sind. Von allen diesen untereinander synonymen Prädikatoren sagen wir, dass sie „den Begriff P darstellen" und in diesem Sinne Begriffsausdrücke sind.

Zur Unterscheidung von den Eigennamen und den „Wörtern dritter Art" empfiehlt es sich, die Prädikatoren unter Angabe einer Leerstelle als „$P(x)$" zu schreiben, wodurch mitgeteilt wird, dass und wie diese Prädikatoren einem Gegenstand zugesprochen werden können. Der Vorgang des Zusprechens spiegelt sich in der Ersetzung der Leerstelle x des Prädikators $P(x)$ durch einen Eigennamen des fraglichen Gegenstandes. Sprechen wir z. B. den Prädikator „x ist ein verschwendungssüchtiger Schotte" der Person mit dem Namen „Macintosh" zu, so erhalten wir, indem wir x durch diesen Eigennamen ersetzen, die Aussage „Macintosh ist ein verschwendungssüchtiger Schotte", und diese Aussage ist entweder wahr oder falsch.

Frege hat mit dem Blick des Mathematikers die Ähnlichkeit dieses Falles, in dem ein Prädikator einem Gegenstand zugesprochen wird, mit dem Fall gesehen, in dem eine Funktion auf ein Argument angewandt wird, z. B. die Funktion x^3 auf das Argument 2 mit dem Ergebnis 2^3, also 8. Er hat diese Analogie fruchtbar gemacht, indem er es von da an lediglich als einen Spezialfall der Anwendung eines einstelligen Funktionsausdrucks $F(x)$ auf einen Argumentausdruck a auffasste, wenn ein Prädikator $P(x)$ einem Gegenstand c zugesprochen wird, und die entstehende Aussage $P(c)$ als ein Analogon des den Funktionswert bezeichnenden Ausdrucks $F(a)$. Wie viele verschiedene Werte auftreten können, hängt von der Art des Funktionsausdrucks ab; doch liegt in unserem Spezialfall schon fest, welche „Werte" die Aussage $P(c)$ überhaupt haben kann. $P(c)$ ist stets entweder wahr oder falsch, das Wahrsein ist der eine, das Falschsein der andere mögliche „Wert". Frege hat das Wahrsein und das Falschsein formal als „Gegenstände" aufgefasst und den ersten als „das Wahre“, den zweiten als „das Falsche“ und beide als die durch Aussagen dargestellten „Wahrheitswerte“ bezeichnet. Damit lässt sich die Redeweise von Begriffen kurz so zusammenfassen: Ein Begriffsausdruck oder Prädikator ist ein einstelliger Funktionsausdruck, dessen Anwendung auf einen als Argument dienenden Eigennamen eine wahre oder eine falsche Aussage liefert. Oder in der Terminologie Freges: Ein Begriff ist eine einstellige Funktion, die als Werte die beiden Wahrheitswerte hat.

Beziehungen, die sich für Funktionen schlechthin erklären lassen, sind also auch zwischen Begriffen erklärt. Eine wichtige Beziehung lässt sich besonders leicht an arithmetischen Funktionen aufweisen: die Beziehung, für jedes betrachtete Argument den gleichen Wert zu ergeben, wie dies z. B. von $F(x) \leftrightharpoons x^2 - 4x$ und $G(x) \leftrightharpoons x(x-4)$ gilt. Welches Argument a man auch nimmt, stets ist der Wert $F(a)$ gleich dem Wert $G(a)$. Frege sagt dafür, dass $F(x)$ und $G(x)$ „denselben Wertverlauf haben“. Das ist an die übliche Darstellung von Funktionen durch Kurven angelehnt und anschaulich, solange man bei mathematischen Funktionen bleibt. Im Fall der Begriffe haben wir eine andere, aber ebenfalls anschauliche Deutung. Sind nämlich zwei Begriffe von der beschriebenen Art, fällt also jeder unter den einen fallende Gegenstand auch unter den anderen, so sagt Frege – wie wir das ja schon weiter oben getan haben –, dass diese beiden Begriffe „denselben Umfang besitzen“. Frege hätte ebenso gut sagen können, dass sie „umfangsgleich seien“, aber er sagt mit Absicht, dass sie „denselben Umfang haben“ – weil er damit eine Redeweise einführen will, bei der die Ausdrücke von der Form „Der Umfang des Begriffs $P(x)$“ wie Eigennamen verwendet werden, als ob dem Begriff $P(x)$ und allen dazu umfangsgleichen Begriffen ein eindeutig bestimmter Gegenstand als ihr Umfang zugeordnet sei.

In ähnlicher Weise hatten wir auch von Begriffen geredet – als ob Begriffe eigene Gegenstände seien, die von Prädikatoren dargestellt werden. Nun ist dieser Redeweise eine weitere über Begriffsumfänge zur Seite gestellt worden, und wir wollen wie Frege für den Umfang eines Begriffs $P(x)$ ein eigenes Zeichen einführen. Wir wählen dafür „$\in_x P(x)$“. Ein solcher Ausdruck ist ersichtlich durch den Begriffsausdruck „$P(x)$“ festgelegt, und umgekehrt lässt sich aus dem Zeichen für den Begriffsumfang der zugehörige Begriffsausdruck eindeutig ablesen. Damit können wir die Fregesche Einführung der Rede von Begriffsumfängen schematisch durch eine Übergangsregel angeben, in der die linke Seite die Gleichheit zweier Begriffsumfänge ausdrückt, während die rechte besagt, dass für jedes zulässige Argument c die Aussage $P(c)$ und die Aussage $Q(c)$ entweder beide wahr oder aber beide falsch sind („für alle x haben $P(x)$ und $Q(x)$ den gleichen Wahrheitswert“):

$$\in_x P(x) = \in_x Q(x) \Leftrightarrow \bigwedge_x . P(x) \leftrightarrow Q(x) .$$

Vergleicht man diese Art der Einführung von Begriffsumfängen mit der früheren Einführung z. B. der Richtungen und der Anzahlen, so zeigt sich etwas Überraschendes. Wir haben jetzt zwar die Begriffsumfänge, auf die bei Freges drittem Versuch alle „Gegenstände dritter Art" zurückgeführt wurden, auf eine nachprüfbare Weise erklärt, statt sie unreflektiert vorauszusetzen. Aber die Art und Weise ihrer Einführung erweist sich als dieselbe, die wir schon in Freges zweitem Versuch kennengelernt und dort als unbefriedigend abgelehnt hatten! Der Grund dafür war gewesen, dass man auf diesem Weg die gewünschten „Gegenstände dritter Art" nicht eindeutig festlegen kann. Gilt das gleiche nicht auch von den jetzt eingeführten Begriffsumfängen?

So ist es in der Tat, und Frege hat es in den *Grundgesetzen* selbst gezeigt. Er ist davon aber nicht sehr beunruhigt gewesen, denn es ist ihm (in dem bei Interpreten gefürchteten § 10 der *Grundgesetze*) gelungen, für sein System das Eindeutigkeitsproblem durch Zusatzfestsetzungen zu lösen. Sie laufen auf folgendes hinaus. Um die Eindeutigkeit der Rede von Begriffsumfängen zu sichern, gibt es nur den einen Weg, für jeden Typ von Aussagen über Begriffsumfänge, den man zu verwenden gedenkt, eine genaue Festsetzung des Sinnes zu treffen. Für die Gleichheitsaussagen über Begriffsumfänge ist eine solche Festsetzung mit der oben formulierten Übergangsregel getroffen worden. Für alle anderen Typen von Aussagen muss sie erst noch getroffen werden. Für welche Typen? Nicht nur für die in den *Grundlagen* als ursprüngliche Aussagen über Begriffsumfänge angesehenen Gleichheits- und Umfassungsaussagen, sondern mindestens noch für einen weiteren, in der Tat unentbehrlichen Typ, den Frege in den *Grundgesetzen* definitorisch einführt. Von diesem Typ hatte er allerdings auch in den *Grundlagen* schon stillschweigend Gebrauch gemacht: es sind die Aussagen der Form „Der Gegenstand c gehört zum Umfang des Begriffs $P(x)$". Dem auch von uns schon benutzten Vorverständnis entsprechend soll eine solche Aussage denselben Sinn haben wie die Aussage „Der Gegenstand c fällt unter den Begriff $P(x)$" und damit denselben Sinn wie die einfache Aussage „$P(c)$".

Frege und die moderne Abstraktionstheorie

Die Art und Weise, wie wir „Wörter dritter Art" bzw. „Gegenstände dritter Art" eingeführt hatten, lässt sich so charakterisieren, dass wir von einer „alten" Redeweise zu einer „neuen" Redeweise übergegangen sind. Da die Aussagen der neuen Redeweise den gleichen Sinn haben sollten wie die entsprechenden Aussagen der alten Redeweise, lässt sich ein Übergang dieser Art auch wieder rückgängig machen. „Wörter dritter Art“ sind also grundsätzlich eliminierbar. Ihre Verwendung bedeutet jedoch eine große Erleichterung, wo die alte Sprechweise zu kompliziert zu werden droht.

Wir hatten gesehen, dass zwischen Wörtern, also sprachlichen Ausdrucksmitteln, gewisse Beziehungen erklärt werden können, die Äquivalenzbeziehungen in dem früher erklärten Sinne sind. Beispiele liefern die Beziehung, gleichlang zu sein, und die Beziehung der Sinngleichheit von Wörtern, die in einem eigens diesem Zweck dienenden Regelsystem festgelegt werden kann. Sind $A, B, C, \ldots$ Wörter, für die eine Äquivalenzbeziehung erklärt ist, so kann man in gewissen Aussagen das verwendete Exemplar der fraglichen Ausdrucksmittel $A, B, C, \ldots$ durch ein anderes ersetzen, das zu ihm in der zugrunde gelegten Äquivalenzbeziehung steht, und wir erhalten, wenn die gegebene Aussage wahr ist, wiederum eine wahre Aussage. Gilt z. B. „A ist kurz“ (was etwa heißen soll: höchstens vierbuchstabig), dann gilt das auch von jedem gleichlangen, d. h. zu A in der Beziehung „gleichlang“ stehenden Wort. Oder, ist etwa die Sinngleichheit zwischen Prädikatoren erklärt, und ist A ein exemplifizierbarer Prädikator, für den also ein Gegenstand aufweisbar ist, dem er zukommt, so ist auch jeder zu A synonyme Prädikator exemplifizierbar.

Dass es auch Aussagen gibt, die diese Invarianzeigenschaft nicht haben, zeigt das Beispiel „A ist zweisilbig“ bei der Äquivalenzbeziehung „gleichlang“. Die Wörter „Auge“ und „Baum“ sind gleichlang, und die Aussage „Das Wort ‚Auge‘ ist zweisilbig“ ist wahr, aber wenn wir in dieser Aussage das Wort „Auge“ durch das Wort „Baum“ ersetzen, so entsteht die falsche Aussage „Das Wort ‚Baum‘ ist zweisilbig“. Die Invarianzeigenschaft ist also eine besondere Eigenschaft, die wir wie folgt ausdrücken können: Ist B das in der Aussage $\mathfrak{A}(B)$ verwendete Wort, so gilt bei Bestehen der Invarianzeigenschaft mit $\mathfrak{A}(B)$ auch $\mathfrak{A}(X)$ für jedes zu B äquivalente X, d. h.

$$\bigwedge_X . X \sim B \rightarrow \mathfrak{A}(X) \,.$$

Diese Allaussage enthält insbesondere die ursprüngliche Aussage $\mathfrak{A}(B)$. Setzt man nämlich speziell B für X, so entsteht $B \sim B \rightarrow \mathfrak{A}(B)$, und da $B \sim B$ bei einer Äquivalenzbeziehung definitionsgemäß gilt, gilt auch $\mathfrak{A}(B)$ allein.

Das Bemerkenswerte ist nun nicht, dass es solche Fälle gibt, sondern dass es möglich ist, in unserer Sprache ein *Schema* aufzuweisen, dessen Aufgabe gerade der Ausdruck von Allaussagen des genannten Typs ist. Das Schema erlaubt die Bildung von Aussagen, welche dieselbe Form haben wie eine Aussage $\mathfrak{A}(B)$, anstelle des einen Wortes B jedoch ein Kompositum αB enthalten. Dabei weist das Zusatzzeichen α darauf hin, daß uns durch die Aussage $\mathfrak{A}(\alpha B)$ zunächst jedenfalls $\mathfrak{A}(B)$ mitgeteilt werden soll, daß wir aber darüber hinaus davon absehen sollen, dass B dieses spezielle Wort unter einer Reihe äquivalenter Wörter ist. Wir sollen also von allen Eigenschaften von B *abstrahieren*, die es nicht mit jedem zu ihm äquivalenten Worte teilt. Aus diesem Grund nennt man Zusatzzeichen α mit dieser Mitteilungsaufgabe *Abstraktoren* und bezeichnet als *Abstraktion* den ganzen „Übersetzungsvorgang", der durch die Übergangsregel

$$\mathfrak{A}(\alpha B) \Leftrightarrow \bigwedge_X . X \sim B \rightarrow \mathfrak{A}(X) .$$

festgehalten ist.

Betrachten wir als Beispiel die Aussage:

„Einhorn" ist leer.

Diese Aussage bleibt bei Ersetzung des Prädikators „Einhorn" durch einen synonymen (etwa das durch ein englisch-deutsches Wörterbuch für synonym erklärte Wort „unicorn") gültig, so dass sogar gilt:

$$\bigwedge_P . P \sim \text{„Einhorn"} \rightarrow P \text{ ist leer} .$$

Dabei steht $\sim$ für die Äquivalenzbeziehung der Synonymität. Statt dieser Aussage sagt man nun einfacher,

„Der Begriff ‚Einhorn' ist leer",

und vollzieht damit einen Abstraktionsvorgang, bei dem sich entsprechen:

B	„Einhorn"
αB	Der Begriff „Einhorn"
$\mathfrak{A}(B)$	„Einhorn" ist leer
$\mathfrak{A}(\alpha B)$	Der Begriff „Einhorn" ist leer.

Das Wort „Begriff" fungiert dabei als Zusatzzeichen, als Abstraktor.

Dieses Beispiel beschließt unseren kurzen Abriss der modernen Abstraktionstheorie. Es macht zugleich deutlich, dass sich alle ihre wesentlichen Züge bereits bei Frege finden und man sagen darf, dass er diese Abstraktionstheorie geschaffen hat. Die von Frege in den *Grundlagen* betrachteten Übergänge zwischen Äquivalenzbeziehungen und Ausdrücken wie „Die

Richtung einer Geraden", „Die Stellung einer Ebene", „Die Gestalt eines Dreiecks" oder „Die Anzahl, die einem Begriff zukommt", sind nichts anderes als Abstraktionsvorgänge im eben erläuterten Sinn. Was wir „Wörter dritter Art" genannt haben, sind die Komposita αB der modernen Abstraktionstheorie, die „Gegenstände dritter Art", zu denen insbesondere Freges „logische Gegenstände" gehören, sind die durch Abstraktionsvorgänge eingeführten *Abstrakta.* Beispielsweise ist „Die Anzahl Null" ein Ausdruck von der Form „αB", in dem der Teil „die Anzahl" als Abstraktor dient.

Am Beispiel der Anzahlen, durch eine Analyse des Anzahlbegriffs oder genauer der Anzahlaussagen, hat Frege erstmals Abstraktionen im heutigen Sinne vorgenommen und gezeigt, was sie zu leisten vermögen. Dadurch hat Frege, ohne schon über die moderne Rekonstruktion sprachlicher Mittel zu verfügen, die wir in unserer Darstellung verwenden konnten, die höchst bemerkenswerte Tatsache aufgewiesen, dass die Sprache Mittel für die Rede über „abstrakte Gegenstände" wie Anzahlen, Begriffe, Begriffsumfänge und andere bereithält. Er hat damit die Lösung von Rätseln ermöglicht, die als Frage nach dem „Wesen der Zahl", nach dem „Wesen des Begriffs" usw. die Philosophie seit dem Altertum beschäftigt haben. Jeder Versuch, diese Leistung wegen des formalen Aufwandes ihrer angemessenen Darstellung als „eigentlich nichtphilosophisch" aus der Philosophie wieder hinauszukomplimentieren, sollte bei der Tragweite dieser fundierten Ergebnisse künftig zum Scheitern verurteilt sein.

„Platonismus" und Antinomienproblem

Frege hat weder den fruchtbaren Ausbau der von ihm geschaffenen Abstraktionstheorie erlebt, noch selbst alle ihre Möglichkeiten überblickt. Er hat auch sicher nicht geahnt, dass man einmal aus der Äquivalenzbeziehung der Synonymität Aussagen über den „Sinn" von Wörtern, aus der Äquivalenzbeziehung der materialen Äquivalenz Aussagen über Wahrheitswerte, und aus der Äquivalenzbeziehung der Sinngleichheit von Sätzen Aussagen über „Sachverhalte" oder (wie Frege sagte) „Gedanken" gewinnen würde, und dass man überhaupt alle für die reine Semantik grundlegenden Wörter methodisch streng durch Abstraktionsprozesse bezüglich geeigneter Äquivalenzbeziehungen einführen kann.

Frege selbst hat vom Sinn und der Bedeutung sprachlicher Ausdrücke, von Begriffen, Funktionen, Begriffsumfängen und Wertverläufen zwar in den *Grundlagen* und auch sonst gelegentlich in dieser Weise gesprochen. Der historischen Treue wegen ist jedoch nachzutragen, dass er dabei keineswegs die Pointe der modernen Abstraktionstheorie im Auge hatte, die Ausführung eines Abstraktionsschrittes von der ontologischen Annahme einer selbstständigen Existenz abstrakter Gegenstände freizuhalten. Er hat im Gegenteil seit etwa 1890 die Wertverläufe (insbesondere die Begriffsumfänge) als Gegenstände einer „idealen Sphäre" behandelt. Dies ist neuerdings zum Anlass genommen worden, konträr zur hier vertretenen Auffassung Frege jedes Verdienst um die „moderne" Abstraktionstheorie abzusprechen. Nach *Angelelli 1979* (und noch entschiedener nach neueren Schriften desselben Autors in spanischer Sprache) erklärt Frege zwar die Anzahlengleichheit für gleichbedeutend mit dem Bestehen einer Äquivalenzrelation zwischen zwei diesen Anzahlen zugeordneten Begriffen, definiert aber die Anzahl zusätzlich durch explizite Definitionen als bestimmte Begriffsumfänge. Er entpuppte sich so als Vertreter der von Angelelli in Anlehnung an eine Formulierung Carnaps so genannten „looking-around method", bei der man von der Äquivalenzaussage zunächst zu einer Gleichheitsaussage zwischen vorerst nur formal angenommenen „Abstrakta" übergeht und sich dann suchend umschaut, welche Entitäten man als die von den Ausdrücken bezeichneten Abstrakta „nehmen" könnte.

Diese Deutung geht jedoch deutlich zu weit. Zwar trifft es zu, dass Frege in den §§ 66–67 der *Grundlagen* den bloßen Übergang von der Parallelität zweier Geraden zur Gleichheit ihrer Richtungen für unzureichend hält, weil wir „so keinen scharf begrenzten Begriff der Richtung und aus denselben Gründen keinen solchen der Anzahl gewinnen können" (*GLA*, 79). Doch als er *Function und Begriff* (*Frege 1891a*) und *Grundgesetze der Arithmetik I* (*GGA* I) veröffentlicht, glaubt er dieses Problem im Rahmen einer strengen Definitionslehre durch Zusatzfestsetzungen gelöst zu haben. Innerhalb einer methodisch aufgebauten Sprache wie der Begriffsschrift erscheinen jetzt die in den *Grundlagen* noch für unzureichend erachteten, von uns als Abstraktionsschritte bezeichneten Übergänge als problemlos. Hatte Frege in den *Grundlagen* davon gesprochen, dass wir beim Übergang von der Äquivalenz zweier Ausdrücke zur Gleichheit der durch sie dargestellten Abstrakta den Inhalt der Äquivalenzaussage lediglich anders „auffassen", so erläutert er dies in den *Grundgesetzen* so, dass wir von der ursprünglichen Aussage zu einer mit ihr „gleichbedeutenden" übergehen, dass wir statt des ersten auch das zweite „sagen können" (*GLA*, 74, *GGA* I, 7, *GGA* II, 147).

Frege hat also die Möglichkeit, Abstraktionsschritte als rein sprachliche Übergänge aufzufassen, *klar gesehen*, hat sie in den *Grundlagen* als erster *korrekt beschrieben* und *analysiert*, und sie später auch als einwandfrei anerkannt. An dieser Tatsache ändert sich auch dadurch nichts, dass der spätere Frege die *Berechtigung* solcher Übergänge in der idealen Existenz von Begriffsumfängen (sowie anderen Wertverläufen) und von ihnen geltenden Gesetzen gesucht hat.

Aufgrund dieser beim späteren Frege überwiegenden ontologischen Auffassungen hat man sein „Reich" der idealen Gegenstände mit dem „Ideenhimmel" Platons in Verbindung gebracht. Das ist zwar bestenfalls Vulgärplatonismus, von dem schwer zu entscheiden ist, ob er mehr der Ideenlehre Platons oder mehr der Objektivitätsvorstellung Freges unrecht tut. Aber das Wort „Platonismus" ist seither für die Anschauungen üblich geworden, die den philosophischen Grundvorstellungen der Fregeschen Logik zugrunde liegen und die im Übrigen von einflussreichen Richtungen der gegenwärtigen mathematischen Grundlagenforschung nach wie vor vertreten werden.

Dieser „Platonismus", „Begriffsrealismus" oder „Ontologismus" hat für Freges System eine Folge gehabt, die am Schluss einer Darstellung des Fregeschen Grundproblems nicht unerwähnt bleiben darf. Er hat nämlich bewirkt, dass Frege die Begriffsumfänge trotz ihrer Einführung als „Gegenstände dritter Art" nicht als besondere Gegenstände in dem Sinn hat anerkennen wollen, dass ihre „Namen", die „Wörter dritter Art", strengeren Bedingungen unterliegen als gewöhnliche Eigennamen. Man lese in dem eingangs erwähnten Nachwort zum zweiten Band der *Grundgesetze* über diese Weigerung nach, die für Freges System fatale Konsequenzen gehabt hat. Frege hat geglaubt, dass solche Einschränkungen den Status der Begriffsumfänge und damit insbesondere der Zahlen als ontologisch vollwertiger Gegenstände beeinträchtigen könnten. Er hat nicht zu sehen vermocht, dass er sie damit nicht mehr als „Gegenstände dritter Art", sondern wie gewöhnliche Gegenstände behandelte, ohne darauf zu achten, dass er ja die Aussagen über Begriffsumfänge auf die besondere Weise der Abstraktion gewonnen hatte. Im Unterschied zu gewöhnlichen Eigennamen ist der Eigenname „$\in_x P(x)$" eines Begriffsumfangs von dem in ihm auch äußerlich sichtbaren Begriffsausdruck „$P(x)$" abhängig. Nur wenn dieser Begriffsausdruck sinnvoll ist, ist auch der aus ihm gebildete Eigenname des entsprechenden Begriffsumfangs sinnvoll.

Frege hat die Regeln, die darüber befinden, ob ein Begriffsausdruck in seinem System sinnvoll ist, auf Grund seiner ontologischen Vormeinungen zu großzügig gefasst. Er hat diesen Fehler auch nicht erkannt, als Russell bereits die nach ihm benannte Antinomie in Freges System abgeleitet hatte. Freilich ist ihm die große Mehrheit der mathematischen Grundlagenforscher in der Fehleinschätzung der Russellschen Antinomie bis heute gefolgt. Sie glauben, wie Frege selbst auf Grund des Herleitungsweges für die Antinomie annahm, dass an ihr eines der Axiome des Systems schuld sei, nämlich das Axiom V, welches den Abstraktionsschritt zu den Begriffsumfängen wiedergibt:

$$\in_x P(x) = \in_x Q(x) \Leftrightarrow \bigwedge_x . P(x) \leftrightarrow Q(x) \,.$$

Die Tatsache, dass Freges System *mit* diesem Axiom widerspruchsvoll, das nach Entfernung dieses Axioms verbleibende Restsystem dagegen widerspruchsfrei ist, zeigt nun aber keineswegs, dass dieses Axiom falsch ist – solange nicht dazugesagt wird, dass dabei als Prädikatoren $P(x)$ und $Q(x)$ alle diejenigen zugelassen werden sollen, die nur den von Frege aufgestellten Bedingungen für die korrekte Bildung von Begriffsausdrücken genügen. Russells Antinomie hat gezeigt, dass Freges Forderungen an den Aufbau solcher Prädikatoren nicht streng genug waren: sie lassen die Bildung von Prädikatoren zu, für die sich auf Grund der dem Fregeschen System beigegebenen Deutungsregeln ein Sinn gar nicht ermitteln lässt.

Nun muss zwar das Operieren mit sinnlosen Ausdrücken nicht unbedingt jedes Mal zu einem Widerspruch führen. Aber das Auftreten der von Russell gefundenen Antinomie zeigt, dass ein sinnloser Ausdruck verwendet worden ist und diese Verwendung keineswegs harmlos war. Damit wird man die Frage stellen dürfen, weshalb wir denn überhaupt sinnlose Ausdrücke zulassen sollen, statt Freges Forderungen an die korrekte Bildung von Ausdrücken zu verschärfen und sinnlose Ausdrücke ein für alle Mal zu verbieten. Dies hat man nun in der Tat versucht und die sog. prädikativen oder konstruktiven Systeme geschaffen, deren Widerspruchsfreiheit sich beweisen lässt. In ihnen sind weder falsche Aussagen wie Russells Antinomie ableitbar noch solche Pseudo-Aussagen, die zwar nicht falsch, aber doch sinnlos sind.

Werden nun zur Ersetzung der Variablen P und Q in der Formulierung des Fregeschen Axioms V nicht mehr alle von Frege selbst als korrekt angesehenen Ausdrücke zugelassen, sondern nur solche, die noch strengere „prädikative" oder „konstruktive" Forderungen erfüllen, dann kann nach dieser Umdeutung der Variablen das Axiom stehenbleiben, ohne dass irgendein Widerspruch in dem neuen System ableitbar wird. Auf diese Weise ist Freges Ziel der Begründung einer widerspruchsfreien Analysis erreicht worden – auf einem von ihm nicht vorhergesehenen Weg. Wenn also Frege auch nicht eine solche prädikative Theorie ins Auge gefasst hat, so ist doch sein fünftes Axiom und damit die im Sinne des frühen Frege aufgefasste Philosophie der Zahl (entgegen einer auch unter Fregekennern verbreiteten Meinung) mit einem prädikativen Aufbau der Mathematik verträglich. Von Russells Antinomie unberührt bleibt also auch die moderne prädikative Fassung der Fregeschen Abstraktionstheorie, die als Beitrag zur Klärung althergebrachter philosophischer Probleme ebenso erfolgreich geworden ist wie als Beitrag zur Grundlagenforschung der Mathematik.

STUDIE 9

„Nicht aufs Gerathewohl und aus Neuerungssucht“: Die Begriffsschrift 1879 und 1893

Am 20. Mai 1824 verliest Wilhelm von Humboldt vor der historisch-philologischen Klasse der königlichen Akademie der Wissenschaften zu Berlin seine Abhandlung „Ueber die Buchstabenschrift und ihren Zusammenhang mit dem Sprachbau“ (*Humboldt 1826*).[1] Er vergleicht die Buchstabenschrift erst mit der Lautschrift, dann mit der Bilderschrift und schließlich mit einer „Figurenschrift, welche Begriffe bezeichnet“ (*Humboldt 1848*, 532; *Humboldt 1963*, 87). Er nennt die letztere eine „Begriffsschrift“. Den gleichen Ausdruck wird im Jahre 1856 Adolf Trendelenburg verwenden, als er zur Feier des Leibniztages vor dem gleichen Gremium seinen Festvortrag „Über Leibnizens Entwurf einer allgemeinen Charakteristik“ hält.[2] Ein gutes Jahrzehnt später wird die Abhandlung im dritten Band von Trendelenburgs *Historischen Beiträgen zur Philosophie* erneut abgedruckt werden,[3] und vermutlich von hier wird Gottlob Frege den Ausdruck in den Titel seiner ersten nicht als Hochschulschrift erschienenen Monographie übernehmen.[4]

Dass Trendelenburg den Ausdruck „Begriffsschrift“ überhaupt erst eingeführt habe, ist also ein Gerücht. Wer ihn im Deutschen zuerst gebraucht hat, wird sich auch schwer feststellen lassen, denn er ist wohl eine unmittelbare Übersetzung des Fremdwortes „Ideographie“, das in gleicher Bedeutung schon um 1800 z. B. in Schriften der „kombinatorischen Schule“ Carl Friedrich Hindenburgs beliebt war, die sich betont in die Tradition der Leibnizschen *ars combinatoria* stellte oder besser, eine solche Tradition

Dieser Aufsatz ist zuerst erschienen in: Ingolf Max / Werner Stelzner (Hgg.), *Logik und Mathematik. Frege-Kolloquium Jena 1993*, de Gruyter: Berlin / New York 1995, 20–37 (*Thiel 1995*).

1 Die Datumsangabe des Vortrags folgt dem Abdruck in *Humboldt 1963*.

2 *Trendelenburg 1856*. Der Ausdruck „Begriffsschrift“ auf S. 39, Zeile 6 v. u.

3 *Trendelenburg 1867*. Der Ausdruck „Begriffsschrift“ hier auf S. 4, Zeile 2.

4 *BS*, *Frege 1879*. Die Vermutung, dass Frege den Ausdruck „Begriffsschrift“ von Trendelenburg übernommen hat, stützt sich darauf, dass er im Vorwort (V) auf *Trendelenburg 1867* verweist.

begründen wollte.[5] Vermutlich ist der Terminus weit älter, auch wenn ich ihn (in der deutschen, französischen oder lateinischen Form) weder bei Leibniz noch bei Lambert gefunden habe.

Doch geht es mir hier nicht um Terminologiegeschichte, sondern um einen Vergleich der beiden Ausgestaltungen, die Frege seiner Begriffsschrift gegeben hat: der *ersten* in dem gleichnamigen Büchlein von 1879, und der durch Umgestaltung aus ihr hervorgegangenen *zweiten*, die Frege erstmals 1891 in *Function und Begriff* vorgestellt und in seinem Hauptwerk *Grundgesetze der Arithmetik* (*GGA* I, *Frege 1893*; *GGA* II, *Frege 1903a*) ausgeführt und angewendet hat. Um Gemeinsamkeiten und Unterschiede hervortreten zu lassen, werde ich in erster Linie die Charakteristika der beiden Fassungen der Begriffsschrift klar herauszuarbeiten versuchen, unter bewusster Vernachlässigung von Subtilitäten, an denen sich überwiegend die Frege-forscher des ausgehenden 20. Jahrhunderts erfreuen.

Frege hat sich mit seinen Bemühungen, obwohl er weder mit Leibnizens Originalschriften noch mit der Leibniztradition besonders gut vertraut war,[6] im Vorwort zur *Begriffsschrift* ausdrücklich in die Linie der Versuche zu einer *characteristica universalis* gestellt. Allerdings unter vorläufigem Verzicht auf die Universalität; der Leibnizsche Gedanke eines *calculus ratiocinator* sollte erst einmal für eine ausgesuchte wissenschaftliche Disziplin durchgeführt werden. „Die Arithmetik“, sagt Frege auf S. VIII des Vorwortes zur *Begriffsschrift*, „ist der Ausgangspunkt des Gedankenganges gewesen, der mich zu meiner Begriffsschrift geleitet hat“. Er habe wissen wollen, „wie weit man in der Arithmetik durch Schlüsse allein gelangen könnte, nur gestützt auf die Gesetze des Denkens“,[7] also ohne irgendwelche, evtl. unbemerkten, anschaulichen Zusatzprämissen. Um sie auszuschließen, musste Frege „die Lückenlosigkeit der Schlusskette“ sichern – auch dies eine Wendung Leibnizens, der in seiner erstmals in der Erdmannschen Ausgabe 1839

---

5 Vgl. etwa *Hindenburg 1803*, vor allem die Anmerkungen Hindenburgs zu der auf S. 1–28 abgedruckten Abhandlung Bürmanns « Essai de caracteristique combinatoire ou notation universelle déduite d'élémens simples systématiquement combinés », insbes. S. 132, 143 und 144. Die Variante „Ideographik“ findet sich in *Niethammer 1808* und als Stichwort in *Krug 1833*, 500 f.

6 So jedenfalls das Urteil von Günther Patzig in *Patzig 1969*.

7 *BS*, IV. Es scheint, dass die „Gesetze des Denkens“ dabei nur die Schlüsse selbst stützen sollen, nicht auch (zusammen mit rein logischen Begriffen) deren Prämissen, wie es die spätere „logizistische“ These will. Auch der Anspruch, auf solchem Wege *jeden* arithmetischen Satz erreichen zu können, wird in der *Begriffsschrift* von 1879 nicht erhoben.

abgedruckten Skizze « De la sagesse » geschrieben hatte: « Pour tirer une vérité d'une autre il faut garder un certain enchaînement qui soit sans interruption » (*Leibniz 1839*, 674a). Frege verzichtete deshalb „auf den Ausdruck alles dessen [...], was für die *Schlussfolge* ohne Bedeutung ist“ (*BS*, IV), um nur das auszudrücken, was er den „begrifflichen Inhalt“ nannte. Dies sei auch der Grund gewesen für die Wahl des Terminus „Begriffsschrift“ zur Bezeichnung einer „Formelsprache des reinen Denkens“, die „fürs erste“ nur Beziehungen zwischen Gegenständen überhaupt wiedergeben solle. „Der Arithmetik nachgebildet“ sei sie lediglich in der Verwendung von Variablen, nicht etwa durch die Einführung einer „logischen“ Addition, Multiplikation usw. wie bei „jene(n) Bestrebungen, durch Auffassung des Begriffs als Summe seiner Merkmale eine künstliche Aehnlichkeit herzustellen“ (*BS*, IV). Ohne Vergleich mit der Arithmetik bleibt eigenartigerweise Freges Ersetzung des Subjekt-Prädikat-Schemas der traditionellen Logik durch das Schema von Argument und Funktion, mit der schon hier (1879!) ausdrücklich ausgesprochenen Folge, dass Begriffe als Funktionen aufzufassen sind.

Was darf man sich von all diesen Neuerungen versprechen? Frege hat sein Versprechen in einen rhetorischen Conditionalis gekleidet (*BS*, VI):

> Wenn es eine Aufgabe der Philosophie ist, die Herrschaft des Wortes über den menschlichen Geist zu brechen, indem sie die Täuschungen aufdeckt, die durch den Sprachgebrauch über die Beziehungen der Begriffe oft fast unvermeidlich entstehen, indem sie den Gedanken von demjenigen befreit, womit ihn allein die Beschaffenheit des sprachlichen Ausdrucksmittels behaftet, so wird meine Begriffsschrift, für diese Zwecke weiter ausgebildet, den Philosophen ein brauchbares Werkzeug werden können.

Von dieser Empfehlung hat nicht nur die analytische Philosophie bis heute ausgiebig Gebrauch gemacht. Doch möchte ich mich jetzt von dieser hohen philosophischen Warte auf die Ebene der Fregeschen Werkzeuge selbst hinunterbegeben und das begriffsschriftliche Werkzeug von 1879 charakterisieren.

Lassen Sie mich zunächst daran erinnern, dass wir mathematische Beweise üblicherweise genauso wie normale, nichtmathematische Texte linear aufschreiben. Nur wenn es uns auf eine übersichtliche Darstellung der *Beweisstruktur* ankommt, ordnen wir die einzelnen Aussagen zweidimensional an, sei es in getrennt aufeinanderfolgenden Zeilen, sei es in sog. „Stammbäumen“ mit der bewiesenen Aussage als Endformel. Die Formeln selbst schreiben wir meist als lineare Zeichenreihen, z.B. „$(2+3)\cdot 9 = 45$“ oder „$a \in M \times N$“; nur selten nehmen wir wie in „x^2“, „$\frac{3}{4}$“, „$\binom{2}{0}$“, bei Kettenbrüchen oder bei Matrizen und Determinanten die zweite Dimension der

Seite auf ähnliche Weise in Anspruch wie bei der Ausführung numerischer Rechnungen – beim Addieren, Multiplizieren oder Dividieren größerer Zahlen oder beim Wurzelziehen „mit der Hand“.

Wie Sie alle wissen, stellt Freges Begriffsschrift (in beiden Fassungen) auch die logische Verknüpfung zweier Aussagen oder Aussageformen durch den Subjunktor zweidimensional, nämlich als

$$\begin{array}{l}\top\!\!-\; a\\ \llcorner\; b\end{array} \quad \text{bzw.} \quad \begin{array}{l}\top\!\!-\; g(\xi)\\ \llcorner\; f(\xi)\end{array}$$

dar. Nur der Verneinungsstrich und die Höhlung (Freges Allquantor) operieren horizontal (auch wenn natürlich ihr Wirkungsbereich zweidimensional ausgedehnt sein kann); der Bedingungsstrich dagegen operiert von vornherein als vertikaler Strich, indem er zwei übereinanderstehende Formeln verbindet, die durch vorgesetzte waagerechte Striche für diese Verknüpfung zugerichtet worden sind. Da die Subjunktion die einzige zweistellige junktorenlogische Grundverknüpfung der Begriffsschrift ist,[8] ergeben sich bei mehrfacher Iteration gewaltige Formelgebilde, die Schröder in seiner Rezension der *Begriffsschrift* zu der spöttischen Bemerkung veranlasst haben, Frege huldige „der japanischen Sitte einer Verticalschrift“ und bringe auf einer Seite nur eine Zeile, maximal aber deren zwei unter (*Schröder 1880*, 90).

Nun ist dies freilich keine bloße Sitte, und man kann sich durch eine heuristische Überlegung plausibel machen, was Frege dazu bewogen haben mag. Zahlreiche mathematische Sätze haben die Struktur eines Subjungats, also die Form „Wenn sowohl A_1 als auch A_2 als auch A_3 als auch A_4 gilt, dann gilt auch C“. Eine mögliche schematische Darstellung ist die als

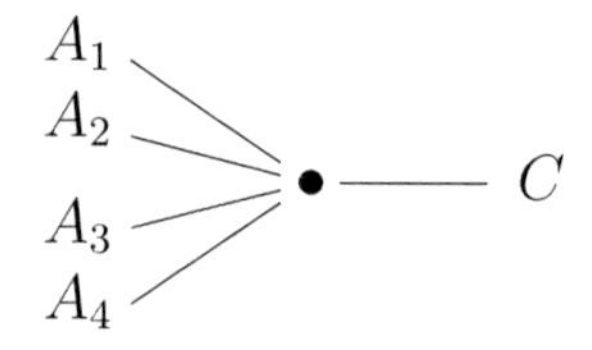

8 Eine vergleichbare Funktion hat auch das Zeichen $\equiv$ der Inhaltsgleichheit, die Frege freilich als Beziehung zwischen Inhalten auffasst und durch die wechselseitige Ersetzbarkeit der Zeichen „A“ und „B“ in „$A \equiv B$“ charakterisiert; vgl. *BS*, 13–15.

Ziehen wir die Antecedentien links tiefer als die Zeile der Konklusion C und dann so weit nach rechts, dass sie untereinander und zwar sämtlich unter C zu stehen kommen, so erhalten wir Freges

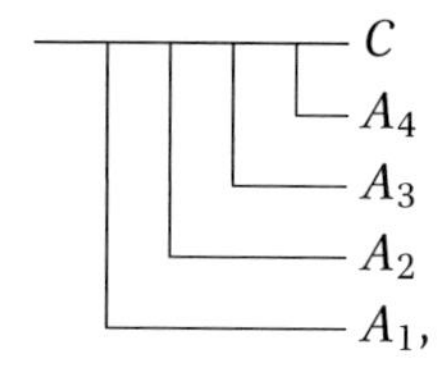

das sich dann etwa als „C, *falls* A_1, A_2, A_3 und A_4“ lesen lässt. Diese Schreibweise kommt dann nicht nur ohne Klammern aus (die allenfalls in den linearen Teilformeln erforderlich sind), sie hat auch einige technische Vorteile. Beispielsweise lässt sich

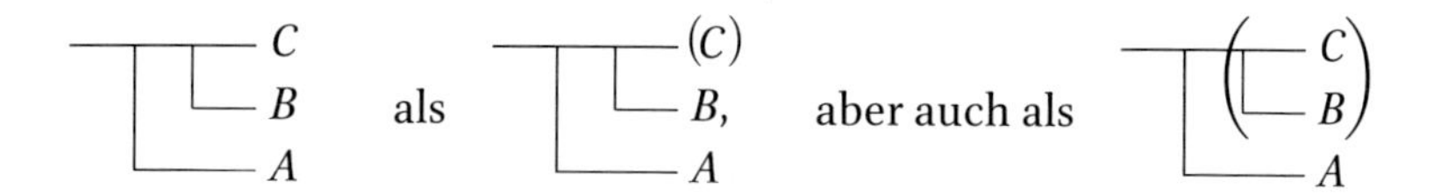

lesen, wofür eine lineare Notation eigene Importations- und Exportationsgesetze benötigt, nach denen $(A \wedge B) \to C$ und $A \to (B \to C)$ logisch äquivalent sind. In den *Grundgesetzen*, wo Frege auf der Basis der Abtrennungsregel weitere zulässige Regeln einführt, führen manche derselben (wie etwa die sehr allgemeinen Kontrapositionsregeln oder die Regel des Einfügens oder Verschmelzens zweier aufeinanderfolgender Verneinungsstriche in jedem waagerechten Stück einer Begriffsschriftformel) zu einer gewissen deduktiven Eleganz. Trotzdem wirkt eine solche Deduktion auf die meisten Betrachter ausgesprochen abschreckend,[9] wenngleich sich dieser Effekt mit einer Seite aus den *Principia Mathematica* (*Whitehead/Russell 1910–1913*) oder aus Quines *Mathematical Logic* (*Quine 1940*) fast ebensogut erreichen lässt.

Unbestreitbar ist, dass die typographische Gestaltung von Begriffsschriftformeln (egal ob wie zu Freges Zeiten im Handsatz oder heute mit einem Graphiksystem am PC) derart mühselig und aufwendig ist, dass seit der Erstausgabe nur Reprintausgaben der *Grundgesetze* erschienen sind und nicht nur vollständige fremdsprachige Übersetzungen des Werkes fehlen,

9 Vgl. die Wiedergabe von S. 221 aus *GGA* I als Abbildung auf der folgenden Seite.

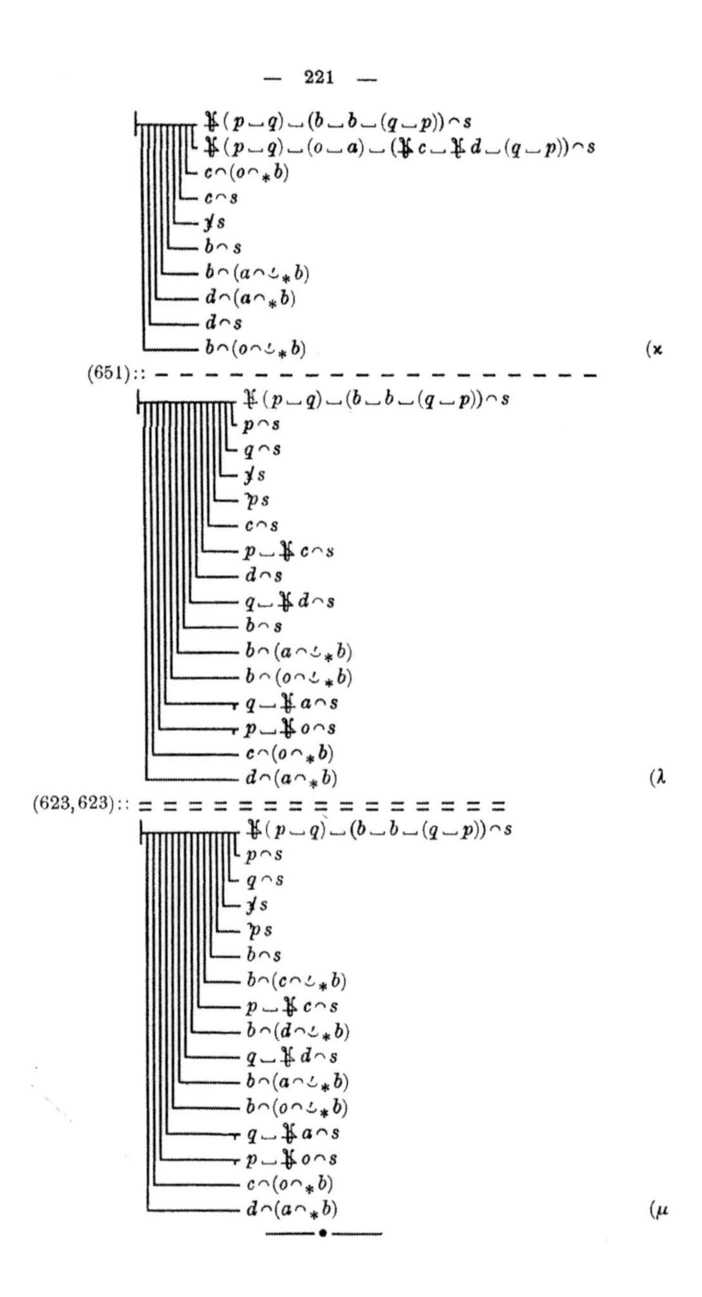

Abb. 1: Wiedergabe von S. 221 aus *GGA I*

sondern auch eine kritische deutsche Ausgabe.[10] Was das letztere angeht, so wird hier freilich neben den technischen Problemen auch die Mühsal der erforderlichen editorischen Arbeit potentielle Herausgeber auf Distanz gehalten haben.

Zweifellos beginnt die moderne Quantorenlogik 1879 mit Freges *Begriffsschrift*. Für den heutigen Logikhistoriker ist es verblüffend, dass diese Revolution damals nicht nur von den philosophischen Logikern, sondern auch von den mathematischen Logikern überhaupt nicht wahrgenommen wurde. In seiner schon erwähnten Rezension der *Begriffsschrift* bemängelt Schröder nicht nur, dass Frege von der qualitativ besseren Vorwegnahme seiner Bemühungen durch Boole keine Notiz genommen habe, er behauptet auch, Freges Verwendung „gothische[r] Buchstaben in der Bedeutung von allgemeinen Zeichen" (*Schröder 1880*, 92) lasse sich mühelos auch der Booleschen Behandlungsweise integrieren. Tatsächlich ist dies keineswegs der Fall, und der von Schröder skizzierte Vorschlag scheitert schon bei einfachen Fällen mit geschachtelten Quantoren. Mit Recht hat daher Frege in seinem Vortrag „Ueber den Zweck der Begriffsschrift" Schröder vorgehalten, dieser habe „den Kern der Sache, nämlich die Abgrenzung des Gebietes, auf das sich die Allgemeinheit erstrecken soll, nicht erfasst" (*Frege 1882/83*, 9). Frege hat die Unzulänglichkeit des Schröderschen Vorschlags auch in der ausführlicheren Abhandlung „Booles rechnende Logik und die Begriffsschrift" dargelegt, die damals jedoch nicht erschien und erst 1969 gedruckt wurde (vgl. *Frege 1969*, *²1983b*, 9–52, zur genannten Frage 21 f., Anm.). Diese ist aber gerade die Pointe der Verwendung von Quantoren mit Aussageformen als Wirkungsbereich, mit der Schröder anscheinend erst durch die Arbeiten von C. S. Peirce vertraut geworden ist, der darin einer Idee seines Schülers O. H. Mitchell folgte (*Mitchell 1883*, 72–106; *Peirce 1883*, 189–203).

Mit der knappen Erinnerung daran, dass in beiden Fassungen der Begriffsschrift die Theoreme durch einen vorangestellten Behauptungsstrich gekennzeichnet werden, wende ich mich jetzt der Beschreibung der wichtigsten *Unterschiede* zu, indem ich als erstes auf eine Besonderheit der Begriffsschrift von 1879 mit Bezug auf Funktion und Argument hinweise. Nach § 10 und 11 der *Begriffsschrift* können wir „$\Phi(A)$ als eine Function des Argumentes Φ auffassen", und daher „kann an die Stelle desselben [...]

10 Nachtrag: Diese Situation (des Jahres 1995) hat sich mit der ersten vollständigen englischen Übersetzung der *Grundgesetze* von Philip A. Ebert und Marcus Rossberg (*Frege 2013*) und mit u. a. dafür entwickelten LaTeX-Paketen (vgl. *Frege 2013*, xxx–xxxi sowie http://frege.info/), die auch hier Anwendung gefunden haben, grundsätzlich geändert.

ein deutscher Buchstabe treten“ (*BS*, 19). Dementsprechend darf man nun freilich Freges quantorenlogische Gesetze, allen voran sein Axiom 58,

$$\vdash\!\!\begin{array}{l} f(c) \\ \overset{\mathfrak{a}}{\smile} f(\mathfrak{a}) \end{array}$$

nicht nur als Gesetze lesen, in denen über *Individuen* quantifiziert wird, sondern stets auch parallel als solche, in denen über *Funktionen* quantifiziert wird – wenn ich mich der heutigen Unterscheidung von Quantoren erster und zweiter Stufe bediene, die Frege selbst erst 1893 in der zweiten Fassung seiner Begriffsschrift vorgenommen hat. Freges Vorgehen in der *Begriffsschrift* von 1879 ist dem heutigen Denken in Stufen und Typen fremd geworden, und Jean van Heijenoort hat in seiner Einleitung zur Übersetzung der *Begriffsschrift* in seinem bekannten *Source Book*,[11] sogar behauptet, Frege habe aufgrund dieses Doppelcharakters seiner quantorenlogischen Formeln fehlerhafte Substitutionen vorgenommen (z. B. im Schritt von Formel 76 zu Formel 77 auf S. 62 der *Begriffsschrift*). Terrell Ward Bynum hat diesen Vorwurf freilich als ein Missverständnis zurückweisen können (*Bynum 1973*, 285–287). Im Grunde müsste man jedoch bei der Zusammenstellung der Axiome der *Begriffsschrift* Freges Axiom 58 um sein Gegenstück mit dem Quantor über Funktionen ergänzen, so wie dies Frege dann in Band I der *Grundgesetze* durch Trennung der strukturell gleichen Axiome IIa und IIb getan hat:

$$\vdash\!\!\begin{array}{l} f(c) \\ \overset{\mathfrak{a}}{\smile} f(\mathfrak{a}) \end{array} \qquad\qquad \vdash\!\!\begin{array}{l} M_\beta(f(\beta)) \\ \overset{\mathfrak{f}}{\smile} M_\beta(\mathfrak{f}(\beta)) \end{array}$$

Einschließlich des später von Łukasiewicz[12] als abhängig erwiesenen Axioms 8 sind die Axiome der *Begriffsschrift* die folgenden:

---

11 *Van Heijenoort 1967*. Die Übersetzung von Freges *Begriffsschrift* dort auf S. 5–82 mit Einleitung van Heijenoorts auf S. 1–5; der Vorwurf der fehlerhaften Substitution dort auf S. 3.

12 *Łukasiewicz 1929*. Für den deutschen Leser ist die Ableitung am leichtesten zugänglich in *Łukasiewicz 1935*, 126 f.

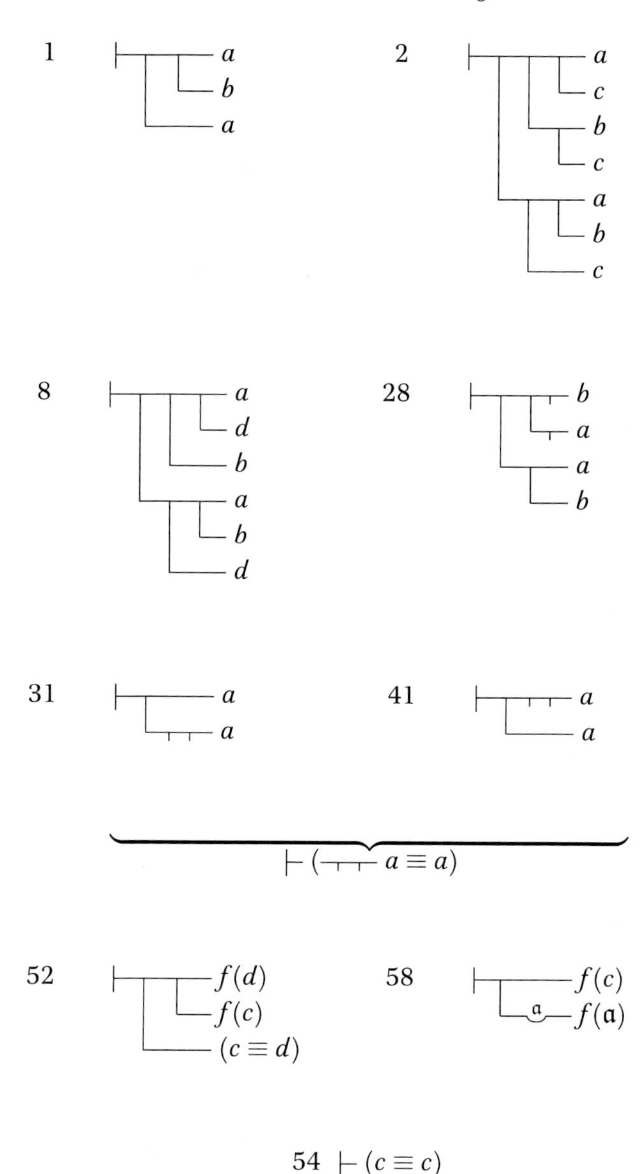

Zu der von Frege selbst vorgenommenen Zusammenstellung der Axiome seiner *Grundgesetze* möchte ich zunächst nur sagen, dass die ohne Wertverlaufsnamen und ohne Kennzeichnungsoperator formulierten unter ihnen aus den Axiomen der *Begriffsschrift* von 1879 ableitbar sind, und umgekehrt; der Nachweis ist wegen der Unterschiedlichkeit der Regelsysteme umständlich, aber nicht prinzipiell schwierig. Doch die engen Beziehungen der Folgerungsmengen und auch der Syntax beider Systeme dürfen nicht über die Unterschiede in der Semantik und im methodischen Aufbau hinwegtäuschen. Ich muss dazu etwas allgemeiner ansetzen.

Frege glaubt, vierzehn Jahre nach Erscheinen der *Begriffsschrift*, „das Ideal einer streng wissenschaftlichen Methode der Mathematik erreicht zu haben" (*GGA* I, VI). Die Lückenlosigkeit der Schlussketten ist garantiert und hat zur Folge, „dass jedes Axiom, jede Voraussetzung, Hypothese, oder wie man es sonst nennen will, auf denen ein Beweis beruht, ans Licht gezogen wird; und so gewinnt man eine Grundlage für die Beurtheilung der erkenntnisstheoretischen Natur des bewiesenen Gesetzes" (*GGA* I, VII). In der *Begriffsschrift* von 1879 hatte Frege die logizistische These höchstens als Frage ins Spiel gebracht, und im § 90 der *Grundlagen der Arithmetik* von 1884 hatte er versichert, er „erhebe nicht den Anspruch, die analytische Natur der arithmetischen Gesetze mehr als wahrscheinlich gemacht zu haben" (*GLA*, *Frege 1884*, 102). Dem ersten Band der *Grundgesetze* schickt er dagegen die Worte voraus (*GGA* I, VIII f.):

> Ich führe hiermit ein Vorhaben aus, das ich schon bei meiner *Begriffsschrift* vom Jahre 1879 im Auge gehabt und in meinen *Grundlagen der Arithmetik* vom Jahre 1884 angekündigt habe. Ich will hier durch die That die Ansicht über die Anzahl bewähren, die ich in dem zuletzt genannten Buche dargelegt habe.

Auf der im § 46 der *Grundlagen* ausgesprochenen Einsicht, „dass die Zahlangabe eine Aussage von einem Begriffe enthalte", beruhe die nun vorgelegte Darstellung. Gestützt auf die durchgängige Kontrollierbarkeit seiner begriffsschriftlichen Ableitungen wagt Frege jetzt die Behauptung, „dass die Arithmetik nur weiter entwickelte Logik sei", dass ihr „nichts als Logik zu Grunde liegt" (*GGA* I, VII) – unter *einer* Voraussetzung, die sich später tatsächlich als entscheidend erweisen sollte: dass nämlich das „Grundgesetz der Werthverläufe (V)" gültig sei, das Frege für rein logisch hält, das aber für ihn „die Stelle bezeichnet, wo die Entscheidung fallen muss" (*GGA* I, VII).

Zwei Gründe nennt Frege dafür, dass die Ausführung seines Planes so spät erfolgt. Der eine, von ihm an zweiter Stelle genannte ist die mangelnde Aufnahme seiner beiden vorausgegangenen Schriften bei den Mathematikern, zusammen mit „der Ungunst der wissenschaftlichen Strömungen", gegen die das neue Buch wohl zu kämpfen haben werde. Der andere Grund sind die „innern Umwandlungen der Begriffsschrift" (*GGA* I, IX), von denen Frege sagt, dass sie ihn „zur Verwerfung einer handschriftlich fast vollendeten Arbeit genöthigt haben" (*GGA* I, VII). Frege selbst hat einen Überblick über diese Veränderungen gegeben. Die von ihm jetzt streng befolgte Unterscheidung von Zeichen und Bezeichnetem nötigt zur Abschaffung der durch „$\equiv$"

ausgedrückten Inhaltsgleichheit zugunsten der gewöhnlichen Gleichheit im Sinne der Identität des Bezeichneten (wobei Frege das kuriose Phänomen, dass zwei Zeichen „plötzlich ihr eignes Selbst hervor[kehren], wenn sie durch das Zeichen der Inhaltsgleichheit verbunden werden" (*BS*, 13 f.) durch die Unterscheidung von Sinn und Bedeutung eines Zeichens zum Verschwinden bringt). Die Begriffsschrift von 1893 trennt sorgfältig zwischen metasprachlichen Zeichen wie Variablen, schematischen Buchstaben und Klammern einerseits und pragmatischen Zeichen wie Behauptungsstrich, Definitionszeichen, Zeichen für Ableitungsschritte nach der Abtrennungsregel, der Kettenregel, der Kontrapositionsregel usw. andererseits; von beiden unterscheiden sich die eigentlichen Begriffsschriftzeichen, darunter die uns schon bekannten Arten von Strichen.

Doch diese erfahren jetzt eine völlig neue Deutung. Der Inhaltsstrich verliert seinen unpassend gewordenen Namen und heißt nur noch „der Wagerechte", er sowie Verneinungsstrich, Bedingungsstrich, Gleichheitszeichen und Höhlung (der Allquantor) sind jetzt *Funktionszeichen*, an deren stets ausdrücklich anzugebende Argumentstellen Zeichen kategorial passender Argumente treten können; dabei entsteht immer ein Name des Funktionswertes, und dieser Wert ist stets ein Gegenstand. Die Kategorien von Argumenten werden auf das sorgfältigste unterschieden, die fundamentale Dichotomie ist die zwischen Gegenständen und Funktionen. Letztere aber zerfallen in ungleichstufige und gleichstufige, diese wieder in Funktionen erster, zweiter und dritter Stufe. Passende Argumente für Funktionen erster Stufe sind die Gegenstände (und *jeder* Name eines Gegenstandes ist zur Einsetzung zugelassen – Unterkategorien gibt es nicht), passende Argumente von Funktionen zweiter Stufe sind Funktionen erster Stufe, entsprechend für die dritte Stufe. Eine Funktion zweiter Stufe ist der Allquantor, als neue Funktion zweiter Stufe kommt die Wertverlaufsfunktion hinzu. In die Argumentstelle ihres Namens „$\grave{\varepsilon}\phi(\varepsilon)$" kann jeder korrekt gebildete einstellige Funktionsname „$\Phi(\xi)$" erster Stufe eingesetzt werden, der entstehende Ausdruck „$\grave{\varepsilon}\Phi(\varepsilon)$" ist dann ein Name des Wertverlaufes eben der Funktion erster Stufe, deren Name eingesetzt wurde. Funktionsnamen, die bei Einsetzung eines Gegenstandsnamens in ihre Argumentstelle in einen wahren oder falschen Satz übergehen, sind Begriffsausdrücke (in heutiger Terminologie Prädikatoren). Auch die entstehenden Sätze müssen Namen für etwas sein: Frege sieht sie als Namen von „Wahrheitswerten", „des Wahren" bzw. „des Falschen", die also eine besondere Sorte logischer Gegenstände sind, neben den Wertverläufen übrigens die einzigen von Frege in Betracht gezogenen, und im § 10 sogar mit zwei bestimmten Wertverläufen identifiziert.

Hinter diesem ganzen Apparat mit seinen fein aufeinander abgestimmten Teilen steht ein grandioser Drang nach *Einheitlichkeit*, der gewissermaßen als übergeordnetes Prinzip den Aufbau aller Teilsysteme und ihr Zusammenwirken beherrscht. Was ein Name des Systems ist, wird streng geregelt. So wie in einem axiomatischen System ein Satz nur ist, was aus den Axiomen gemäß den Ableitungsregeln herleitbar ist, so ist ein Name, ein korrekt gebildeter Ausdruck, ein solcher, der nach präzise angegebenen Regeln aus Ausgangsausdrücken, den „Urfunktionsnamen" gewonnen werden kann. Mögen Gegenstände und Funktionen gleichberechtigt sein – das Fundament des Aufbaus der Begriffsschrift von 1893 bilden die Namen der Ur*funktionen*. Funktion aber ist alles, was ergänzungsbedürftig ist und bei Ergänzung zu einem Gegenstand wird, Gegenstand ist alles, was nicht Funktion ist (*GGA* I, 7). Begriffe sind Funktionen eines Argumentes, die als Werte ausschließlich Wahrheitswerte haben; für jeden Gegenstand gilt, dass er unter einen gegebenen Begriff entweder fällt oder nicht fällt – „tertium non datur".

Jeder korrekt gebildete Ausdruck in der Begriffsschrift von 1893 hat genau eine Bedeutung, aber auch genau einen Sinn. Der Sinn eines Namens eines Wahrheitswertes ist ein Gedanke – nicht das, was wir uns spontan darunter vorstellen würden, sondern der Gedanke, dass die Bedingungen erfüllt seien, unter denen der Satz, der diesen Sinn „hat", nach den Festsetzungen der Begriffsschrift das Wahre bedeutet. Entsprechend wird auch der Sinn des Behauptens vereinnahmt und verändert: nicht mehr das Wahrsein eines Satzes oder seines Inhalts ist der Gegenstand des Behauptens. Aufgrund der Erklärung des Wagerechten als Name der Urfunktion, deren Wert für das Wahre als Argument das Wahre, andernfalls aber das Falsche ist, heißt einen Satz behaupten jetzt: behaupten, „dass dieser Name das Wahre bedeute" (*GGA* I, 50). Die Teile des Namens eines Wahrheitswertes „tragen dazu bei, den Gedanken auszudrücken, und dieser Beitrag des einzelnen ist sein Sinn. Wenn ein Name Theil des Namens eines Wahrheitswerthes ist, so ist der Sinn jenes Namens Theil des Gedankens, den dieser ausdrückt" (*GGA* I, 51).

Selbst wenn all dies konsistent durchführbar wäre, man wird den Eindruck nicht los, dass sich das Ideal dieser Idealsprache fast uneinholbar entfernt hat von der Wirklichkeit nicht nur der „Sprache des Lebens", sondern auch von der Bildungssprache und den Fachsprachen, in denen das Behaupten, das Bezeichnen, das Wahrsein und das Sinn- und Bedeutung-Haben verständlich sind und vertraut erscheinen. Wenn die geschaffene Distanz eine Rechtfertigung hat – müsste sie nicht im Erfolg des Unternehmens liegen? Und ist dieser Erfolg nicht ausgeblieben? Hat nicht Frege im Nachwort zu Band II der *Grundgesetze* schreiben müssen (*GGA* II, 253):

> Einem wissenschaftlichen Schriftsteller kann kaum etwas Unerwünschteres begegnen, als dass ihm nach Vollendung einer Arbeit eine der Grundlagen seines Baues erschüttert wird. In diese Lage wurde ich durch einen Brief des Herrn Bertrand Russell versetzt, als der Druck dieses Bandes sich seinem Ende näherte. Es handelt sich um mein Grundgesetz (V). Ich habe mir nie verhehlt, dass es nicht so einleuchtend ist, wie die andern, und wie es eigentlich von einem logischen Gesetze verlangt werden muss. Und so habe ich denn auch im Vorworte zum ersten Bande S. VII auf diese Schwäche hingewiesen. [...] Doch zur Sache selbst! Herr Russell hat einen Widerspruch aufgefunden [...].

Diesen Widerspruch brauche ich Ihnen nicht vorzuführen; sein Inhalt und seine Herleitung gehören zum elementaren Wissensbestand jedes Logikers und Mathematikers der Gegenwart. Überhaupt nicht elementar sind dagegen die Vermeidungsstrategien, von denen bislang keine einzige das Gütesiegel eines syntaktischen Widerspruchsfreiheitbeweises hat erhalten können. Für mein Thema sollte daran freilich nur relevant sein und zur Sprache kommen, was auf Freges begriffsschriftliches System Bezug hat. Und in der Tat hat Freges System – trotz und wegen seiner Inkonsistenz – eine zentrale Stellung in der Geschichte der mathematischen Logik inne. Mit Georg Cantors vermeintlicher Erschließung eines Reichs absoluter Unendlichkeiten sympathisierend, ist es dank der Begriffsschrift das erste formale System, das – in der Fassung von 1893 – einen axiomatischen Aufbau der Mengenlehre versucht. Der Versuch (ich möchte es festhalten, auch wenn es schon viele Male gesagt worden ist) übertrifft in Konzeption und Präzision spätere Systeme bei weitem, in manchem die *Principia* nicht ausgeschlossen. Es ist zugleich typisch für die modernen Versuche, durch Abänderung des Axiomensystems den Widerspruch (oder besser, wie man binnen Kurzem sagen musste: die Wider*sprüche*) zu vermeiden: Frege selbst hat durch Abänderung seines Grundgesetzes (V) einen heute als "Frege's Way Out" bezeichneten Ausweg aus der Inkonsistenz gesucht. Leśniewski hat ein Vierteljahrhundert später zeigen können, dass auch dieser Ausweg keiner ist, und wir wissen mittlerweile, dass auch raffiniertere Modifikationen in derselben Richtung keine Sicherheit bieten können. Frege hat sich auch *vor* diesen formal abgesicherten Ergebnissen nicht darüber getäuscht, sondern klar ausgesprochen, dass sein Versuch, durch das Grundgesetz (V) die traditionelle Auffassung des Begriffsumfangs – also der Klasse oder Menge – formal zu charakterisieren, gescheitert war.

Die Wertverläufe zweier Funktionen $\Phi(\xi)$ und $\Psi(\xi)$ sollten *genau dann* gleich heißen, wenn jeder Gegenstand, der die eine Funktion erfüllt, auch die andere erfüllt. Sind die betrachteten Funktionen insbesondere Begriffe, so heißt dies, dass der Umfang eines Begriffes $\Phi(\xi)$ *genau dann* dem Umfang eines Begriffes $\Psi(\xi)$ gleich sein soll, wenn jeder Gegenstand, der unter den einen dieser Begriffe fällt, auch unter den anderen fällt. In einer solchen Situation hatte die Tradition in der Tat den beiden Begriffen Umfangsgleichheit bescheinigt. Aber dass aus der Umfangsgleichheit die Eigenschaft folgen sollte, dass jeder unter den einen Begriff fallende Gegenstand auch unter den anderen fällt, war in der traditionellen Logik niemals so formuliert worden, und Frege war bereit, diese Richtung seines Grundgesetzes (V) zu opfern. Er war nach eingehender Analyse der Antinomie zu der Meinung gelangt, dass „der Begriffsumfang selbst den Ausnahmefall bewirkt, indem er nur unter den einen von zwei Begriffen fällt, die ihn als Umfang haben" (*GGA* II, 262a). Frege schlug vor, das ursprüngliche Grundgesetz (V)

$$\vdash (\grave{\varepsilon}f(\varepsilon) = \grave{\alpha}g(\alpha)) = (\overset{\mathfrak{a}}{\smile} f(\mathfrak{a}) = g(\mathfrak{a}))$$

zu ersetzen durch (V′)

$$\vdash (\grave{\varepsilon}f(\varepsilon) = \grave{\alpha}g(\alpha)) = \overset{\mathfrak{a}}{\smile}\begin{array}{l} f(\mathfrak{a}) = g(\mathfrak{a}) \\ \mathfrak{a} = \grave{\varepsilon}f(\varepsilon) \\ \mathfrak{a} = \grave{\alpha}g(\alpha), \end{array}$$

woraus die Richtung von (V) von rechts nach links folgt, nicht aber die Richtung von links nach rechts, die vielmehr durch die Antecedentien eingeschränkt wird. Da wir heute dank Leśniewski wissen, dass dieser Ausweg nicht zum Ziel führt, ist seine Analyse weniger wichtig als die Frage nach den Einzelheiten, die hinter Freges Vorschlag stehen. Solche Detailüberlegungen gab es, und sie stecken in Freges Satz (χ) und dessen Konstruktion. Der Satz selber hat die Gestalt,

$$\vdash \overset{\mathfrak{a}}{\smile}\overset{\mathfrak{G}}{\smile}\overset{\mathfrak{F}}{\smile}\begin{array}{l} \mathfrak{F}(\mathfrak{a}) = \mathfrak{G}(\mathfrak{a}) \\ M_{\beta}(-\!\!-\, \mathfrak{F}(\beta)) = M_{\beta}(-\!\!-\, \mathfrak{G}(\beta)), \end{array}$$

was nach Freges Regeln äquivalent umformbar ist in

$$\vdash \overset{\mathfrak{a}}{\smile}\overset{\mathfrak{G}}{\smile}\overset{\mathfrak{F}}{\smile}\begin{array}{l} \mathfrak{F}(\mathfrak{a}) = \mathfrak{G}(\mathfrak{a}) \\ M_{\beta}(-\!\!-\, \mathfrak{F}(\beta)) = M_{\beta}(-\!\!-\, \mathfrak{G}(\beta)), \end{array}$$

in unserer Notation also

$$\bigvee_a \bigvee_G \bigvee_F (\neg(F(a) = G(a)) \wedge (M_\beta(—F(\beta)) = M_\beta(—G(\beta)))) .$$

Der Satz hat zwei Besonderheiten. Erstens ist er ganz ohne Heranziehung der Wertverlaufsfunktion gewonnen worden, führt diese aber als unzulässig ad absurdum – nämlich zu dem bekannten Widerspruch –, wenn man für die Funktion zweiter Stufe M_β die Wertverlaufsfunktion $\grave{\varepsilon}\phi(\varepsilon)$ einsetzt. Zweitens aber ist Satz χ, wenn ich mit meiner Behauptung von der Gleichwertigkeit des um die Axiome (V) und (VI) verminderten Systems der *Grundgesetze* mit dem System der *Begriffsschrift* von 1879 Recht habe, bereits in dem System von 1879 herleitbar und hätte schon dort jeden Versuch zur Einführung der Wertverlaufsfunktion oder auch nur eines für Begriffe und Begriffsumfänge formulierten Grundgesetzes vom Typ des Grundgesetzes (V) zum Scheitern gebracht. Solange eine solche Herleitung, die ja eine Art Diagonalkonstruktion erfordert, nicht wirklich in der *Begriffsschrift* von 1879 rekonstruiert worden ist, möchte ich mich weiterer Spekulationen aber enthalten.

Interessanter ist das davon unabhängige und von Frege ganz klar ausgesprochene Ergebnis, dass nämlich „der Begriffsumfang im hergebrachten Sinne des Wortes eigentlich aufgehoben“ ist (*GGA* II, 260b). Hier sind nun weniger die technisch versierten Logiker und Mathematiker gefordert als vielmehr die Philosoph(inn)en und Logikhistoriker(innen). Die letzteren hätten zu erforschen, seit wann überhaupt in der Geschichte der formalen Logik vom Umfang eines Begriffes als einer *Entität* die Rede gewesen ist, statt nur von einem *Aspekt*, wenn man Begriffe hinsichtlich ihres Umfangs (und ihres Inhalts) vergleicht, ohne darum gleich Begriffsumfänge als neue Gegenstände zu postulieren, deren Verhältnis zu den Begriffen es zu untersuchen gilt. Die Philosophen, zumindest die Expert(inn)en für Wissenschaftstheorie der Formalwissenschaften, hätten zu diskutieren, mit welchem Recht wir, Freges Satz χ als richtig unterstellt, in der heutigen Logik und Mengenlehre weiterhin solche Entitäten postulieren. Frege hat sich in den letzten beiden Jahren seines Lebens so geäußert, dass man bei einem solchen Vorgehen nur einer Täuschung der Sprache unterliege, die die Bildung von Eigennamen gestatte, denen gar kein Gegenstand entspricht. Kennzeichnungen der Form „der Umfang des Begriffes *F*“ galten ihm jetzt als typische und, wie er nun aus eigener Erfahrung zu wissen meinte, besonders gefährliche Ausdrücke dieser Art. In dem späten Aufsatz „Erkenntnisquellen der Mathematik und der Naturwissenschaften“ (in *Frege 1969*, *²1983g*, 286–294, Zitat 289) bekennt er, „bei dem Versuche, die Zahlen logisch zu begründen, dieser Täuschung unterlegen“ zu sein, indem er „die Zahlen als Mengen auffassen wollte“. Und in einem Brief an Richard Hönigswald vom

26.4.–4.5.1925 erklärt er die Umwandlung eines Begriffes in einen Gegenstand für schlicht unzulässig.

Diese Resignation als anachronistisch zu erklären angesichts des gleichzeitigen Aufblühens der Zermelo-Fraenkelschen und der von Neumannschen axiomatischen Mengenlehre, scheint mir eine zumindest logikgeschichtlich, ja vielleicht sogar philosophisch ganz unangebrachte Reaktion zu sein. Die Selbstkritik Freges verdient mindestens so ernsthafte Betrachtung wie der logizistische Ansatz, den sie in Frage stellt.

Sie werden vielleicht mit Verwunderung bemerkt haben, dass ich über eine ganze Reihe technischer Probleme hinweggegangen bin, die die heutige Fregeforschung beschäftigen. Ich habe nichts gesagt über Peter Aczels These, für die Inkonsistenz des Systems der *Grundgesetze* sei der Waagerechte verantwortlich (eine These, der ich mich für einige Jahre angeschlossen habe; vgl. *Aczel 1979* und *1980* sowie *Thiel 1983a*). Ich habe nicht Stellung bezogen zum Permutationsargument und zur These der Identifizierbarkeit der Wahrheitswerte mit bestimmten Wertverläufen, und ich habe nicht erkennen lassen, was ich von Freges Beweisversuch für die Bedeutungsdefinitheit[13] des Systems der *Grundgesetze* halte. So wichtig (und subjektiv faszinierend) ich die Klärung dieser Problemkomplexe finde, so glaube ich doch, dass sie auch nach ihrer erhofften Lösung in einer Darstellung der Geschichte der formalen Logik in, sagen wir: 100 Jahren, zwar erwähnt, aber nicht als entscheidendes Kennzeichen der Fregeschen Erneuerung der mathematischen Logik verzeichnet werden müssten.

Lassen Sie mich auf die im Titel dieses Vortrags zitierte Stelle zurückkommen, die auf S. XI des ersten Bandes der *Grundgesetze* steht! Frege hat nicht aufs Geratewohl und aus Neuerungssucht gegenüber schon vorhandenen Systemen der Algebra der Logik seine Begriffsschrift von 1879 geschaffen, die den Beginn der modernen Quantorenlogik markiert. Er hat nicht aus Neuerungssucht im Sinn eines eilig auf den Markt gebrachten Update die in den *Grundgesetzen* verwendete zweite Fassung ausgearbeitet, von der man, ohne Zermelo Unrecht zu tun und seine bedeutende Leistung irgendwie zu schmälern, sagen kann, dass mit diesem um die Wertverläufe und ihre Ge-

13 Dies scheint mir die passendste Bezeichnung für die Eigenschaft eines formalen Systems zu sein, dass jeder nach seinen Regeln korrekt gebildete Ausdruck (1) eine Bedeutung hat, und (2) *nur* eine Bedeutung hat. In *v. Kutschera 1989* findet sich dafür der Terminus „semantische Definitheit". Die Bezeichnungen „semantische Vollständigkeit" (vgl. *v. Kutschera 1964*) und „Bedeutungsvollständigkeit" (vgl. *Thiel 1975b* und *1979*) bringen dagegen einseitig nur die erste Teileigenschaft, die Bezeichnung "referential uniqueness" (vgl. *Resnik 1963*) nur die zweite Teileigenschaft zum Ausdruck.

setze erweiterten System die moderne axiomatische Mengenlehre beginnt. Darin scheint mir das Entscheidende des gut überlegten Schrittes von der Begriffsschrift von 1879 zu der von 1893 zu liegen.

Dieser Schritt ist auch für die Philosophie wichtig geworden, denn Frege hat mit der Begriffsschrift nicht nur einen *calculus ratiocinator* geschaffen (einen Logikkalkül), sondern auch eine *lingua philosophica* in einem vielleicht nicht voll intendierten und vom Leibnizschen abweichenden Sinne. Mit ihr sind auch philosophische Probleme geblieben, und wir gehen sie heute, wenn auch zum Teil mit dem Werkzeug Freges, ganz anders an als dieser. So wird man dem rigorosen Einheitlichkeitskonzept Freges nicht mehr bedingungslos folgen wollen, und an der Nützlichkeit selbst der Funktion-Argument-Unterscheidung ist neben vorschneller Kritik (etwa durch Baker und Hacker (*1984*), die sie für einen funktionentheoretischen Übergriff halten) auch wohlerwogener Zweifel betreffend ihre sprachphilosophische Fruchtbarkeit geäußert worden, auf eindrucksvolle Weise etwa in der neuen Monographie Hans Julius Schneiders (*Schneider 1992*). In der Klärung dieser Probleme müssen wir philosophische Aufgaben der Gegenwart sehen; an der einzigartigen geistesgeschichtlichen Bedeutung der Begriffsschrift Freges werden die Antworten, wie immer sie ausfallen, meines Erachtens nichts ändern.

STUDIE 10

Frege und die Frösche
Ein (fast) absolut nutzloser Beitrag zur spekulativen Hermeneutik

Kuno Lorenz zum 17. September 1992

Die *historia calamitatum* der Fregeschen *Grundgesetze der Arithmetik* ist zur Genüge bekannt (*GGA* I, *Frege 1893*, *GGA* II, *Frege 1903a*). Das in der Entwicklung der Logikgeschichte überhaupt erste System der formalen Logik mit einer präzisen Syntax, die auch die Lehre von den Begriffsumfängen, also die elementare Mengenlehre miterfasste, ermöglichte nach einer Idee Russells von 1902 die lückenlose Herleitung der heute nach ihm benannten Antinomie, die bei ihrer schon etliche Jahre früheren Entdeckung im Rahmen informell-logischer und naiv-mengentheoretischer Überlegungen als einer genauen Analyse wohl fähig, aber nicht bedürftig angesehen worden war.[1] Neuerdings ist noch der Verdacht hinzugekommen, die Verwendung der Funktion — ξ (des „Wagerechten") und damit allgemeiner die Formulierung des Systems der *GGA* als Termlogik statt als Satzlogik müsse zu Inkonsistenzen von der Art der Wahrheitsantinomie führen – ein Verdacht, der freilich bislang weder durch eine Herleitung der Tarskischen Antinomie noch durch eine neue Herleitung der Zermelo-Russellschen Antinomie unter wesentlicher Beteiligung der Funktion — ξ bestätigt werden konnte (*Aczel 1979*, *Aczel 1980*). Obgleich schwer zu entscheiden ist, ob Frege dem einheitlichen termlogischen Aufbau eine nur technische oder auch eine für

Dieser Aufsatz ist zuerst erschienen in: Michael Astroh / Dietfried Gerhardus / Gerhard Heinzmann (Hgg.), *Dialogisches Handeln. Eine Festschrift für Kuno Lorenz*, Spektrum Akademischer Verlag: Heidelberg / Berlin / Oxford 1997, 355–359 (*Thiel 1997*).

1 Zu Ernst Zermelos unabhängiger Entdeckung der Antinomie vgl. *Zermelo 1908*, Anm. auf S. 118 f., Hilberts Brief an Frege vom 7.11.1903 in *Frege 1976*, Brief XV/9, 79 f. samt Anmerkungen, ferner die „Notiz einer mündlichen Mitteilung Zermelos an Husserl" (am 16. April 1902), veröffentlicht als Beilage II in *Husserl 1979*, 399, sowie den jetzt im Scholz-Nachlass in Münster i. W. befindlichen Brief Zermelos an Heinrich Scholz vom 10.4.1936.

die Grundlegung der Arithmetik fundamentale Rolle zugedacht hatte, die Herleitung einer auf die Funktion — ξ zurückführbaren Antinomie hätte ihn zweifellos sehr überrascht (während er das Grundgesetz V als Achillesferse des Systems quasi vorab zugestanden und mit der Prognose seiner Unwiderlegbarkeit im Vorwort zu *GGA* I eher sich selbst Mut zugesprochen als andere überzeugt hatte (*GGA* I, VII zusammen mit XXVI).

Sicher ist jedenfalls, dass Frege durch die Zermelo-Russellsche Antinomie das System der *GGA*, ja die Möglichkeit einer „rein logischen" Begründung der Arithmetik als erschüttert ansah – unmittelbar vor und irgendwann nach dem heute als "Frege's Way Out" bezeichneten Reparaturversuch im Nachwort zu *GGA* II, den Frege selbst aus uns unbekannt gebliebenen Gründen, aber doch wohl wegen seiner Einschätzung als unzulänglich, später aufgab, um sich einer (dann nicht mehr ausgeführten) Begründung der Arithmetik aus einer „geometrischen Erkenntnisquelle" zuzuwenden.

Zeugnis für Freges eigene Erschütterung ist die vielzitierte und daher weithin bekannt gewordene Anführung der Worte: *„Solatium miseris, socios habuisse malorum"* (*GGA* II, 253), deren Sinn ebenso klar zu sein scheint wie ihre Funktion gerade an dieser Stelle zu Beginn des Nachworts zu *GGA* II, wo Frege die ihm von Russell in einem Brief vom 16. Juni 1902 berichtete Entdeckung der Antinomie publizierte (vgl. *Frege 1976*, Brief XXXVI/1, 211–212). „Der [oder: Ein] Trost des Elenden ist es, im Unglück Leidensgenossen zu haben" – und als einen solchen nennt Frege in der Fußnote Richard Dedekind, dessen Aufbau der Arithmetik (ebenso wie G. Cantors allgemeine Mengenlehre) durch die auch darin mögliche Herleitung der Zermelo-Russellschen Antinomie gleichermaßen betroffen, also unhaltbar geworden war, nachdem eine in ihren Schritten unanfechtbare Herleitung der Antinomie in Freges eigenem System nun vorlag.

Die Quelle des von Frege zitierten Ausspruchs gehört heute sicher nicht mehr zum allgemeinen Bildungsgut, ist aber auch nicht schwer zu ermitteln – ältere Auflagen des Büchmann enthalten sogar eine ausführlichere Textgeschichte.[2] Es handelt sich um den – in lateinischen Übersetzungen oft als „Adfabulatio" abgehobenen – Schluss einer der Versionen der Fabel Aesops von den Hasen und den Fröschen.[3] Einst seien die Hasen gemeinsam zu der Auffassung gekommen, dass sie die elendesten aller Tiere seien, da sie ja nur den Menschen und den Hunden und den Adlern zum Opfer fielen. Statt in

2 Vgl. etwa *Büchmann 1907*, 353 f.

3 Nr. 143 in *Aesop 1957*, 167 f. (Fassung III). In der älteren Halmschen Ausgabe hat diese Fassung die bei Büchmann angegebene Nummer 237^b.

ständiger Furcht ihr Leben zu fristen, würde es für sie doch besser sein, ihm ein für allemal ein Ende zu setzen. Als sie sich nun zu diesem Zweck einem See näherten, um sich in diesen hineinzustürzen, saß am Ufer eine Schar von Fröschen. Diese erschraken bei dem Getrappel der herannahenden Hasen sehr und sprangen eiligst alle zusammen ins Wasser. Da hielten die Hasen inne und einer von ihnen sprach: „Schöpfen wir Mut! Offenbar gibt es doch noch Tiere, die in größerer Furcht leben als wir. So wollen denn wir weiter am Leben bleiben und seine Widrigkeiten ertragen". Der Originaltext schließt mit den Worten: „ὁ μῦθος δηλοῖ, ὅτι οἱ δυςτυχοῦντες ἐξ ἑτέρων χείρονα πασχόντων παραμυθοῦνται", in der bei Büchmann (*1907*, 353 f.) gegebenen Übersetzung: „Die Fabel lehrt, dass die Unglücklichen aus den schlimmeren Leiden anderer Trost schöpfen" – ein Gedanke, der sich in anderem Kontext auch bei Thukydides und bei Seneca findet.[4]

Mit jeweils leichter Änderung des Sinnes verbundene hexametrische Formen der latinisierten Adfabulatio finden sich schon im Mittelalter, beispielsweise „Gaudium est miseris socios habuisse poenarum", und um die Wende vom 16. zum 17. Jahrhundert in Christopher Marlowes *Faustus* ein „Solamen miseris socios habuisse doloris".[5] Der in Spinozas Ethik 1677 (*Spinoza 1677*, 462) bereits als sprichwörtlich („illud proverbium") bezeichneten Form „Solamen miseris socios habuisse malorum" kommt Freges (ebenfalls hexametrische) Form des Zitats am nächsten, wobei die Wahl von *solatium* statt *solamen* nicht unbedingt einer Wiedergabe aus dem Gedächtnis zuzuschreiben ist, da *solatium* auch in mindestens einer weiteren (nichthexametrischen) Variante des Spruches belegt ist. Woher Frege die von ihm zitierte Fassung gehabt hat, wird sich kaum noch feststellen lassen – sie mag so als Teil der zu Übungszwecken dienenden Aesopschen Fabel schon zu Freges Wismarer Gymnasialzeit in einem Lehrbuch des Lateinischen gestanden haben –, es ist aber gegenüber dem klaren Sinn des Zitats auch ziemlich gleichgültig.

---

4 Vgl. *Thukydides 1901*, lib.VII, c. 75, 6 sowie *Thukydides 1965* mit der Schilderung einer Lage, in der die Erleichterung, die ansonsten mit der Gemeinsamkeit des auf alle gleichermaßen verteilten Unglücks verbunden sei, gänzlich fehlte; Seneca, *Ad Polybium de consolatione* (Trostschrift an Polybius) XII, 2: „Est autem hoc ipsum solacii loco, inter multos dolorem suum diuidere: qui, quia dispersatur inter plures, exigua debet apud te parte subsidere" (zitiert nach *Seneca 1971*, 672).

5 *Marlowe 1950*, 190–191, Z. 1, hier als an Faust gerichteter Ausspruch des „Mephostophilis".

Doch ist der Sinn des Zitats wirklich so klar? Angesichts des logikhistorischen wie auch des biographischen Kontextes sowie Freges Hinweis auf den „Leidensgefährten“ Dedekind wird man dies wohl bejahen müssen. Trotzdem ist es verführerisch, sich zumindest als Möglichkeit auszumalen, wie Frege mit der von ihm wiedergegebenen Form der Adfabulatio noch einen Hintersinn hätte verbinden können. In der Aesopschen Geschichte befinden sich die suizidbereiten Hasen ja nicht wirklich in einer Misere, die Frösche springen nicht irgendwelcher Leiden wegen ins Wasser, und die Hasen deuten die (Re-)Aktion der Frösche ganz falsch.

Wollte man daher – als erste fiktive Möglichkeit – annehmen, Frege habe sich mit dem zitierten Trostspruch nicht dem schlichten Wortsinn folgend auf die nicht ihn allein betreffende Situation nach der Entdeckung der Antinomie beziehen, sondern durch Hinweis auf den Inhalt der Aesopschen Fabel zugleich seine Einschätzung dieser Situation mitteilen wollen, so ergäbe sich ein merkwürdiges Bild. Frege hätte dann die Situation nicht wirklich ernst genommen, sondern seine Überzeugung von der Behebbarkeit der nur vermeintlichen Krise mit ironischen Mitteln drastisch kundtun wollen. Da er nicht nur in seinem Antwortbrief an Russell guten Mutes ist, eine „das Wesentliche“ seiner Beweise erhaltende Lösung der Schwierigkeit zu finden, und der Situationsanalyse im Nachwort den heute als “Frege’s Way Out” bekannten Lösungsvorschlag folgen lässt (in der Erwartung, dass durch seine Modifikation des Grundgesetzes V keine „wesentlichen […] Hindernisse für die Beweisführung entstehen werden“, bekräftigt durch die das Werk beschließenden Worte, er „zweifle […] nicht daran, dass der Weg zur Lösung gefunden ist“, scheint diese Alternative nicht von vornherein absurd.[6] Dennoch widerspricht ihr wohl Freges trotz seiner abgeklärten und fast gleichmütig wirkenden Worte unübersehbare Bestürzung über die Ungangbarkeit des von ihm über zwei Jahrzehnte hinweg verfolgten logizistischen Weges zur Begründung der Arithmetik, und das nicht weniger deutliche Schwanken Freges, der ehrlich genug war zuzugeben, dass der Beweis dafür noch ausstand, dass “Frege’s Way” auch wirklich ein “Way Out” sei.

Andererseits muss man die der schwebenden Krise besser entsprechende – und als zweite fiktive Möglichkeit immerhin denkbare – Annahme als äußerst entlegen bezeichnen, Frege habe auf raffinierte Weise beim Leser die Erinnerung an eine in der Überlieferungsgeschichte des Trostspruches

---

6 Frege an Russell, 22. Juni 1902, in *Frege 1976*, Brief XXXVI/2, 212–215, besonders 213 Mitte; beide Zitatstellen in *GGA* II, 265b.

wohlbekannte Kritik an demselben wachrufen wollen. Diese Kritik kleidet sich in die parodistische Form des Trostspruches als „Solamen miserum [!] socios habuisse malorum“, d. h. als „Ein elender Trost ist es, im Unglück Leidensgenossen zu haben“.[7] Eine *solche* Bewertung wäre in der Tat der Lage nicht unangemessen gewesen, deren Ausmaß Frege bei allem Optimismus hinsichtlich seines Lösungsvorschlags durchaus nicht verkannte – nennt er doch im Anschluss an den Trostspruch nicht nur Dedekind als Leidensgenossen: „Alle“, schreibt er, „die von Begriffsumfängen, Klassen, Mengen in ihren Beweisen Gebrauch gemacht haben, sind in derselben Lage“ (*GGA* II, 253). Obwohl Freges unmittelbar auf das Zitat folgende Worte: „Dieser Trost, *wenn es einer ist*, steht auch mir zur Seite“ (ebd.; Hervorhebung C. T.), eine verständliche Reserve gegenüber dem aus der Gemeinsamkeit des Unglücks fließenden Trost erkennen lassen, wird man eine Anspielung der soeben ins Auge gefassten Art bei Berücksichtigung des Fregeschen Argumentationsstils und seines subjektiven wie auch des objektiven logikgeschichtlichen Kontextes mit ziemlicher Sicherheit ausschließen können.

Die beiden erwogenen alternativen Vermutungen über die Absicht, die Frege mit der Verwendung des Zitats verfolgt haben mag, schießen gleichsam in entgegengesetzten Richtungen über das Greifbare hinaus: die erste Deutung mit der Annahme, Frege habe die durch die Antinomie hervorgerufene Krise durch Verweis auf die Aesopsche Fabel herunterspielen oder gar als Chimäre hinstellen wollen, die zweite Deutung mit der Annahme, Frege habe die Krise im Gegenteil als so katastrophal empfunden, dass er auf sie nur mehr sarkastisch habe reagieren können. Ganz nüchtern betrachtet ist es wohl einfach so, dass Frege die aus einer Verknüpfung des Zitats mit

---

7 Die Geschichte dieser Parodie habe ich noch nicht hinreichend klären können. Adolf Langen nennt in seiner Bearbeitung des Büchmann (*1915*, 238) als eine Quelle für die von ihm recht unpassend als „Erweiterung des Verses“ bezeichnete „miserum“-Fassung eine Anmerkung „in der Amsterdamer Ausgabe der Distichen des Cato von 1760, S. 283“, die ich bisher nicht einsehen konnte. Da dort die „miserum“-Fassung nicht gerade als Distichon Catos verzeichnet sein wird, könnte sich die Anmerkung auf Distichon III 22 beziehen: „Fac tibi proponas mortem non esse timendam, quae bona si nonest, finis tamen illa malorum est“ (vgl. etwa *Cato 1952*, 182). *Wegeler 1872* enthält die parodistische Fassung als Nr. 2033 (Büchmann nennt sie als Nr. 3109 in der Auflage von 1877, die ich nicht gesehen habe). Eine mit der „miserum“-Fassung inhaltlich verwandte explizite Kritik hat auch Lessing geübt: „Was nutzt mirs, daß mein Freund mit mir gefällig weine? Nichts, als daß ich in ihm mir zweyfach elend scheine“ (*Lessing 1890*, 100, Z. 51–52). Kurt Wölfel danke ich für den Nachweis dieser Originalstelle, die weder bei Büchmann noch in der dort genannten Lessingstudie Treitschkes angegeben ist.

der „Fabel der Fabel“ erwachsenden Komplikationen nicht einmal in den Sinn gekommen sind und er die Worte des Zitats tatsächlich in ihrer vom Inhalt der Fabel ganz „abgehobenen“ schlichten Bedeutung verstanden wissen wollte.

Sind unsere um den Sinn des Zitats, seine Überlieferung und seine Verwendung in Freges Nachwort kreisenden Überlegungen also lediglich wegen ihrer schillernden Buntheit amüsante, aber eben doch leere Seifenblasen? Ich hätte sie nicht unternommen (und erst recht nicht Kuno Lorenz zum Geburtstag gewidmet), wenn ich nicht glaubte, dass auch solche hermeneutischen Spekulationen unsere Einsichten bereichern können. Selbst Umberto Ecos köstliche Verfremdung „Er muoz gelîchesame die leiter abewerfen, sô er an ir ufgestigen“ im Zusammenhang der Handlung in *Il nome della rosa* hat der Wittgensteinschen Leiternmetapher einen weiteren, bis dahin (meines Wissens) noch nicht reflektierten möglichen Sinn verliehen, der mit dem bei Eco selbst nahegelegten Fazit eines „ex confusione verum“ gewiss nicht vollständig erfasst ist (*Eco 1980*, 495). Und wenn auch mit diesem Hinweis beileibe nicht suggeriert werden soll, die obigen Spekulationen hätten auch nur entfernt Vergleichbares für den mit Aesops Fabel verbundenen Trostspruch geleistet, so bleibt auf der anderen Seite doch zu erwägen, ob nicht fiktive, vom jeweils bekannten historischen Kontext *nicht* gestützte Interpretationsmöglichkeiten einer Textstelle zur *Verdeutlichung* und besseren *Konturierung* der im betrachteten Fall bestgestützten und in diesem Sinne besten Interpretation einen wertvollen Beitrag liefern können.

Studie 11

Die außer Kraft gesetzte Behauptung

Eines der fesselndsten Textstücke im Werk Gottlob Freges ist sein „Nachwort“[1] zum zweiten Band der *Grundgesetze der Arithmetik*, beendet 1902, veröffentlicht 1903.[2] Nachdem er den Leser über das Scheitern seines Systems an der von Russell entdeckten Antinomie informiert und zwei *prima facie* mögliche Wege zu deren Vermeidung als ungangbar verworfen hat, gesteht Frege zu, „dass die bisherige Auffassung der Worte ‚Umfang eines Begriffes‘ einer Berichtigung bedarf“ (*GGA* II, 256a). Vor dem näheren Eingehen auf diese Frage hält er es jedoch für nützlich, „dem Auftreten jenes Widerspruches mit unsern [sc. begriffsschriftlichen] Zeichen nachzuspüren“, und so macht sich Frege an eine Schritt für Schritt kontrollierbare Ableitung der Antinomie, die uns freilich gleich in ihren ersten Sätzen vor zwei Rätsel stellt, denen die folgenden Überlegungen gelten.

Es empfiehlt sich, mit einem Blick auf die einschlägigen Zeilen des Originaltextes zu beginnen, die fast die erste Hälfte der Seite 256 (in beiden Spalten) füllen:

> Dass Δ eine Klasse ist, die sich selbst nicht angehört, können wir so ausdrücken:
>
> $$\vdash\!\overset{\mathfrak{g}}{\smile}\!\!\begin{array}{l} \top\!\!-\, \mathfrak{g}(\Delta) \\ \llcorner\, \grave{\varepsilon}(-\, \mathfrak{g}(\varepsilon)) = \Delta \end{array}$$
>
> Und die Klasse der sich selbst nicht angehörenden Klassen wird so bezeichnen zu sein:

Dieser Aufsatz ist Ignacio Angelelli zum 3. April 2003 gewidmet und zuerst erschienen in: Dirk Greimann (Hg.), *Das Wahre und das Falsche. Studien zu Freges Auffassung von Wahrheit*, Georg Olms: Hildesheim / Zürich / New York 2003, 293–303 (*Thiel 2003a*).

1 „Nachwort“, *GGA* II, *Frege 1903a*, 253–265, englisch in den Übersetzungen von Peter Geach (leicht gekürzt, in *Geach/Black 1952*, 234–244 [= 214–224 der 3. Auflage von 1980], und in *Beaney 1997*, 279–289), und von Montgomery Furth (in *Frege 1964a*, 127–144).

2 *GGA* I, *Frege 1893*; *GGA* II, *Frege 1903a*, Nachdruck Wissenschaftliche Buchgesellschaft: Darmstadt 1962 / Georg Olms: Hildesheim 1962, 1966 und (mit dem fehlerhaften Untertitel „begriffsgeschichtlich abgeleitet“) Hildesheim / Zürich / New York 1998.

$$\dot{\varepsilon}\left(\;\overset{\mathfrak{g}}{\smile}\;\begin{array}{l}\mathfrak{g}(\varepsilon)\\ \dot{\varepsilon}(-\,\mathfrak{g}(\varepsilon)) = \varepsilon\end{array}\right)$$

[Eine Fußnote Freges verweist an dieser Stelle auf die Erklärung des Fregeschen Gebrauchs der griechischen Buchstaben in § 9 des ersten Bandes.]

Ich will zur Abkürzung dafür in den folgenden Ableitungen das Zeichen „∀" gebrauchen und dabei wegen der zweifelhaften Wahrheit den Urtheilsstrich weglassen. Demnach werde ich mit

$$\text{„}\;\overset{\mathfrak{g}}{\smile}\;\begin{array}{l}\mathfrak{g}(\forall)\\ \dot{\varepsilon}(-\,\mathfrak{g}(\varepsilon)) = \forall\end{array}\;\text{“}$$

ausdrücken, dass sich die Klasse ∀ selbst angehöre.

Mit Verblüffung nimmt der Leser den letzten dieser Sätze zur Kenntnis, an dem ganz offensichtlich etwas faul zu sein scheint: Frege liest die erste Formel des Zitats als „Δ ist eine Klasse, die sich selbst nicht angehört", und die letzte als „die Klasse ∀ gehört sich selbst an", obwohl sich doch die zweite Formel von der ersten einzig dadurch unterscheidet, dass in ihr „∀" anstelle von „Δ" steht. Man könnte sich denken, dass Frege versehentlich das Wort „nicht" hinter dem „∀" vergessen habe („dass die Klasse ∀ sich selbst angehöre"), müsste dann allerdings auch erklären, weshalb Frege bei diesem „Versehen" blieb, als er unmittelbar darauf die beiden Subjungate „Wenn ∀ sich angehört, gehört es sich nicht an" und „Wenn ∀ sich nicht angehört, so gehört es sich an" betrachtete. Geach war trotzdem überzeugt, dass Frege schlicht ein Versehen ("a slip") unterlaufen sei, das daher von Geach in seiner Übersetzung (in allen drei Auflagen von *Geach/Black 1952* und in *Beaney 1997*, von Furth in den "corrections" zu seiner Übersetzung der *Grundgesetze* (*Frege 1964a*) und von Mangione in seiner italienischen Übersetzung von 1977 berichtigt wurde (*Frege 1977*). Als Robert Sternfeld (*1966*) mit der Behauptung auftrat, Frege habe an dieser Stelle durchaus keinen Fehler gemacht, ja seine *Grundgesetze* enthielten überhaupt keinen Widerspruch, wurde er gar nicht erst ernst genommen (obwohl sein Buch neben einigen kritischen Rezensionen auch mehrere erstaunlich wohlwollende erhielt). Allerdings werde auch ich gleich (und zwar ganz unabhängig von Sternfeld) zu erwägen geben, ob sich nicht Frege tatsächlich völlig im Klaren war, was er an der betreffenden Textstelle tat, so dass sein „Versehen" eine erneute Untersuchung verdient.

Zweitens aber provoziert Freges Weglassung des Urteilsstrichs vor den Formeln seiner Ableitung der Zermelo–Russellschen Antinomie wegen ihrer „zweifelhaften Wahrheit" (aufgrund der sich ergebenden einander widersprechenden Formeln, die ja nicht beide wahr sein können) die Frage, ob nicht Frege durch diese Weglassung seiner eigenen Feststellung widerspricht, dass eine Konklusion stets nur aus wahren Prämissen erschlossen werden könne, ja sogar nur aus als wahr anerkannten Prämissen, also keinesfalls aus Prämissen der Gestalt $— A$, sondern nur aus Prämissen der Form $\vdash A$ (d. h. *mit* vorgesetztem Urteilsstrich).

Beginnen wir mit dem Problem des angeblichen Versehens und erinnern wir uns zunächst der Fregeschen Terminologie, nach der wir, statt vom Fallen eines Gegenstandes Γ unter einen Begriff $\Phi(\xi)$ zu sprechen, auch sagen können, Γ gehöre zum Umfang $\grave{\varepsilon}\Phi(\varepsilon)$ des Begriffes $\Phi(\xi)$, und umgekehrt. Wir wollen außerdem Freges Werturteil ignorieren, die „Bequemlichkeit des Setzers [sei] denn doch der Güter höchstes nicht“,[3] und für das Folgende statt seiner Begriffsschrift eine etwas vertrautere Notation verwenden. Dann wird Freges zitierte Erklärung des Umstandes, dass eine Klasse Δ sich selbst nicht angehört, zu

$$\neg \bigwedge_{\mathfrak{g}}(((\grave{\varepsilon}(— \mathfrak{g}(\varepsilon)) = \Delta) \rightarrow (— \mathfrak{g}(\Delta))),$$

was durch die Einfügung zweier aufeinanderfolgender Negationszeichen hinter dem Quantor und Ersetzung der Zeichenfolge „$\neg \bigwedge_{\mathfrak{g}} \neg$“ durch „$\bigvee_{\mathfrak{g}}$“ übergeht in

$$\bigvee_{\mathfrak{g}} \neg(((\grave{\varepsilon}(— \mathfrak{g}(\varepsilon)) = \Delta) \rightarrow (— \mathfrak{g}(\Delta)))$$

und weiter, nach einem Gesetz der klassischen Junktorenlogik, in

$$\bigvee_{\mathfrak{g}}(((\grave{\varepsilon}(— \mathfrak{g}(\varepsilon)) = \Delta) \wedge \neg(— \mathfrak{g}(\Delta))).$$

Kürzen wir durch „$H(\xi)$“ den Ausdruck ab, der aus dieser Formel durch Substitution von ξ für Δ entsteht, so können wir Freges Erklärung auch so formulieren, dass Δ sich selbst nicht angehört genau dann, wenn $H(\Delta)$ gilt, was (wie aus dem Aufbau des Ausdrucks ablesbar ist) nichts anderes heißt, als dass Δ der Wertverlauf $\grave{\varepsilon}(— g(\varepsilon))$ einer Funktion $— g(\xi)$, d. h. der Umfang eines Begriffs $— g(\xi)$ ist, und dass es nicht unter $— g(\xi)$ fällt. So weit also die etwas ausführlichere Analyse der Fregeschen Lesart seiner ersten Formel auf Seite 256a.

---

3 Gottlob Frege, „Über die Begriffsschrift des Herrn Peano und meine eigene“ (*1897*), hier zitiert nach *Frege 1967*, 222.

Wir wenden uns nun $\forall$ zu, Freges „Klasse aller Klassen, die sich nicht selbst angehören“:

$$\forall \leftrightharpoons \dot{\varepsilon}(\neg \bigwedge_{\mathfrak{g}}(((\dot{\varepsilon}(\text{—}\ \mathfrak{g}(\varepsilon)) = \varepsilon) \to (\text{—}\ \mathfrak{g}(\varepsilon)))).$$

Die definierende Bedingung $H^*(\xi)$ dieser Klasse ist

$$\neg \bigwedge_{\mathfrak{g}}(((\dot{\varepsilon}(\text{—}\ \mathfrak{g}(\varepsilon)) = \xi) \to (\text{—}\ \mathfrak{g}(\xi))),$$

was, wie wir gesehen haben, gleichwertig ist mit

$$\bigvee_{\mathfrak{g}}(((\dot{\varepsilon}(\text{—}\ \mathfrak{g}(\varepsilon)) = \xi) \wedge \neg(\text{—}\ \mathfrak{g}(\xi))).$$

Wenn also Frege ausdrücken will, dass $\forall$ *sich nicht selbst angehört*, so muss er sagen, dass $\forall$ die Funktion $H^*(\xi)$ erfüllt, d. h. dass

$$\bigvee_{\mathfrak{g}}(((\dot{\varepsilon}(\text{—}\ \mathfrak{g}(\varepsilon)) = \forall) \wedge \neg(\text{—}\ \mathfrak{g}(\forall)))$$

gilt. Verblüffenderweise teilt uns Frege aber mit, dass diese Formel (die zweite auf Seite 256b) besage, dass „die Klasse $\forall$ *sich selbst angehört*“. Da dies nicht nur unseren Erwartungen zuwiderläuft, sondern auch dem soeben schrittweise durchlaufenen Gedankengang (nach welchem die Formel ganz klar zum Ausdruck bringt, dass $\forall$ *sich selbst nicht angehört*), folgerte Geach, Freges Formulierung sei “clearly a slip”,[4] und änderte in seiner Übersetzung den Wortlaut entsprechend ab.

Obwohl die Sache damit geklärt scheinen könnte, möchte ich sie doch noch einmal zum Gegenstand machen. Weshalb blieb Frege auch in der nachfolgenden Diskussion der beteiligten Begriffe, d. h. von „sich-selbst-angehören“ und „sich-selbst-nicht-angehören“ bei derselben Lesart der Formeln? Blieb er einfach, ohne es zu merken, auf der falschen Spur, auf die er durch das vorausgegangene „Versehen“ geraten war? Ich möchte zu bedenken geben, ob sich Frege nicht doch völlig im Klaren war, wie er die Formeln zu lesen habe, auch wenn er seine dahinterstehende Überlegung im gedruckten Text nicht zum Ausdruck gebracht hat. Um diese Möglich-

4 *Geach/Black 1952*, 237; *Geach/Black 1980*, 217 und *Beaney 1997*, 283. Furth in *Frege 1964a*, 130, 144, und Mangione in *Frege 1977*, 579, schlossen sich Geachs Berichtigung an.

keit einzusehen, brauchen wir nur noch einmal die Situation in den Blick zu nehmen, dass $\forall$ sich nicht selbst angehört, d. h. dass es die Funktion $H^*(\xi)$ erfüllt. Denn gerade *indem* es in dieser Weise eine Funktion erfüllt, deren Wertverlauf sie selber ist, fällt $\forall$ unter den Begriff, dessen Umfang es ist, *was nichts anderes heißt, als dass es sich selbst angehört.* Begrifflich ist das bereits der ganze Inhalt der Zermelo–Russellschen Antinomie: Sobald wir den Begriff „Sich-selbst-angehören" zulassen, stellt uns die Anwendung dieses Begriffs auf sich selbst vor das Problem, dass das Sich-selbst-angehören von $\forall$ sein Sich-nicht-selbst-angehören bedeutet, und umgekehrt. Eine modernisierte Fassung dieses Gedankenganges würde sich der $\in$-Beziehung der axiomatischen Mengenlehre bedienen und von der Definition

$$\mathbf{D}\!: \forall \leftrightharpoons \{X \mid \neg(X \in X)\}$$

und der Äquivalenz

$$\mathbf{E}\!: \mathrm{t} \in \{X \mid A(X)\} \leftrightarrow A(\mathrm{t})$$

ausgehen und bei

$$\forall \in \forall \leftrightarrow_{\mathrm{D}} \forall \in \{X \mid \neg(X \in X)\} \leftrightarrow_{\mathrm{E}} \neg(\forall \in \forall)$$

landen. Meine Vermutung ist, dass Frege genau diese unmittelbare Verbindung vor Augen hatte, als er in dem zitierten Passus des „Nachworts" die Be-griffe „Sich-selbst-angehören" und „Sich-nicht-selbst-angehören" analysierte.

Anders als die Mehrheit der zeitgenössischen und der späteren Logiker zog Frege nicht die Konsequenz, dass der Begriff des Sich-selbst-angehörens nun zu verwerfen sei. Er führte vielmehr die Antinomie auf die Falschheit eines seiner Grundgesetze zurück und untermauerte diese Einschätzung durch die Herleitung zweier einander widersprechender Aussagen ζ und η aus seinen Grundgesetzen I, II, III und V, sowie eine anschließende scharfsinnig ausgedachte Herleitung in einer Logik 2. Stufe (d. h. ohne Verwendung von Wertverläufen), deren Ergebnis ein Satz über einstellige Funktionen zweiter Stufe ist, aus dem die Falschheit von Grundgesetz Vb (einer der beiden „Richtungen" des Grundgesetzes V) unmittelbar folgt, indem man diesen Satz auf die Wertverlaufsfunktion $\grave{\varepsilon}\Phi(\varepsilon)$ anwendet. Während ich mich mit dieser zweiten Herleitung schon andernorts beschäftigt habe (vgl. *Thiel 1983b*), interessiert mich im vorliegenden Beitrag vor allem die herbe Kritik, die Freges erste Herleitung in der Sekundärliteratur aus einem schon eingangs erwähnten Grunde erfahren hat: Frege beginnt seine Herleitung bei der Aussage, dass sich die Klasse $\forall$ selbst angehört (oder, nach Geach, sich selbst nicht angehört), lässt aber bei dieser Aussage und den aus ihr ableitbaren Aussagen „wegen der zweifelhaften Wahrheit" den Urteilsstrich weg.

Der Empörung der Kritiker lag Freges mehrfach verkündete Forderung zu Grunde, dass alles Folgern oder Schließen von Prämissen auszugehen habe, deren Wahrheit bekannt („anerkannt") sei, ein Imperativ, den Frege in der zur Debatte stehenden Herleitung selber keineswegs ernst zu nehmen scheint. Mitchell Green (vgl. *Green 2002*, 211) berichtet, Geach betrachte Freges Vorgehen schlicht als "hypocritical". Trotz der Unauffindbarkeit dieses Ausdrucks an der von Green angegebenen Stelle (*Geach 1976*, 63, wo Geach es lediglich „ironisch" findet, dass sich Frege genötigt sieht, im Aristotelischen Sinne „dialektisch" – nämlich von bloßen Annahmen ausgehend – zu schließen ungeachtet seines Bestehens darauf, dass Schließen aus nichtbehaupteten Prämissen unerlaubt oder irreführend sei), und obwohl Freges Bezugnahme auf die „zweifelhafte Wahrheit" zweifellos auch didaktische Gründe hat (da er ja zum Zeitpunkt der Niederschrift bereits von der Falschheit seines Grundgesetzes V überzeugt war), lässt sich das Problem nicht einfach beiseite schieben.

Um Freges Vorgehen angemessen zu beurteilen, wird es gut sein, sich einige Stellen ins Gedächtnis zu rufen, an denen er die beanstandete Position vertritt. In der Periode der *Begriffsschrift* ist der Sprachgebrauch noch wenig terminologisch: der Urteilsstrich vor dem Ausdruck eines beurteilbaren Inhalts —— *A* „stellt diesen Satz als Behauptung hin" (*Frege 1964b*, 93 = *Frege 1972*, 208, vgl. auch *Frege 1983a*, 22 = *Frege 1979*, 20), er dient dazu, „einen Inhalt als wahr hinzustellen" (*Frege 1983a*, 58 = *Frege 1979*, 51) oder „einen Inhalt als richtig [zu] behaupten" (*Frege 1964b*, 101 = *Frege 1972*, 94). In *Function und Begriff* sagt Frege, wir bedürften „eines besonderen Zeichens, um etwas behaupten zu können", und erläutert dies in einer Fußnote mit einer unglücklichen Formulierung, die in der Literatur ziemliche Verwirrung gestiftet hat: „» $\vdash 2 + 3 = 5$ « bezeichnet nichts, sondern behauptet etwas" (*Frege 1891a*, 22 = *Frege 1967*, 137 = *Beaney 1997*, 142 Anm.). In den *Grundgesetzen* dient das Zeichen „$\vdash$ " der „begriffsschriftliche[n] Darstellung eines Urteils" (*GGA* I, 9 = *Beaney 1997*, 215), und bei der Formulierung der Abtrennungsregel in § 14 (*GGA* I, 25 = *Frege 1964a*, 57) setzt Frege den Urteilsstrich vor die Prämissen und vor die Konklusion. Alle diese Äußerungen liegen *vor* Russells Entdeckung; die Frage des Weglassens des Urteilsstrichs vor einer Formel taucht gar nicht auf, und dass dieses Zeichen vor die Prämissen und die Konklusion in der Abtrennungsregel gesetzt wird, erscheint problemlos und erfolgt ohne irgendeinen dogmatischen oder streitbaren Kommentar.

In *GGA* II lässt Frege den Urteilsstrich in den Herleitungen auf den Seiten 256 (in der eingangs zitierten Stelle) und 257a weg, setzt ihn aber erneut in der Herleitung auf Seite 257b ff., welche dem Nachweis der Falschheit des Grundgesetzes V dient. Darum geht es uns hier – wobei eine der interessantesten (und recht überraschenden) Tatsachen die ist, dass Freges entschiedenste Äußerungen über die Unentbehrlichkeit des Urteilsstriches vor den Prämissen und der Konklusion eines Schlusses von 1910, 1914 und 1917 stammen, aus einer Zeit also erheblich nach seiner Erörterung der Antinomie im zweiten Band der *Grundgesetze*. 1910 schickt Frege P. E. B. Jourdain zahlreiche Anmerkungen zu dessen Entwurf für eine Darstellung von Freges logischen Auffassungen, die später in *Jourdain 1912* als Fußnoten erscheinen (zu Einzelheiten vgl. *Frege 1976*, 109 ff. und *Frege 1980*, 72 ff.). Eine dieser Anmerkungen lautet in der Originalfassung (*Frege 1976*, 118 f., vgl. *Jourdain 1912*, 240):

> Aus falschen Prämissen kann überhaupt nichts geschlossen werden. Ein blosser Gedanke, der nicht als wahr anerkannt ist, kann überhaupt nicht Praemisse sein. Erst nach[dem] ein Gedanke von mir als wahr anerkannt worden ist, kann er eine Praemisse für mich sein. Blosse Hypothesen können nicht als Praemissen gebraucht werden. Zwar kann ich, ohne die Wahrheit von A anerkannt zu haben, untersuchen, welche Folgerungen sich aus der Annahme, *A* sei wahr, ergeben; aber das Ergebnis wird dann die Bedingung *wenn A wahr ist* enthalten. Damit ist aber gesagt, dass *A* keine Praemisse ist; denn die wahren Praemissen kommen im Schlussurtheile nicht vor. Unter Umständen kann man durch eine Schlusskette ein Schlussurtheil gewinnen von der Form
>
> 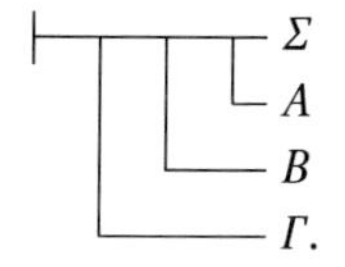
>
>
> A, B, Γ erscheinen hierbei nicht als Praemissen des Schlussverfahrens, sondern als Bedingungen im Schlussurtheile. Man kann dieses von den Bedingungen befreien nur mittels der Praemissen $\vdash A$, $\vdash B$, $\vdash \Gamma$ und diese sind nun keine Hypothesen mehr, weil ihre Zeichen den Urtheilsstrich enthalten.

In einem Brief an Hugo Dingler vom 31. Januar 1917 ist Frege noch ausführlicher und auch rigoroser (*Frege 1976*, 30 = *Frege 1980*, 16 f.):

> [Man kann] nur aus wahren Sätzen etwas schliessen. Wenn also in einer Gruppe von Sätzen ein Satz vorkommt, dessen Wahrheit noch nicht erkannt ist oder der sicher falsch ist, so kann dieser nicht zu Folgerungen verwendet werden. Wenn man Folgerungen aus den Sätzen einer Gruppe ziehen will, muss man zunächst alle Sätze ausscheiden, deren Wahrheit zweifelhaft ist. Das Schema einer Folgerung aus einer Praemisse ist etwa
>
> ‚*A* ist wahr, folglich ist *B* wahr'.

> Wir haben diesen Fall z. B. wenn *A* ein allgemeiner Satz ist und *B* ein besonderer Fall davon. Das Schema eines Schlusses aus zwei Praemissen ist etwa:
>
> ‚*A* ist wahr, *B* ist wahr, folglich ist *Γ* wahr'.
>
> Die Anerkennung der Wahrheit der Praemissen ist notwendig. Wenn wir schliessen, erkennen wir die Wahrheit an auf Grund anderer schon von uns anerkannter Wahrheiten nach einem logischen Gesetze. Nehmen wir an, wir haben willkürlich die Sätze gebildet
>
> ‚2 < 1'
>
> und
>
> ‚Wenn etwas kleiner als 1 ist, so ist es grösser als 2',
>
> ohne zu wissen, dass diese Sätze wahr seien. Rein formal könnten wir daraus ableiten
>
> ‚2 > 2';
>
> aber das wäre kein Schluss, weil die Wahrheit der Praemissen fehlt. Und die Wahrheit des Schlusses wäre durch den Pseudoschluss nicht besser begründet als ohne ihn. Und dies Verfahren hätte keinen Zweck für die Erkennung irgendeiner Wahrheit.

Die Schlusssätze des letzten Zitats stellen sich ausdrücklich gegen die „moderne" Auffassung des Folgerns oder Schließens; sie zeigen aber auch deutlich Freges eigentliches Anliegen, das noch klarer zutage tritt, wenn wir die erste Aussage in Freges Beispiel durch „3 < 1" ersetzen: die Konklusion „3 > 2" ist dann wahr, aber ihre Wahrheit „gründet" sich nach Frege nicht auf die beiden (Pseudo-)Prämissen dieses (Pseudo-)Schlusses. In einem echten Schluss wird die Konklusion als wahr erkannt *aufgrund* der Prämissen, “in virtue of that inference having been made”, wie Gregory Currie Freges Standpunkt treffend zusammengefasst hat; “Inference is not just truth-preserving; it is justification-conferring” (*Currie 1987*, 58).

Wenn dies tatsächlich Freges Standpunkt ist – und daran habe ich nicht den geringsten Zweifel –, dann geht es Frege schlicht darum, die Ausdrücke „Schluss" und „Schließen" den Herleitungen von Konklusionen aus wahren Prämissen vorzubehalten, ein Vorschlag, über den die faktische Entwicklung der Methoden und der Terminologie durch die Mathematiker- und Logikergemeinschaft hinweggegangen ist. Mir scheint dabei wichtig zu beachten, dass Frege hier nicht etwa in querulantischer Weise fordert, Schlüsse aus falschen Annahmen sollten verboten oder indirekte Beweise als ungültig verworfen werden. Er wirbt lediglich für eine angemessene (und pedantisch genaue) Beschreibung der logischen und methodologischen Situation. Wenn wir $B \wedge \neg B$ aus A ableiten mittels einer Folge korrekter Schritte, die zusammen einen „indirekten Beweis" von $\neg A$ bilden, so haben wir nicht $B \wedge \neg B$ aus A „bewiesen" (und nach Freges Sprachgebrauch nicht einmal „erschlossen"); wir haben vielmehr ein Subjungat $A \rightarrow (B \wedge \neg B)$ hergeleitet, aus dem wir durch Kontraposition $\neg (B \wedge \neg B) \rightarrow \neg A$ erhalten, und erst daraus durch Abtrennung des logischen Gesetzes $\neg (B \wedge \neg B)$ die gewünschte Konklusion $\neg A$. Dies ist eine korrekte Beschreibung dessen, was wir getan haben und ausführlich hätten hinschreiben sollen; die übliche Darstellung als „indirekter Beweis" kann bestenfalls eine Abkürzung aus praktischen Bedürfnissen sein, um etwa die Häufung von Vordersätzen (bei Frege: Untergliedern) zu vermeiden, deren wir uns später schrittweise wieder entledigen müssen.

Dass dies tatsächlich Freges Intention ist, wird aus seiner Behandlung des indirekten Beweises in seinen Vorlesungsnotizen über „Logik in der Mathematik" von 1914 deutlich (*Frege 1983a*, 264–267 = *Frege 1979*, 244–247). Auch hier stellt Frege fest, „aus etwas Falschem kann man nichts schliessen". Diesmal fährt er fort: „Aber, könnte man vielleicht sagen, kann man nicht doch Folgerungen ableiten aus einem Satze, der vielleicht falsch ist, um zu sehen, was sich ergibt, wenn er wahr wäre? Ja, in gewissem Sinne ist es möglich" (ebd., 244, 264). Doch die anschließende Analyse zeigt: „Genau genommen kann man [...] gar nicht sagen, dass aus einem falschen oder zweifelhaften Gedanken hier Folgerungen gezogen werden" (ebd.). Ein Beispiel aus der Elementargeometrie macht dies für einen falschen Gedanken („nicht $AC > BC$") klar, wobei wir „[g]enau genommen [...] nicht sagen [können], dass aus dem falschen Gedanken (AC ist nicht $> BC$) Folgerungen gezogen worden seien. Deshalb sollte man auch eigentlich nicht sagen ‚Gesetzt es wäre nicht $AC > BC$', weil dies so aussieht, als sollte dies, dass nicht $AC > BC$ ist, als Prämisse zu Schlüssen dienen, während es nur eine Bedingung ist" (ebd., 265, 246).

Das gleiche, tolerantere Verständnis der Fregeschen Forderung an das Schließen aus Annahmen können wir nun aber auch auf sein eigenes Vorgehen auf S. 256 f. des „Nachwortes" anwenden. Wie wir gesehen haben, wird die Behauptung der einzelnen Formeln durch Weglassen des Urteilsstriches zurückgehalten, und Frege verbindet seine Ableitungsschritte durch „wir haben", „wir erhalten", und nur am Schluss durch „aus ... folgt". Das gleiche gilt für Freges zweite Variante der Ableitung, die von seiner $\cap$-Funktion Gebrauch macht und in Geachs Übersetzung weggelassen ist (aber bei *Frege 1964a*, 132, zu finden ist). Das Verfahren ist offensichtlich das eines indirekten Beweises, wobei die Grundgesetze I, II, and III unbezweifelt bleiben, während aus der „zweifelhaften Wahrheit" von Vb die einander widersprechenden Formeln ζ und η folgen. Das Verständnis des Vorgehens als das eines indirekten Beweises ist im Einklang mit dem Text, da Frege seine zweite Ableitung auf S. 257 ff. so beschreibt, „dass wir, statt von Vb auszugehen und so auf einen Widerspruch zu stossen, die Falschheit von Vb als Endergebnis gewinnen" (*GGA* II, 257b = *Beaney 1997*, 285). Ich möchte anregen, Freges Ableitung mit der „zurückgehaltenen Behauptung" als eine Abkürzung des nahezu unentwirrbaren Beweises anzusehen, den Frege hätte führen müssen, wenn er auf der Konstruktion einer riesigen Wenn-dann-Aussage mit mehreren Vordersätzen bestanden hätte, die dann Schritt für Schritt zu beseitigen gewesen wären, um den Widerspruch zu erhalten. Natürlich hätte Frege dies „eigentlich" nicht tun dürfen, und „genau genommen" hätte er nicht sagen sollen, dass er aus einem zweifelhaften Gedanken Folgerungen gezogen habe. Aber dies trotzdem getan zu haben, erlaubt nicht auf "hypocrisy" zu schließen, und ist auch etwas ganz anderes als die Beanspruchung des Rechtes, gegen eine Norm zu verstoßen, die man für andere als verbindlich erklärt hat.

Um zu dieser Deutung zu kommen, war es nicht nötig, auf den Unterschied zwischen der Anerkennung eines Gedankens als wahr und dem Behaupten als Kundgabe dieser Anerkennung einzugehen, oder auf die Frage, ob diese Kundgabe und der Urteilsstrich (oder Behauptungsstrich) ein Fürwahrhalten des Sprechers oder Schreibers anzeige (vgl. *Wittgenstein 1922*, 4.442) und daher nur von psychologischer Relevanz sei. Es war auch nicht erforderlich, auf Freges erkennntnistheoretische Unterscheidungen in „Der Gedanke" (hauptsächlich *Frege 1967*, 346 = *Beaney 1997*, 329) und seine scheinbare Zustimmung zum Schließen aus falschen Prämissen in „Gedankengefüge" (*Frege 1967*, 381–389 = *Frege 1984*, 393–403) einzugehen. Und es gab auch keinen Anlass zur Erörterung des (Pseudo-?)Problems, ob die Wirklichkeit von Täuschung, Irrtum und Nichtwissen Behaupten in Freges Sinn vielleicht überhaupt unmöglich macht. Um nicht missverstanden zu werden: ich habe Frege nicht von Nachlässigkeit unter besonders delikaten Umständen freisprechen wollen, und ich verkenne durchaus nicht, dass Frege bei der Formulierung des Sich-selbst-angehörens einer Klasse ein Versehen unterlaufen sein *könnte*, und dass er seinen Lesern eine Erklärung für die „zurückgehaltenen Behauptungen" im „Nachwort" schuldig geblieben ist. Ich kann aber auch nicht meinen Eindruck verleugnen, dass das Urteil über diese (wirklichen oder scheinbaren) Verstöße ungewöhnlich hart und vorschnell ausgefallen ist, und wir Frege zumindest eine intensivere Bemühung schulden, Umstände und Einzelheiten seines Vorgehens zu verstehen.

STUDIE 12

The Extension of the Concept Abolished? Reflexions on a Fregean Dilemma

Scores of expositions and technical analyses have been devoted to the materialization of the Zermelo-Russell antinomy in naive set theory as well as in Frege's system of *Grundgesetze der Arithmetik*.[1] The origins of the antinomy have been studied with great circumspection, and the impossibility of Frege's attempted "Way Out" has been demonstrated, with essential participation of Polish logicians.[2] Yet, there is no unanimity as to the ultimate cause of the deadlock up to now, and no full comprehension of Frege's wavering between some hope for a conclusive repair of his system and the relinquishment of all hope for a secure foothold of our talk about classes, extensions of concepts, or – in his own terminology – courses-of-values. Reflection on the dilemma Frege found himself facing is certainly not out of place.

In the Appendix to Volume II of *Grundgesetze*, which gave his immediate reaction to Russell's communication of the antinomy he had found, Frege starts with a non-technical exposition of Russell's discovery, comments on his own notions of concept and class, and insists on the validity of the law of excluded middle for classes: given a well-defined class *C*, any given object *g* will either belong, or not belong to *C*. Since this law has now been called in

---

This essay was first published in: Jaakko Hintikka u.a. (Hgg.), *Philosophy and Logic. In Search of the Polish Tradition. Essays in Honour of Jan Woleński on the Occasion of his 60th Birthday*, Kluwer: Dordrecht / Boston / London 2003, 269–273 (*Thiel 2003b*).

1 *GGA* I, *Frege 1893*; *GGA* II, *Frege 1903a*, the latest reprint by Georg Olms, Hildesheim / Zürich / New York 1998, with the ridiculously mutilated subtitle "begriffsgeschichtlich abgeleitet". English translation of *GGA* ed. and transl. by Philip A. Ebert and Marcus Rossberg (*Frege 2013*). Before that, only parts of the work had been translated into English, cf. *Frege 1964a*. The only part of Frege's Volume II included in Montgomery Furth's translation is the Appendix ("Nachwort", *Frege 1903a*, 253–265; *Frege 1964a*, 127–143), partly translated earlier by Peter Geach, in: *Geach/Black 1952*, and, with some revisions, by Michael Beaney (*Beaney 1997*). References will generally be to *Frege 2013*.

2 See *Coffa 1979*; *Garciadiego 1992*; and *Sobociński 1949*, Engl. transl. *Sobociński 1984*.

doubt by the antinomy, we might look for an escape either by conceiving of classes as peculiar objects not subject to the law of excluded middle, or else by viewing them as pseudo-objects to which we cannot refer by proper names but only by synsemantic signs contributing to the meaning of expressions which contain them as parts. Frege rejects both of these proposals, and thinks that "presumably nothing remains but to recognise extensions of concepts or classes as objects in the full and proper sense of the word, but to concede at the same time that the erstwhile understanding of the words 'extension of a concept' requires correction" (*GGA* II, 255 f.; *Frege 2013*, 255 f.). Frege then presents his own derivation of the Zermelo-Russell antinomy, first with the help of class names involving the Russell class (or course-of-values) $\grave{\varepsilon}(\neg\, \varepsilon \frown \varepsilon)$, and then in second-order logic, without the use of names for courses-of-values ("still suspect"), ending up with theorem χ, to which I will return in a moment.

Frege infers from the content of the theorem that "our erstwhile criterion for the coinciding of extensions of concepts here leaves us in the lurch", and comes forth with the explanation that the problem is due to "the extension of the concept itself", so that banishment of the latter presents itself as a way out (*GGA* II, 262 a; *Frege 2013*, 262 a). Hence, basic law V, which states that "a value-range equality can always be converted into the generality of an equality, and *vice versa*" (*GGA* I, 36 a, see also 61; *Frege 2013*, 36 a),

$$\mathrm{V}: \vdash (\grave{\varepsilon} f(\varepsilon) = \grave{\alpha} g(\alpha)) = (\forall \mathfrak{a}\; f(\mathfrak{a}) = g(\mathfrak{a}))$$

has to give way to V′, which is suggested as the new "criterion of extensional equality like this: the extension of one concept coincides with that of another if every object, save the extension of the first concept, which falls under the first concept also falls under the second, and if conversely every object, save the extension of the second concept, which falls under the second concept also falls under the first" (*GGA* II, 262 b; *Frege 2013*, 262 b). Formally, this yields

$$\mathrm{V}': \vdash (\grave{\varepsilon} f(\varepsilon) = \grave{\alpha} g(\alpha)) = \forall \mathfrak{a}\, \big(\neg\, \mathfrak{a} = \grave{\alpha} g(\alpha) \rightarrow (\neg\, \mathfrak{a} = \grave{\varepsilon} f(\varepsilon) \rightarrow f(\mathfrak{a}) = g(\mathfrak{a}))\big),$$

replacing the direction from left to right in the former law V by

$$\mathrm{V}'b: \vdash \grave{\varepsilon} f(\varepsilon) = \grave{\alpha} g(\alpha) \rightarrow (\neg\, a = \grave{\varepsilon} f(\varepsilon) \rightarrow f(a) = g(a))$$

or

$$\mathrm{V}'c\!:\ \vdash \begin{array}{l} f(a) = g(a) \\ a = \grave{\alpha}g(\alpha) \\ \grave{\varepsilon}f(\varepsilon) = \grave{\alpha}g(\alpha) \end{array}$$

Frege at that time thought that this was the natural "Way Out", and it also seemed to Russell "very likely that this is the true solution".[3]

Obviously Frege was willing to pay the price of correcting the received understanding of extensions of concepts. Yet, he shunned an up-to-date definition, and commented on the just-mentioned new criterion of equality in extension by saying: "Evidently, this cannot be regarded as a definition of, say, the extension of a concept, but rather merely as a statement of the characteristic constitution of that second-level function", i. e. the function mapping first-level functions to courses-of-values and in particular, concepts to their extensions (*Frege 1903a*, 262 b; *Frege 2013*, 262 b). True, basic law V had not been a proper definition either. But the new proposal is even less convincing for the simple reason that, in order to make it operative as a criterion, we would already have to have a criterion for the identity of objects with courses-of-values, since names for the latter kind of objects visibly occur in the subcomponent on the right side (a fact that would indeed make the law circular as a definition). At any rate, one cannot help feeling that Frege, having admitted that we "must consider the possibility that there are concepts which – in the common sense of the word at least – have no extension", and that "the legitimacy of our second-level function $\grave{\varepsilon}\phi(\varepsilon)$ is thereby shattered", ought to have shown much deeper concern (*GGA* II, 257 b; *Frege 2013*, 257 b).

Indeed, Frege's confidence in the final success of his way out is in striking contrast to his unsteadiness concerning its philosophical interpretation and implications. This appears most clearly if we return to Frege's assessment of theorem χ which in his *Begriffsschrift* is written as

$$\chi\!:\ \vdash\!\smile^{\mathfrak{a}}\!\smile^{\mathfrak{G}}\!\smile^{\mathfrak{F}} \begin{array}{l} \mathfrak{F}(\mathfrak{a}) = \mathfrak{G}(\mathfrak{a}) \\ M_{\beta}(-\ \mathfrak{F}(\beta)) = M_{\beta}(-\ \mathfrak{G}(\beta)) \end{array}$$

but can be restated in modern notation (using existential quantifiers and conjunction in addition to universal quantifiers, condition and negation) as

3 *Russell 1903*, 522 (end of "Appendix A: The Logical and Arithmetical Doctrines of Frege", 501–522).

$$\bigwedge_M \bigvee_{a,F,G}(M_\beta(— F(\beta)) = M_\beta(— G(\beta)) \wedge F(a) \neq G(a)).$$

The content of this theorem is, in Frege's rendering, this: For every second-level function M with first-level one-place functions as possible arguments, there are concepts F, G yielding the same value when taken as arguments of the function M, even though not all objects falling under one of these concepts also fall under the other (*GGA* II, 260 a). Taking $\grave{\varepsilon}\phi(\varepsilon)$ as the second-level function M, we get: "for every second-level function with one argument of the second kind there are concepts which, taken as its arguments, result in the same value, although not all objects that fall under one of these concepts also fall under the other" (*GGA* II, 260 a; *Frege 2013*, 260 a).

This – as Frege realizes like everybody grown up and trained in traditional logic – clearly runs counter to the classical conception of the extension of a concept. We are no longer allowed to say that (*GGA* II, 260 b f.; *Frege 2013*, 260 b f.)

> in general the expression "the extension of a first concept coincides with that of a second" is co-referential with the expression "all objects falling under the first concept also fall under the second and *vice versa*". [...] it is not possible at all to assign to the words "the extension of the concept $\Phi(\xi)$" such a sense that in general one may infer from the equality of the extension of concepts that every object falling under one of them also falls under the other.

This inference, and indeed the equivalence of its antecedent and succedent, had been the very foundation of the doctrine of content and extension of the concept since its first systematic formulation in the logic of Port-Royal. Thus, by theorem χ "the extension of a concept [...] is in effect abolished".[4]

All the more surprising is Frege's lightness in dealing with the new objects, his mutations, as it were, of the traditional extensions of concepts. Whereas elsewhere (and to my knowledge, everywhere else) he regards axioms as formalizations of relations between concepts that are already clearly understood, here the character of the transmuted extensions of concepts seems to be determined by the axioms, viz. by the revised basic law V′. A double condition is added to the statement of the equality of the values $f(a)$ and $g(a)$ in V′, but the well-formedness (*rechtmässige Bildung*) of the names of courses-of-values is not called in question – in the present author's opinion a crucial point in the analysis of the Zermelo-Russell antinomy.

---

4 „Damit ist aber der Begriffsumfang im hergebrachten Sinne des Wortes eigentlich aufgehoben" (*GGA* II, 260 b; *Frege 2013*, 260 b).

Russell, for a while, was prepared to put constraints on the formation of class names, but seems to have lacked well-founded criteria, and did not consider restraining the formation of concept names. Frege, feeling that his life-work was at stake, gave preference to establishing an axiom system that would yield set theory and arithmetic in a minimally revised form, and thereby justify the claims of Frege's logicism. We do not know whether Frege himself discovered that his intended "Way Out" did not work, although some have concluded from his later fatalistic abolishment of set theory (and *a fortiori* of any logistic foundation of arithmetic) that he must at least have had an inkling of its possible failure. In 1903, he was facing the dilemma between an unfounded technical resolution of his problem and its philosophical dissolution, and may have seized the wrong horn. But that there was an emergency exit which Frege missed when dashing past on his putative Way Out, an exit that was indicated, if faintly, by the compulsion to manipulate the venerable extensions of concept, this is a claim that still awaits proof.

Nachwort

Idee und Konzeption des hier vorliegenden Bandes liegen viele Jahre zurück. Meiner Erinnerung nach verdanken sie sich Volker Peckhaus, der sie in Erlangen noch vor seiner 2002 erfolgten Berufung nach Paderborn entwickelt hat. Auf ihn und auf Sarah Lebock (die mir in mehr als drei Jahren intensiven e-mail-Austausches zu einer guten und hochgeschätzten Briefpartnerin geworden ist) geht auch die jetzige Gestalt der Sammlung zurück, zu der Volker Peckhaus das Wesentliche in seiner Einleitung gesagt hat. Dem Autor bleiben für sein Nachwort nur ein paar Erläuterungen zur getroffenen Auswahl der Beiträge und ihrem inhaltlichen Zusammenhang. Auch wenn auf die Wiedergabe eines (dennoch als Arbeitsgrundlage erstellten) Inhaltsüberblicks verzichtet wurde, dürften in groben Konturen die Wandlungen meiner Befassung mit dem logischen und philosophischen Werk Freges erkennbar sein. Ganz bewusst nicht ausgespart sind dabei Hinweise auf Wegmarken, an denen ich im Laufe der Jahre frühere Interpretationen aufgegeben habe, von eigenen Irrtümern abgerückt bin oder die Einlösung einzelner Thesen und Vermutungen bis heute offen gelassen habe.

Bei den Beiträgen war von vornherein klar, dass für einen einzeln erscheinenden Sammelband beschränkten Umfangs keine subjektive, von mir oder von anderen bestimmte Auswahl aus meinen über 200 Veröffentlichungen getroffen werden konnte. Auch das einigende Band „Logikgeschichte" kam nicht in Frage – zu heterogen sind hier die Themen, die von Leibniz, den beiden Castillons, Schröder, Gentzen, Behmann, O. Becker und Dubislav bis zu Lorenzen reichen, auch wenn die Befassung mit Leben und Werk Leopold Löwenheims einen Schwerpunkt bildet, der sogar seine bis dahin ungeklärte Biographie zu vervollständigen erlaubte. Übrig blieben somit Leben und Werk Gottlob Freges, zu denen ich zweifellos am meisten geforscht und publiziert habe, wobei viele Beiträge an entlegenen Stellen erschienen und daher schwer greifbar sind. Selbst hier fiel eine Auswahl nicht leicht – zu vielfältig sind die behandelten Themen. Zum Glück zeigte sich zwischen 1965 und 2003 eine Art „roter Faden" dergestalt, dass sich unter den hier abgedruckten Arbeiten die chronologisch späteren meist auf Themen der früheren zurückbeziehen und damit die untersuchten Themen miteinander verknüpfen. So ergab sich letztlich eine fast bruchlose Abfolge der ausgewählten zwölf Studien.

Sie beginnt mit Freges „Begriffsschrift" von ihrer Konzeption („Idee") bis zu ihrer Ausgestaltung in den *Grundgesetzen der Arithmetik* zwecks Verwirklichung des logizistischen Programms (Studie 1, mit Ergänzungen in Studie 9). Die zweite und die dritte Studie verdanken sich der Einsicht, dass „Sinn“ und „Bedeutung“ nicht Eigenschaften irgendwelcher Designata, sondern Rollen der sie bezeichnenden sprachlichen Ausdrücke sind; die Kontamination der semantischen und der ontologischen Ebene lässt sich also auflösen bzw. vermeiden. Die 4. Studie geht (wie Teile späterer Studien) dem Zustandekommen der Zermelo-Russellschen Antinomie nach und findet als Ursache, dass in Freges Grundgesetz V auch Funktionsausdrücke einsetzbar sind, denen nach Freges Kriterien keine Bedeutung zukommt. Das Grundgesetz V ist also nicht alleinige Ursache der Antinomie und “Frege’s Way Out” keine wirkliche Lösung.

Die Studie 5 analysiert den § 10 der *Grundgesetze der Arithmetik* zur Vorbereitung der in Studie 6 durchgeführten Analyse des § 31 mit seinem Versuch zum Beweis der Bedeutungsvollständigkeit des Systems der GGA. Der Versuch scheitert an einer Beweislücke, die eine Revision der Fregeschen „Lückenbildungsprinzipien“ erforderlich macht (Studie 6 beleuchtet dies aus etwas anderer Perspektive). Während sich die Studien 7 und 10 in weniger „technische“ Randgebiete begeben, widmet sich die Studie 8 dem (zentralen) Thema Freges, der von mir als „Abstraktion“ bezeichneten Methode des Übergangs von der Prädikation „invarianter“ Eigenschaften irgendwelcher Gegenstände zu Aussagen über ihnen zugeordnete „abstrakte“ Gegenstände (was sowohl für Freges Grundgesetz V als auch für seine Anzahldefinition grundlegend ist). Die Studien 11 und 12 schließlich befassen sich erneut mit dem „Nachwort“ zu Band II der *Grundgesetze der Arithmetik*, also mit Freges Reaktion auf die ihm von Russell mitgeteilte Inkonsistenz des Systems der GGA, mit der Herleitung und Tragweite von Freges Satz χ (*GGA* II, 260) sowie mit Freges „Ausweg“ und der Notwendigkeit einer fundamentalen Revision des tradierten Begriffs des Begriffsumfangs.

Revidieren musste ich selbst manches auf dem Wege von meinem Fregeverständnis im Jahr 1965 bis zu dem von 2003 und heute, auch wenn vieles in den hier ausgewählten Studien nicht oder nur in Querverweisen auftaucht. Dazu gehört etwa die in meiner Dissertation 1965 noch sehr ernst genommene Frage nach dem Verhältnis der („ungesättigten“) Begriffe zu den („gesättigten“) Gegenständen, durch die sie nach Frege in Aussagen über die Begriffe „vertreten“ werden müssen. Verfehlt und daher aufzugeben ist Peter Aczels (von mir zeitweise akzeptierte) These von 1979/80, dass Freges Verwendung der Funktion $—\,\xi$ die Herleitung der Tarskischen Antinomie im System der GGA erlaube. In der Schwebe geblieben sind einige Behauptungen und Ankündigungen, darunter auch die Annahme, der vorhin genannte Fregesche Satz χ müsse schon in der *Begriffsschrift* von

1879 ableitbar sein. Dies gehört ebenso zu den in den hier abgedruckten Arbeiten offen gelassenen Fragen wie eine lückenlose und aus heutiger Sicht kommentierte Herleitung von Satz χ im System der GGA (statt einer solchen in einem modernen quantorenlogischen, dem Fregeschen lediglich nachempfundenen System).

Die Frage nach der „Fixierung" der hier vorgelegten Auswahl auf Studien über Freges Logik lässt sich nicht allein durch die Hinweise auf die Logikgeschichte als einen offensichtlichen Schwerpunkt meiner wissenschaftlichen Arbeit beantworten. Sie ist auch einem systematischen Interesse geschuldet: das Fehlen eines allgemein akzeptierten Beweises für die Widerspruchsfreiheit gegenwärtiger axiomatischer Mengenlehren muss Forscher und Forscherinnen auf dem Gebiet der Wissenschaftstheorie trotz heute verlagerter Themenschwerpunkte und Programmatiken genauso gefangen nehmen wie die Frage nach einer breit akzeptierten philosophischen Basis zur Behandlung solcher Fragen und auch solcher nach der Verlässlichkeit von Aussagen über platonistische Ontologie, sprachphilosophische Semantik, Abstrakta und Logiken höherer Stufe. Es war *ein* Gesichtspunkt bei der Auswahl der im Vorstehenden abgedruckten Arbeiten, dass diese solche systematisch relevanten Fragen vorbereitet haben und teilweise sogar bis an diese heranführen. Die Veröffentlichung des Sammelbandes geht einher mit der Hoffnung, dass dies auch viele Leser und Leserinnen so sehen mögen.

Literaturverzeichnis

Aczel, Peter 1979: "The Structure of the Formal Language of Frege's Grundgesetze", *6th International Congress of Logic, Methodology and Philosophy of Science* (Hannover), Abstracts, Section 13/14, 16–17.

Aczel, Peter 1980: "Frege Structures and the Notions of Proposition, Truth and Set", in: Jon Barwise / H. Jerome Keisler / Kenneth Kunen (Hgg.), *The Kleene Symposium. Proceedings of the Symposium held June 18–24, 1978 at Madison, Wisconsin, U.S.A.*, North-Holland: Amsterdam / New York / Oxford (*Studies in Logic and the Foundations of Mathematics*, 101), 31–59.

Aesop 1957: *Corpus Fabularum Aesopicarum. Volumen prius*, hg. v. Augustus Hausrath, Teubner: Leipzig.

Albrecht, Erhard 1972: „Sind die natürlichen Sprachen präzise genug? Eine logisch-semantische Betrachtung", *Wissenschaftliche Zeitschrift der Ernst-Moritz-Arndt-Universität Greifswald, Gesellschafts- und sprachwissenschaftliche Reihe* **21**, H. 2, 137–141.

Angelelli, Ignacio 1979: "Abstraction, Looking-Around and Semantics", in: Albert Heinekamp / Franz Schupp (Hgg.), *Die intensionale Logik bei Leibniz und in der Gegenwart*, Steiner: Wiesbaden (*studia leibnitiana*, Sonderheft 8), 108–123.

Anscombe, G. E. M. [Elizabeth] 1959: *An Introduction to Wittgenstein's Tractatus*, Hutchinson & Co.: London.

Arnold, Wilhelm / Zeltner, Hermann (Hgg.) 1967: *Tradition und Kritik. Festschrift Rudolf Zocher zum 80. Geburtstag*, Frommann-Holzboog: Stuttgart-Bad Cannstatt.

Aschenbrenner, Karl 1968: "Implications of Frege's Philosophy of Language for Literature", *The British Journal of Aesthetics* **8**, 319–334.

Baker, Gordon P. / Hacker, Peter M. S. 1984: *Frege: Logical Excavations*, Oxford University Press: New York / Basil Blackwell: Oxford.

Bar-Hillel, Yehoshua 1951: "Comments on Logical Form", *Philosophical Studies* **2**, 26–29.

Bartlett, James Michael 1961: *Funktion und Gegenstand. Eine Untersuchung in der Logik von Gottlob Frege*, Phil. Diss. LMU München.

Bauch, Bruno 1914: „Über den Begriff des Naturgesetzes", *Kant-Studien* **19**, 303–337.

Bauch, Bruno 1917: *Immanuel Kant*, Göschen: Berlin / Leipzig, Nachdruck de Gruyter: Berlin / Leipzig 1921, ^{3}1923.

Bauch, Bruno 1918: „Wahrheit und Richtigkeit (Ein Beitrag zur Erkenntnislehre)", in: *Festschrift für Johannes Volkelt zum 70. Geburtstag*, Beck: München, 40–57.

Bauch, Bruno 1923: *Wahrheit, Wert und Wirklichkeit*, Meiner: Leipzig.

Bauch, Bruno 1926: *Die Idee*, Reinicke: Leipzig.

Baumgarten, Alexander Gottlieb 1779: *Metaphysica*, Hemmerde: Halle a. S., 1. Aufl. 1739.

Beaney, Michael (Hg.) 1997: *The Frege Reader*, Basil Blackwell: Oxford / Malden, Mass.

Bergmann, Gustav 1958: "Frege's Hidden Nominalism", *The Philosophical Review* **67**, 437–459, Nachdruck in: *Bergmann 1960*, 205–224.

Bergmann, Gustav 1960: *Meaning and Existence*, University of Wisconsin: Madison.

Bergmann, Gustav 1963: «Alternative ontologiche. Risposta alla dr. R. Egidi», *Giornale critico della filosofia italiana* **42**, 377–405.

Bernays, Paul 1935: « Sur le platonisme dans les mathématiques », Vortrag gehalten im Rahmen der « Conférences internationales des sciences mathématiques organisées par l'Université de Genève (série consacrée à la logique mathématique) » (1934), *L'Enseignement Mathématique* **34**, 52–69 (deutsche Übersetzung: „Über den Platonismus in der Mathematik", in: *Bernays 1976*, 62–78).

Bernays, Paul 1976: *Abhandlungen zur Philosophie der Mathematik*, Wissenschaftliche Buchgesellschaft: Darmstadt.

Bierich, Marcus 1951: *Freges Lehre von dem Sinn und der Bedeutung der Urteile und Russells Kritik an dieser Lehre*, Phil. Diss. Hamburg.

Bocheński, Joseph Maria 1956: *Formale Logik*, Alber: Freiburg / München, [4]1978.

Brunschvicg, Léon 1929: *Les étapes de la philosophie mathématique*, 3. Aufl., Alcan: Paris, 1. Aufl. 1912.

Büchmann, Georg 1877: *Geflügelte Worte. Der Citatenschatz des deutschen Volks*, 10. Aufl., hg. v. Friedrich Weidling, Haude & Spener: Berlin.

Büchmann, Georg 1907: *Geflügelte Worte. Der Citatenschatz des deutschen Volkes*, 23. Aufl., hg. v. Walter Robert-Tornow und Eduard Ippel, Haude & Spener: Berlin.

Büchmann, Georg 1915: *Geflügelte Worte. Der Zitatenschatz des Deutschen Volks*, hg. v. Adolf Langen, Schreiter: Berlin.

Bynum, Terrell W. 1973: "On an Alleged Contradiction Lurking in Frege's Begriffsschrift", *Notre Dame Journal of Formal Logic* **14**, 285–287.

Carnap, Rudolf 1956: *Meaning and Necessity. A Study in Semantics and Modal Logic*, 2. Aufl., University of Chicago Press: Chicago.

Cato, Marcus Porcius [d. Ä.] 1952: *Disticha Catonis. Recensuit et apparatu critico instruxit Marcus Boas. Opus post Marci Boas mortem edendum curavit Henricus Johannes Botschuyver*, North-Holland: Amsterdam.

Caton, Charles E. 1962: "An Apparent Difficulty in Frege's Ontology", *The Philosophical Review* **71**, 462–475.

Coffa, J. Alberto 1979: "The Humble Origins of Russell's Paradox", *Russell: the Journal of the Bertrand Russell Archives* **33–34**, 31–37.

Currie, Gregory 1987: "Remarks on Frege's Conception of Inference", *Notre Dame Journal of Formal Logic* **28**, 55–68.

Dalgarno, George 1661: *Ars signorum, vulgo character universalis et lingua philosophica* [...], Hayes: London.

Dummett, Michael 1955: “Frege on Functions: A Reply”, *Philosophical Review* **64**, 96–107 (Diskussion mit *Marshall 1953a*).

Dummett, Michael 1956: “Note: Frege on Functions”, *Philosophical Review* **65**, 229–230 (Diskussion mit *Marshall 1953a*).

Dummett, Michael 1973: *Frege. Philosophy of Language*, Duckworth: London / Harper & Row: New York u.a., Duckworth: London ²1981.

Dummett, Michael 1978: *Truth and Other Enigmas*, Duckworth: London.

Dummett, Michael 1981a: *The Interpretation of Frege’s Philosophy*, Duckworth: London / Harvard University Press: Cambridge, Mass.

Dummett, Michael 1981b: “Was Frege a Philosopher of Language?”, in: *Dummett 1981a*, 36–55.

Eco, Umberto 1980: *Il nome della rosa*, Bompiani: Milano.

Egidi, Rosaria 1962: «La consistenza della logica di Frege», *Giornale critico della filosofia italiana* **41**, 194–208.

Egidi, Rosaria 1963: *Ontologia e Conoscenza Matematica: Un Saggio su Gottlob Frege*, Sansoni: Florenz.

Føllesdal, Dagfinn 1958: *Husserl und Frege. Ein Beitrag zur Beleuchtung der Entstehung der phänomenologischen Philosophie*, Aschehoug: Oslo.

Fraenkel, Abraham A. 1935: « Sur la notion d’existence dans les mathématiques », *L’Enseignement Mathématique* **34**, 18–32.

Frege, Gottlob 1879: *Begriffsschrift. Eine der arithmetischen nachgebildete Formelsprache des reinen Denkens*, Nebert: Halle a. S., Nachdruck in *Frege 1964b*, VII–XVI, 1–88.

Frege, Gottlob 1882: „Ueber die wissenschaftliche Berechtigung einer Begriffsschrift“, *Zeitschrift für Philosophie und philosophische Kritik* **81**, 48–56, Nachdruck in: *Frege 1964b*, 106–114.

Frege, Gottlob 1882/83: „Ueber den Zweck der Begriffsschrift“, *Jenaische Zeitschrift für Naturwissenschaft* **16** (*Neue Folge* 9), 1–10, Nachdruck in: *Frege 1964b*, 97–105.

Frege, Gottlob 1884: *Die Grundlagen der Arithmetik. Eine logisch mathematische Untersuchung über den Begriff der Zahl*, Koebner: Breslau, Nachdruck Marcus: Breslau 1934 und Wissenschaftliche Buchgesellschaft: Darmstadt / Olms: Hildesheim 1961, krit. Neuausgabe, hg. v. Christian Thiel, Meiner: Hamburg 1986.

Frege, Gottlob 1886: „Über formale Theorien der Arithmetik“, *Jenaische Zeitschrift für Naturwissenschaft* **19**, Supplement, 94–104, Neudruck in: *Frege 1967*, 103–111.

Frege, Gottlob 1891a: *Function und Begriff. Vortrag gehalten in der Sitzung vom 9. Januar 1891 der Jenaischen Gesellschaft für Medicin und Naturwissenschaft*, Pohle: Jena, Neudruck in: *Frege 1962*, 17–39, und *Frege 1967*, 125–142.

Frege, Gottlob 1891b: „Über das Trägheitsgesetz“, *Zeitschrift für Philosophie und philosophische Kritik* **98**, 145–161, Neudruck in: *Frege 1967*, 113–124.

Frege, Gottlob 1892a: „Über Begriff und Gegenstand“, *Vierteljahrsschrift für wissenschaftliche Philosophie* **16**, 192–205, Neudruck in: *Frege 1962*, 66–80, und *Frege 1967*, 167–178.

Frege, Gottlob 1892b: „Über Sinn und Bedeutung“, *Zeitschrift für Philosophie und philosophische Kritik* **100**, 25–50, Neudruck in: *Frege 1962*, 40–65, und *Frege 1967*, 143–162.

Frege, Gottlob 1893: *Grundgesetze der Arithmetik, begriffsschriftlich abgeleitet*, Bd. I, Pohle: Jena, Nachdruck Wissenschaftliche Buchgesellschaft: Darmstadt / Olms: Hildesheim 1962 und Olms: Hildesheim 1998.

Frege, Gottlob 1894: „[Rezension von] Dr. E. G. Husserl, Philosophie der Arithmetik. Psychologische und logische Untersuchungen. Erster Band“, *Zeitschrift für Philosophie und philosophische Kritik* **103**, 313–332, Neudruck in: *Frege 1967*, 179–192.

Frege, Gottlob 1895: « Le nombre entier », *Revue de Métaphysique et de Morale* **3**, 73–78.

Frege, Gottlob 1897: „Über die Begriffsschrift des Herrn Peano und meine eigene“, *Berichte über die Verhandlungen der Königlich Sächsischen Gesellschaft der Wissenschaften zu Leipzig. Mathematisch-physische Classe 1896* [*Teil IV*], Hirzel: Leipzig, 361–378.

Frege, Gottlob 1903a: *Grundgesetze der Arithmetik, begriffsschriftlich abgeleitet*, Bd. II, Pohle: Jena, Nachdruck Wissenschaftliche Buchgesellschaft: Darmstadt / Olms: Hildesheim 1962 und Olms: Hildesheim 1998.

Frege, Gottlob 1903b: „Über die Grundlagen der Geometrie“, *Jahresbericht der Deutschen Mathematiker-Vereinigung* **12**, 319–324, Neudruck in: *Frege 1967*, 262–266.

Frege, Gottlob 1904: „Was ist eine Funktion?“, in: *Festschrift Ludwig Boltzmann gewidmet zum sechzigsten Geburtstage, 20. Februar 1904*, Barth: Leipzig, 656–666, Neudruck in *Frege 1962*, 81–90, und *Frege 1967*, 273–280.

Frege, Gottlob 1906a: „Über die Grundlagen der Geometrie“, *Jahresbericht der Deutschen Mathematiker-Vereinigung* **15**, I 293–309, II (Fortsetzung) 377–403, III (Schluß) 423–430, Neudruck in: *Frege 1967*, 281–323.

Frege, Gottlob 1906b: „Antwort auf die Ferienplauderei des Herrn Thomae“, *Jahresbericht der Deutschen Mathematiker-Vereinigung* **15**, 586–590, Neudruck in: *Frege 1967*, 324–328.

Frege, Gottlob 1908: „Die Unmöglichkeit der Thomaeschen formalen Arithmetik aufs Neue nachgewiesen“, *Jahresbericht der Deutschen Mathematiker-Vereinigung* **17**, 52–55, Neudruck in: *Frege 1967*, 329–333.

Frege, Gottlob 1918a: „Der Gedanke. Eine logische Untersuchung“, *Beiträge zur Philosophie des Deutschen Idealismus* **1** (1918–19), 58–77, Neudruck in: *Frege 1966*, 30–53, und in: *Frege 1967*, 342–362.

Frege, Gottlob 1918b: „Die Verneinung. Eine logische Untersuchung“, *Beiträge zur Philosophie des Deutschen Idealismus* **1** (1918–19), 143–157, Neudruck in: *Frege 1966*, 54–71, und in: *Frege 1967*, 362–378.

Frege, Gottlob 1923: „Logische Untersuchungen. Dritter Teil: Gedankengefüge", *Beiträge zur Philosophie des Deutschen Idealismus* 3 (1923–26), 36–51, Neudruck in: *Frege 1966*, 72–91, und in: *Frege 1967*, 378–394.

Frege, Gottlob 1962: *Funktion, Begriff, Bedeutung. Fünf logische Studien*, hg. v. Günther Patzig, Vandenhoeck & Ruprecht: Göttingen, [7]1994, Neuausgabe 2008 (ergänzt).

Frege, Gottlob 1964a: *The Basic Laws of Arithmetic. Exposition of the System* [Teilübersetzung], hg. v. Montgomery Furth, University of California Press: Berkeley / Los Angeles.

Frege, Gottlob 1964b: *Begriffsschrift und andere Aufsätze*, hg. v. Ignacio Angelelli, Wissenschaftliche Buchgesellschaft: Darmstadt / Olms: Hildesheim, Nachdruck 2007.

Frege, Gottlob 1966: *Logische Untersuchungen*, hg. v. Günther Patzig, Vandenhoeck & Ruprecht: Göttingen, [5]2003.

Frege, Gottlob 1967: *Kleine Schriften*, hg. v. Ignacio Angelelli, Wissenschaftliche Buchgesellschaft: Darmstadt / Olms: Hildesheim, [2]1990.

Frege, Gottlob 1971: *Schriften zur Logik und Sprachphilosophie. Aus dem Nachlaß*, hg. v. Gottfried Gabriel, Meiner: Hamburg, [5]2020.

Frege, Gottlob 1972: *Conceptual Notation and Related Articles*, hg. v. Terrell W. Bynum, Clarendon Press: Oxford.

Frege, Gottlob 1973: *Schriften zur Logik. Aus dem Nachlaß*. Mit einer Einleitung von Lothar Kreiser. Akademie-Verlag: Berlin.

Frege, Gottlob 1976: *Wissenschaftlicher Briefwechsel*, hg. v. Gottfried Gabriel u. a., Meiner: Hamburg.

Frege, Gottlob 1977: *Logica e aritmetica. Scritti raccolti a cura di Corrado Mangione*, hg. v. Corrado Mangione, Paolo Boringhieri: Torino.

Frege, Gottlob 1979: *Posthumous Writings*, hg. v. Hans Hermes u. a., übers. v. Peter Long / Roger White, Basil Blackwell: Oxford.

Frege, Gottlob 1980: *Philosophical and Mathematical Correspondence*, hg. v. Gottfried Gabriel u. a., übers. v. Hans Kaal, Basil Blackwell: Oxford.

Frege, Gottlob 1983a: *Nachgelassene Schriften*, 2. erw. Aufl., hg. v. Gottfried Gabriel u. a., Meiner: Hamburg, 1. Aufl. 1969.

Frege, Gottlob 1983b: „Booles rechnende Logik und die Begriffsschrift", in: *Frege 1983a*, 9–52.

Frege, Gottlob 1983c: „Ausführungen über Sinn und Bedeutung", in: *Frege 1983a*, 128–136.

Frege, Gottlob 1983d: „Begründung meiner strengeren Grundsätze des Definierens", in: *Frege 1983a*, 164–170.

Frege, Gottlob 1983e: „Einleitung in die Logik", in: *Frege 1983a*, 201–212.

Frege, Gottlob 1983f: „Logik in der Mathematik", in: *Frege 1983a*, 219–270.

Frege, Gottlob 1983g: „Erkenntnisquellen der Mathematik", in: *Frege 1983a*, 286–294.

Frege, Gottlob 1984: *Collected Papers on Mathematics, Logic, and Philosophy*, hg. v. Brian McGuinness, übers. v. Max Black u. a., Basil Blackwell: Oxford / New York.

Frege, Gottlob 2013: *Basic Laws of Arithmetic. Derived Using Concept-Script. Volumes I & II*, hg. u. übers. v. Philip A. Ebert / Marcus Rossberg, Oxford University Press: Oxford.

Gabriel, Gottfried 1971: „Logik und Sprachphilosophie bei Frege. Zum Verhältnis von Gebrauchssprache, Dichtung und Wissenschaft", in: *Frege 1971*, XI–XXX.

Garciadiego, Alejandro R. 1992: *Bertrand Russell and the Origins of the Set-theoretic 'Paradoxes'*, Birkhäuser: Basel / Boston / Berlin.

Geach, Peter / Max Black (Hgg.) 1952: *Translations from the Philosophical Writings of Gottlob Frege*, Basil Blackwell: Oxford, ^{2}1960 (repr. 1966), ^{3}1980.

Geach, Peter 1976: "Saying and Showing in Frege and Wittgenstein", in: Jaakko Hintikka (Hg.), *Essays on Wittgenstein in Honour of G. H. von Wright*, North Holland Publ. Co.: Amsterdam (= *Acta Philosophica Fennica* **28**, H. 1–3), 54–70.

Gerhardt, Carl Immanuel 1890: „Einleitung", in: *Leibniz 1875–1890*, Bd. 7 (1890), 3–42.

Grassmann, Hermann 1847: *Geometrische Analyse geknüpft an die von Leibniz gefundene geometrische Charakteristik*, Weidmann: Leipzig.

Green, Mitchell S. 2002: "The Inferential Significance of Frege's Assertion Sign", *Facta Philosophica* **4**, 201–229.

Grossmann, Reinhardt 1961: "Frege's Ontology", *The Philosophical Review* **70**, 23–40.

van Heijenoort, Jean (Hg.) 1967: *From Frege to Gödel. A Source Book in Mathematical Logic, 1879–1931*, Harvard University Press: Cambridge, Mass.

Heimsoeth, Heinz 1952: „Zur Geschichte der Kategorienlehre", in: Heinz Heimsoeth und Robert Heiß (Hgg.), *Nicolai Hartmann. Der Denker und sein Werk*, Vandenhoeck & Ruprecht: Göttingen, 144–172.

Heimsoeth, Heinz 1963: „Zur Herkunft und Entwicklung von Kants Kategorientafeln", *Kant-Studien* **54**, 376–403.

Hilbert, David 1922: „Neubegründung der Mathematik. Erste Mitteilung", *Abhandlungen aus dem Mathematischen Seminar der Hamburgischen Universität* **1**, 157–177, Nachdruck in: *Hilbert 1932–1935*, Bd. 3, 157–177, und in: *Hilbert 1964*, 12–32.

Hilbert, David 1932–1935: *Gesammelte Abhandlungen*, Springer: Berlin 1932–1935 (Bd. 1: *Zahlentheorie* 1932, Bd. 2: *Algebra, Invariantentheorie, Geometrie* 1933, Bd. 3: *Analysis, Grundlagen der Mathematik, Physik, Verschiedenes, nebst einer Lebensgeschichte* 1935), ^{2}1970.

Hilbert, David 1964: *Hilbertiana. Fünf Aufsätze*, Wissenschaftliche Buchgesellschaft: Darmstadt.

Hindenburg, Carl Friedrich 1803: *Über combinatorische Analysis und Derivations-Calcul. Einige Fragmente gesammelt und zum Druck befördert*, Schwikkert: Leipzig.

Hinst, Peter 1965: *Syntaktische und semantische Untersuchungen über Freges „Grundgesetze der Arithmetik“*, Phil. Diss. LMU München.

Hobbes, Thomas 1651: *Leviathan: or, the Matter, Form and Power of a Commonwealth, ecclesiastical and civil*, Crooke: London, Nachdruck in *Molesworth 1839*.

ffe, 1981 Hoeffe1981 Höffe, Otfried (Hg.) 1981: *Klassiker der Philosophie*, 2 Bde., Beck: München, [3]1995.

Hoering, Walter 1957: „Frege und die Schaltalgebra“, *Archiv für mathematische Logik und Grundlagenforschung* **3**, 125–126.

Humboldt, Wilhelm v. 1826: „Ueber die Buchstabenschrift und ihren Zusammenhang mit dem Sprachbau“, *Abhandlungen der historisch-philologischen Klasse der k. Akademie der Wissenschaften zu Berlin. Aus dem Jahre 1824*, in Commission bei F. Dümmler: Berlin 1826, 161–188; zit. nach *Wilhelm von Humboldt's gesammelte Werke*, Sechster Band, G. Reimer: Berlin 1948, 526–561 [die Überschrift auf S. 526 hat irrtümlich im Titel *„deren* Zusammenhang“].

Humboldt, Wilhelm v. 1963: *Schriften zur Sprachphilosophie* (*Werke in fünf Bänden*), Andreas Flitner / Klaus Giel (Hgg.), Wissenschaftliche Buchgesellschaft: Darmstadt 1963, [6]1988, III, 82–112.

Hume, David 1888: *A Treatise of Human Nature*, Nachdruck der Originalausgabe in drei Bänden, hg. v. Lewis Amherst Selby-Bigge, Clarendon Press: Oxford, Nachdruck 1967.

Husserl, Edmund 1891: *Philosophie der Arithmetik. Psychologische und logische Untersuchungen*, Pfeffer: Halle a. S., Neudruck mit ergänzenden Texten (1890–1901), hg. v. Lothar Eley, Nijhoff: Den Haag 1970 (*Husserliana* XII).

Husserl, Edmund 1979: *Aufsätze und Rezensionen 1890–1910*, hg. v. Bernhard Rang, Nijhoff: The Hague / Boston / London (*Husserliana* XXII).

Jackson, Howard 1960: “Frege's Ontology”, *The Philosophical Review* **69**, 394–395.

Jacoby, Günther 1962: *Die Ansprüche der Logistiker auf die Logik und ihre Geschichtschreibung. Ein Diskussionsbeitrag*, Kohlhammer: Stuttgart.

Janich, Peter 1975: „Trägheitsgesetz und Inertialsystem. Zur Kritik G. Freges an der Definition L. Langes“, in: *Thiel 1975a*, 66–76, auch in: *Schirn 1976*, Bd. 3, 146–156.

Jones, E. E. Constance 1910: “Mr. Russell's Objections to Frege's Analysis of Propositions”, *Mind* **19**, 379–386.

Jourdain, Philip E. B. 1912: “The Development of Theories of Mathematical Logic and the Principles of Mathematics”, *The Quarterly Journal of Pure and Applied Mathematics* **43**, 219–314, Abschnitt ‚Gottlob Frege‘, 224–269, Nachdruck in: *Frege 1976*, 275–301.

Kant, Immanuel 1763: *Der einzig mögliche Beweisgrund zu einer Demonstration des Daseyns Gottes*, Kanter: Königsberg, zit. nach: Akad.-Ausg. Erste Abt. [Werke], Bd. 2, Reimer: Berlin 1905, 63–163.

Kant, Immanuel 1781: *Kritik der reinen Vernunft*, Hartknoch: Riga, zit. nach: Akad.-Ausg. Erste Abt. [Werke], Bd. 4, Reimer: Berlin 1911, 1–252.

Kant, Immanuel 1787: *Kritik der reinen Vernunft*, 2. Aufl., Hartknoch: Riga, zit. nach: Akad.-Ausg. Erste Abt. [Werke], Bd. 3, Reimer: Berlin 1911, 1–552.

Kant, Immanuel 1807: *Principiorum primorum cognitionis metaphysicae nova dilucidatio. Dissertatio habita anno 1755*, Hartung: Königsberg, zit. nach: Akad.-Ausg. Erste Abt. [Werke], Bd. 1, Reimer: Berlin 1902, 385–416.

Kerry, Benno 1887: „Über Anschauung und ihre psychische Verarbeitung. Vierter Artikel", *Vierteljahrsschrift für wissenschaftliche Philosophie* **11**, 249–307.

Kircher, Athanasius 1663: *Polygraphia nova et universalis, ex combinatoria arte detecta*, Varesi: Rom.

Klemke, Elmer D. 1959: "Professor Bergmann and Frege's 'Hidden Nominalism' ", *The Philosophical Review* **68**, 507–514.

Kneale, William / Kneale, Martha 1962: *The Development of Logic*, Clarendon Press: Oxford.

Krug, Wilhelm Traugott 1833: *Allgemeines Handwörterbuch der philosophischen Wissenschaften, nebst ihrer Literatur und Geschichte*, 2. Aufl., F. A. Brockhaus: Leipzig.

v. Kutschera, Franz 1964: *Die Antinomien der Logik. Semantische Untersuchungen*, Alber: Freiburg / München.

v. Kutschera, Franz 1989: *Gottlob Frege. Eine Einführung in sein Werk*, de Gruyter: Berlin / New York.

Lambert, Johann Heinrich 1764: *Neues Organon oder Gedanken über die Erforschung und Bezeichnung des Wahren und dessen Unterscheidung vom Irrthum und Schein*, 2 Bde., Wendler: Leipzig.

Lambert, Johann Heinrich 1771: *Anlage zur Architectonik, oder Theorie des Ersten und des Einfachen in der philosophischen und mathematischen Erkenntniß*, 2 Bde., Hartknoch: Riga, Nachdruck Olms: Hildesheim 1965.

Leibniz, Gottfried Wilhelm 1839: [*God. Guil. Leibnitii*] *Opera Philosophica quae exstant Latina Gallica Germanica Omnia*, hg. v. Joannes Eduardus Erdmann. Pars altera, G. Eichler: Berlin.

Leibniz, Gottfried Wilhelm 1849–1863: *Mathematische Schriften*, hg. v. Carl Immanuel Gerhardt, 7 Bde., Asher / Plessner: Berlin 1849–1850 (Bde. 1–2), H. W. Schmidt: Halle a. S. 1855–1863 (Bde. 3–7) (*Leibnizens gesammelte Werke aus den Handschriften der Königlichen Bibliothek zu Hannover*, hg. v. Georg Heinrich Pertz, 3. Folge); Nachdruck Olms: Hildesheim 1962.

Leibniz, Gottfried Wilhelm 1875–1890: *Die philosophischen Schriften von Gottfried Wilhelm Leibniz*, 7 Bde., hg. v. Carl Immanuel Gerhardt, Weidmann: Berlin.

Leibniz, Gottfried Wilhelm 1980: G. W. Leibniz, *Philosophische Schriften*, hg. v. d. Akademie der Wissenschaften der DDR, Bd. 3: *1672–1676* (= *Sämtliche Schriften und Briefe*, Reihe VI, Bd. 3), De Gruyter: Berlin / New York.

Leibniz, Gottfried Wilhelm 1990: G. W. Leibniz, *Philosophische Schriften*, hg. v. d. Akademie der Wissenschaften der DDR, Bd. 1: *1663–1672*, 2., durchgesehener Nachdruck der Erstausgabe (= *Sämtliche Schriften und Briefe*, Reihe VI, Bd. 1), Akademie-Verlag: Berlin.

Leibniz, Gottfried Wilhelm 1999: G. W. Leibniz, *Philosophische Schriften*, hg. v. d. Leibniz-Forschungsstelle der Universität Münster. Bd. 4: *1677–Juni 1690* (= *Philosophische Schriften*, Reihe VI, Bd. 4), Akademie-Verlag: Berlin.

Leibniz, Gottfried Wilhelm 2006: G. W. Leibniz, *Philosophischer Briefwechsel*, hg. v. d. Leibniz-Forschungsstelle der Universität Münster. Bd. 1: *1663–1685*, 2., neubearb. u. erw. Aufl. (= *Sämtliche Schriften und Briefe*, Reihe II, Bd. 1), Akademie-Verlag: Berlin.

Lessing, Gotthold Ephraim 1890: *Gotthold Ephraim Lessings sämtliche Schriften*, 3. Aufl., 5 Bde., hg. v. Karl Lachmann und Franz Muncker, Göschen: Stuttgart.

Liebert, Arthur 1914: *Das Problem der Geltung*. Reuther & Reichard: Berlin.

Liebmann, Otto 1865: *Kant und die Epigonen. Eine kritische Abhandlung*, Schober: Stuttgart, Nachdruck Reuther & Reichard: Berlin 1912 (*Neudrucke seltener Philosophischer Werke*, Bd. 2), Nachdruck Fischer: Erlangen 1991.

Linke, Paul F. (1946): „Gottlob Frege als Philosoph", *Zeitschrift für philosophische Forschung* **1** (Heft 1 1946, Heft 2/3 und Heft 4 1947), 75–99.

Locke, John 1690: *An Essay concerning Humane Understanding*, Basset: London.

Lorenzen, Paul 1958: *Formale Logik*, de Gruyter: Berlin.

Lorenzen, Paul 1960: *Die Entstehung der exakten Wissenschaften*, Springer: Berlin / Göttingen / Heidelberg.

Lorenzen, Paul 1962: „Gleichheit und Abstraktion", *Ratio* **4**, 77–81.

Łukasiewicz, Jan 1929: *Elementy logiki matematycznej*, PWN: Warszawa ^{2}1958 (Universität Warschau, „Lecture Notes" bearbeitet von M. Presburger).

Łukasiewicz, Jan 1934: „Z historii zdań", *Przegląd Filozoficzny* **37**, deutsche Übersetzung: „Zur Geschichte der Aussagenlogik", *Erkenntnis* **5** (1935/36), 111–131.

Łukasiewicz, Jan 1935: „Zur Geschichte der Aussagenlogik", *Erkenntnis* **5**, 111–131.

Lullus, Raymundus 1617: „Ars magna et ultima", in *Raymundi Lullii opera ea quae ad adinventam ab ipso artem universalem* [...] *pertinent*, Zetzner: Straßburg, 218–663.

Marlowe, Christopher 1950: *Marlowe's Doctor Faustus 1604–1616*, entsprechende Texte hg. v. Walter Wilson Greg, Clarendon Press: Oxford.

Marshall, William 1953a: "Frege's Theory of Functions and Objects", *Philosophical Review* **62**, 374–390.

Marshall, William 1953b: Review: John Myhill, *Two Ways of Ontology in Modern Logic*, *Journal of Symbolic Logic* **18**, 91–92.

Micraelius, Johannes 1653: *Lexicon Philosophicum Terminorum Philosophis Usitatorum* [...], Mamphrasius: Jena / Freyschmid: Stettin.

Mill, John Stuart 1843: *A System of Logic Ratiocinative and Inductive, being a Connected View of the Principles of Evidence and the Methods of Scientific Investigation*, 2 Bde., Parker: London, zit. nach Longmans, Green and Co.: London ^{10}1879.

Mitchell, Oscar Howard (1883), "On a New Algebra of Logic", in: *Studies in Logic. By Members of the Johns Hopkins University*, hg. v. Charles S. Peirce, Little, Brown, and Company: Boston, repr. [mit Einleitung von Max H. Fisch und einem Vorwort von Achim Eschbach] John Benjamins: Amsterdam / Philadelphia 1983, 72–106.

Mittelstraß, Jürgen / Riedel, Manfred (Hgg.) 1978: *Vernünftiges Denken. Studien zur praktischen Philosophie und Wissenschaftstheorie*, de Gruyter: Berlin / New York.

Molesworth, Sir William (Hg.) 1839: *The English Works of Thomas Hobbes of Malmesbury*, Bd. 3, Bohn: London.

Mortan, Günter 1954: *Gottlob Freges philosophische Bedeutung*, Phil. Diss. Jena.

Myhill, John 1952: "Two Ways of Ontology in Modern Logic", *The Review of Metaphysics* **5**, 639–655.

Nagel, Joachim 1982: *Freges Bedeutungskriterien für logische Kunstsprachen. Eine Untersuchung zur Semantik der „Grundgesetze der Arithmetik"*, Magisterarbeit, Rheinisch-Westfälische Technische Hochschule (RWTH) Aachen.

Natorp, Paul 1910: *Die logischen Grundlagen der exakten Wissenschaften*, Teubner: Leipzig / Berlin (*Wissenschaft und Hypothese*, 12).

Niethammer, Friedrich I. 1808: *Ueber Pasigraphik und Ideographik*, Karl Fleißecker: Nürnberg.

Occam (auch: Ockham), Wilhelm von 1498: *Logica*, zitiert nach: *Venerabilis Inceptoris Guillelmi de Ockham Summa Logicae*, hg. v. Philotheus Boehner / Gedeon Gál / Stephanus Brown, St. Bonaventure University Press: St. Bonaventure, N.Y. 1974 (*Guillelmi de Ockham Opera Philosophica et Theologica. Opera Philosophica I*).

Papst, Wilma 1932: *Gottlob Frege als Philosoph*, Phil. Diss. Berlin.

Patzig, Günther 1966: „Gottlob Frege und die ‚Grundlagen der Arithmetik' ", *Neue Deutsche Hefte* **13**, H. 109, 53–68.

Patzig, Günther 1969: „Leibniz, Frege und die sogenannte ‚lingua characteristica universalis'", *Akten des Internationalen Leibniz-Kongresses Hannover, 14.-19. November 1966*. Bd. III: *Erkenntnislehre, Logik, Sprachphilosophie, Editionsberichte*, Franz Steiner: Wiesbaden (*Studia Leibnitiana Supplementa*), 103–112.

Patzig, Günther 1981: „Gottlob Frege (1848–1925)", in: *Höffe 1981*, 251–273.

Peirce, Charles S. 1883: "Note B" [in der Kopfleiste als "The Logic of Relatives" bezeichnet], in: *Studies in Logic. By members of the Johns Hopkins University*, hg. v. Charles S. Peirce, Little, Brown, and Company: Boston, repr. [mit Einleitung von Max H. Fisch und einem Vorwort von Achim Eschbach] John Benjamins: Amsterdam / Philadelphia 1983, 189–203.

Quine, Willard Van Orman 1940: *Mathematical Logic*, W. W. Norton & Company: New York.

Resnik, Michael David 1963: *Frege's Methodology: A Critical Study*, Diss. Harvard University, Cambridge, Mass.

Ritter, Joachim 1961: „Vorwort 1", in: *Scholz 1961a*, 7–16.

Russell, Bertrand 1903: *The Principles of Mathematics*, Cambridge University Press: Cambridge, [2]1937 George Allen & Unwin: London.

Schirn, Matthias (Hg.) 1976: *Studien zu Frege*, 3 Bde., Frommann-Holzboog: Stuttgart-Bad Cannstatt (Bd. I: *Logik und Philosophie der Mathematik*, Bd. II: *Logik und Sprachphilosophie*, Bd. III: *Logik und Semantik*).

Schneider, Hans J. 1975: „Zur Unterscheidung von Begriff und Gegenstand bei Frege", in: *Thiel 1975a*, 111–118.

Schneider, Hans J. 1992: *Phantasie und Kalkül. Über die Polarität von Handlung und Struktur in der Sprache*, Suhrkamp: Frankfurt a. M.

Schnelle, Helmut 1962: *Zeichensysteme zur wissenschaftlichen Darstellung. Ein Beitrag zur Entfaltung der Ars characteristica im Sinne von G. W. Leibniz*, Friedrich Frommann (Günter Holzboog): Stuttgart-Bad Cannstatt.

Scholz, Heinrich 1931: *Geschichte der Logik*, Junker und Dünnhaupt: Berlin.

Scholz, Heinrich / Schweitzer, Hermann 1935: *Die sogenannten Definitionen durch Abstraktion. Eine Theorie der Definitionen durch Bildung von Gleichheitsverwandtschaften*, Leipzig (*Forschungen zur Logistik und zur Grundlegung der exakten Wissenschaften*, Heft 3).

Scholz, Heinrich 1936: „Die klassische und die moderne Logik", *Blätter für deutsche Philosophie* **10** (1936/1937), 254–281.

Scholz, Heinrich 1941: „Gottlob Frege", in: *Weltwacht der Deutschen*, Jg. 1941, Nr. 2, S. 4, zitiert nach der gelegentlich abweichenden Fassung in *Scholz 1961a*, 268–278.

Scholz, Heinrich 1943: „Platonismus und Positivismus", *Europäische Revue* **19**, 74–83, Nachdruck in: *Scholz 1961a*, 388–398.

Scholz, Heinrich 1961a: *Mathesis Universalis. Abhandlungen zur Philosophie als strenger Wissenschaft*, hg. v. Hans Hermes / Friedrich Kambartel / Joachim Ritter, Schwabe: Basel / Stuttgart und Wissenschaftliche Buchgesellschaft: Darmstadt ²1969.

Scholz, Heinrich 1961b: „Leibniz", in: *Scholz 1961a*, 128–151, Erstveröffentlichung in: *Jahrbuch der Kaiser-Wilhelm-Gesellschaft zur Förderung der Wissenschaften 1942*, 217–244.

Schröder, Ernst 1880: Rezension von Frege (1879), *Zeitschrift für Mathematik und Physik* **25**, 81–94.

Seneca, L. Annaeus 1971: *Philosophische Schriften. Lateinisch und Deutsch. Bd. II: Dialoge VII–XII*, hg., übers. u. m. Anm. versehen v. Manfred Rosenbach, Wissenschaftliche Buchgesellschaft: Darmstadt.

Sluga, Hans-Dieter 1962: „Frege und die Typentheorie", in: *Logik und Logikkalkül. Festschrift für Wilhelm Britzelmayr zum siebzigsten Geburtstag*, hg. v. Max Käsbauer / Franz von Kutschera, Alber: Freiburg / München, 195–209.

Sobociński, Bolesław 1949: « L'analyse de l'antinomie Russellienne par Leśniewski », *Methodos* **1** (1949), 94–107, 220–228, 308–316, **2** (1950), 237–257.

Sobociński, Bolesław 1984: "Leśniewski's Analysis of Russell's Paradox", in: Jan T. J. Srzednicki / V. Frederick Rickey (Hgg.), *Leśniewski's Systems. Ontology and Mereology*, Nijhoff: The Hague / Boston MA / Lancaster, 11–44.

Spinoza, Baruch 1980: *Opera / Werke*, 3. Aufl., 2 Bde., hg. v. Günter Gawlick, Friedrich Niewöhner (Bd. 1) und Konrad Blumenstock (Bd. 2), Wissenschaftliche Buchgesellschaft: Darmstadt (Bd. 1: *Tractatus theologico-politicus / Theologisch-politischer Traktat*, Bd. 2: *Tractatus de intellectus emendatione. Ethica / Abhandlung zur Berichtigung des Verstandes. Ethik*).

Spinoza, Baruch 1677: *Ethica Ordine Geometrico demonstrata*, in: *Spinoza 1980*, Bd. 2, 84–557.

Sternfeld, Robert 1966: *Frege's Logical Theory*, Southern Illinois University Press: Carbondale / Edwardsville.

Thiel, Christian 1965a: *Sinn und Bedeutung in der Logik Gottlob Freges*, Hain: Meisenheim am Glan.

Thiel, Christian 1965b: „Die Idee der Begriffsschrift", Buchkapitel 1.1 in *Thiel 1965a*, 5–22.

Thiel, Christian 1965c: „Wertverläufe und Erweiterungsproblem", Buchkapitel 1.4 in *Thiel 1965a*, 60–84.

Thiel, Christian 1965d: „Die Kontamination von Ontik und Semantik", Buchkapitel 2.4 in *Thiel 1965a*, 146–161.

Thiel, Christian 1967: „Entitätentafeln", in: Wilhelm Arnold / Hermann Zeltner (Hgg.), *Tradition und Kritik. Festschrift Rudolf Zocher zum 80. Geburtstag*, Frommann-Holzboog: Stuttgart-Bad Cannstatt, 263–282.

Thiel, Christian 1968: *Sense and Reference in Frege's Logic*, D. Reidel Publishing Company: Dordrecht.

Thiel, Christian 1971: „La Historia del Problema de la Impredicatividad y su Solución Constructiva", in: *La Filosofía Científica Actual en Alemania. Simposio de Lógica y Filosofía de la Ciencia; Madrid*, 87–99.

Thiel, Christian 1972a: *Grundlagenkrise und Grundlagenstreit. Studie über das normative Fundament der Wissenschaften am Beispiel von Mathematik und Sozialwissenschaft*, Hain: Meisenheim am Glan.

Thiel, Christian 1972b: „Gottlob Frege: Die Abstraktion", in: Josef Speck (Hg.), *Grundprobleme der großen Philosophen. Philosophie der Gegenwart I*, Vandenhoeck & Ruprecht: Göttingen, 9–44.

Thiel, Christian 1975a: *Frege und die moderne Grundlagenforschung. Symposium, gehalten in Bad Homburg im Dezember 1973*, hg. v. Christian Thiel, Hain: Meisenheim am Glan (*Studien zur Wissenschaftstheorie*, 9).

Thiel, Christian 1975b: „Zur Inkonsistenz der Fregeschen Mengenlehre", in: *Frege 1975a*, 134–159.

Thiel, Christian 1976: „Wahrheitswert und Wertverlauf. Zu Freges Argumentation im § 10 der ‚Grundgesetze der Arithmetik'", in: Matthias Schirn (Hg.), *Studien zu Frege I. Logik und Philosophie der Mathematik*, Frommann-Holzboog: Stuttgart-Bad Cannstatt (*problemata*, 42), 287–299.

Thiel, Christian 1978: „Die Unvollständigkeit der Fregeschen ‚Grundgesetze der Arithmetik'", in: J. Mittelstraß / M. Riedel (Hgg.), *Vernünftiges Denken. Studien zur praktischen Philosophie und Wissenschaftstheorie*, de Gruyter: Berlin / New York, 104–106.

Thiel, Christian 1979: „Bedeutungsvollständigkeit und verwandte Eigenschaften der logischen Systeme Freges", in: *„Begriffsschrift". Jenaer Frege-Konferenz, 7.–11. Mai 1979*, hg. v. Franz Bolck, Wissenschaftliche Bearbeitung Dietrich Alexander, Friedrich-Schiller-Universität: Jena, 483–494.

Thiel, Christian 1982: „Frege und die Widerspenstigkeit der Sprache“, *Zeitschrift für Phonetik, Sprachwissenschaft und Kommunikationsforschung* **36** (1982), H. 6, 620–626.

Thiel, Christian 1983a: „Die Revisionsbedürftigkeit der logischen Semantik Freges, *Anuario Filosófico* XVI/1 (*Numero Monográfico dedicado al I Simposio de Historia de la Lógica de 1981; Universidad de Navarra, Pamplona*), 293–301.

Thiel, Christian 1983b: „Madrigueras para las antinomias: Una nueva consideración de la llamada lógica superior de Frege“, *Teorema* XIII/1 (1983), H. 2, 201–212.

Thiel, Christian 1995: „‚Nicht aufs Gerathewohl und aus Neuerungssucht‘: Die Begriffsschrift 1879 und 1893“, in: Ingolf Max / Werner Stelzner (Hgg.), *Logik und Mathematik. Frege-Kolloquium Jena 1993*, de Gruyter: Berlin / New York, 20–37.

Thiel, Christian 1996: “On the Structure of Frege’s System of Logic”, in: M. Schirn (Hg.), *Frege: Importance and Legacy*, de Gruyter: Berlin/New York, 261–279.

Thiel, Christian 1997: „Frege und die Frösche“, in: Michael Astroh / Dietfried Gerhardus / Gerhard Heinzmann (Hgg.), *Dialogisches Handeln. Eine Festschrift für Kuno Lorenz*, Spektrum Akademischer Verlag: Heidelberg / Berlin / Oxford, 355–359.

Thiel, Christian 2003a: „Die außer Kraft gesetzte Behauptung“, in: Dirk Greimann (Hg.), *Das Wahre und das Falsche. Studien zu Freges Auffassung von Wahrheit*, Georg Olms: Hildesheim / Zürich / New York, 290–303.

Thiel, Christian 2003b: “The Extension of the Concept Abolished? Reflexions on a Fregean Dilemma”, in: Jaakko Hintikka u. a. (Hgg.), *Philosophy and Logic. In Search of the Polish Tradition. Essays in Honour of Jan Woleński on the Occasion of his 60th Birthday*, Kluwer: Dordrecht / Boston / London, 269–273.

Thukydides 1901: *Thukydidis Historiae*, hg. v. Henry Stuart Jones, Bd. 2, Clarendon Press: Oxford.

Thukydides 1965: *Thukydides Book VII*, Einl. u. Komm. Kenneth James Dover, Clarendon Press: Oxford.

Trendelenburg, Adolf 1856: „Über Leibnizens Entwurf einer allgemeinen Charakteristik“, in: *Aus den Abhandlungen der Königl. Akademie der Wissenschaften zu Berlin*, Commission Dümmler: Berlin, 38–69, Neudruck in: *Trendelenburg 1867*, 1–47.

Trendelenburg, Adolf 1867: *Historische Beiträge zur Philosophie*. Dritter Band: *Vermischte Abhandlungen*, G. Bethge: Berlin.

Vuillemin, Jules 1964: « Sur le jugement de récognition (Wiedererkennungsurteil) chez Frege », *Archiv für Geschichte der Philosophie* **46**, 310–325.

Vuillemin, Jules 1966: « L’élimination des définitions par abstraction chez Frege », *Revue philosophique de la France et de l’étranger* **156**, 19–40.

Wegeler, Julius 1872: *Philosophia patrum versibus praesertim leoninis, rhythmis Germanicis adjectis, iuventuti studiosae hilariter tradita / Die Philosophie der Alten*, in lat. Versen u. ihren Übersetzungen v. J. Hölscher, Denkert & Groos: Koblenz.

Wells, Rulon S. 1951: “Frege’s Ontology”, *The Review of Metaphysics* **4**, 537–573.

Weyl, Hermann 1926: *Die heutige Erkenntnislage in der Mathematik*, Weltkreis-Verlag: Erlangen (*Sonderdrucke des Symposion*, Heft 8).

Whitehead, Alfred North / Bertrand Russell 1910–1913: *Principia Mathematica*, 3 Bde., Cambridge University Press: Cambridge, [2]1925–1927.

Wilkins, John 1641: *Mercury, or the secret and swift Messenger: shewing how a Man may with Privacy and Spead communicate his Thoughts to a Friend at a Distance*, Wilkins: London.

Wilkins, John 1668: *An Essay towards a Real Character and a Philosophical Language, with an alphabetical Dictionary*, Gellibrand: London, repr. Scolar Press: Menston (Yorkshire) 1968.

Wittgenstein, Ludwig 1922: *Tractatus Logico-Philosophicus* (dt.-engl.), Routledge & Kegan Paul: London (revidierte Fassung von „Logisch-philosophische Abhandlung“, *Annalen der Naturphilosophie* **14** (1921), 185–262).

Wolff, Christian 1736: *Philosophia prima, sive Ontologia, methodo scientifica pertractata, qua omnis cognitionis humanae principia continentur*, 2. Aufl., Renger: Frankfurt a. M. / Leipzig, repr. Olms: Hildesheim 1962.

Zermelo, Ernst 1908: „Neuer Beweis für die Möglichkeit einer Wohlordnung“, *Mathematische Annalen* **65**, 107–128.

Ziegenfuß, Werner 1949: *Philosophen-Lexikon. Handwörterbuch der Philosophie nach Personen*, unter Mitwirkung von Gertrud Jung, de Gruyter: Berlin Bd. I 1949, Bd. II 1950.

Zocher, Rudolf 1925: *Die objektive Geltungslogik und der Immanenzgedanke. Eine erkenntnistheoretische Studie zum Problem des Sinnes*, Mohr: Tübingen (Erlanger Habilitationsschrift).

Veröffentlichungen von Christian Thiel

Stand: 21. Januar 2022

Die in den *Fregeschen Variationen. Essays zu Ehren von Christian Thiel*, hg. v. Matthias Wille (mentis: Paderborn 2020) erschienene Liste der Veröffentlichungen von Christian Thiel wird hier noch einmal in überarbeiteter und aktualisierter Fassung abgedruckt. Die bis 2007.1 inklusive erfassten Titel stimmen überein mit den in der Bibliographie von Peter Bernhard und Volker Peckhaus (eds.), *Methodisches Denken im Kontext* (mentis: Paderborn 2008) aufgeführten, mit Ausnahme des dort übersehenen Titels 2002.9 und der neu hinzugekommenen Titel 2006.8 und 2006.9.

Buchveröffentlichungen

1965 *Sinn und Bedeutung in der Logik Gottlob Freges*. Anton Hain Verlag: Meisenheim am Glan 1965. VIII + 171 S. (*Monographien zur philosophischen Forschung*, Band 43).

○ Rezensionen:

1. *Rivista di Filosofia* 58 (1967) (Mario Trinchero)
2. *Deutsches Ärzteblatt* 64 H. 46 (1967) (Rudolf Kötter [sen.])
3. *Ruch Filozoficzny* 25 (1967) (Antoni Korcik)
4. *Bibliographie de la Philosophie* 14 (1967) R[einhard] B[randt]
5. *Revue des Sciences Philosophiques et Théologiques* 51 (1967) (B. Lemaigre)
6. *Deutsche Literaturzeitung* 89 (1968) (Erhard Albrecht)
7. *Philosophy and Phenomenological Research* 28 (1967/68) (Michael D. Resnik)
8. *Salzburger Jahrbuch für Philosophie* 12/13 (1968/69) (J.M. Häußling)
9. *The Journal of Symbolic Logic* 34 (1969) (Gottfried Gabriel)
10. *Australasian Journal of Philosophy* 1969 (Victor H. Dudman)

1968 *Sense and Reference in Frege's Logic*. D. Reidel Publishing Company: Dordrecht [Holland] 1968. ix + 172 S. (Amerikanische Übersetzung von 1965 durch Thomas J. Blakeley).

○ Rezensionen:

1. *Neuer Bücherdienst* (Wien) 15 (1968) (unsigniert)

2. *Streven* 22 (1968/69) (C.J. Boschheurne)
3. *Zentralblatt für Mathematik und ihre Grenzgebiete* Zbl 0157.33303 (1969, G.T. Kneebone)
4. *Folia Humanistica* 7 (1969) (X. Delmas)
5. *Studii şi Cercetări Lingvistice* 20 (1969) (Ileana Vincenz)
6. *Sborník Prací* 18 (1969) (Pavel Materna)
7. *Australasian Journal of Philosophy* 47 (1969) (Victor H. Dudman)
8. *The Heythrop Journal* 10 (1969) (Peter Röper)
9. *Bibliographie de la Philosophie* 16 (1969) (A.A.D[erksen])
10. Iyyun 20 (1970) (Yehoshua Bar-Hillel)
11. The Philosophical Review 80 (1971) (Leonard Linsky)
12. *Mathematical Reviews* MR0288022 (1972, Maurice Boffa)
13. *Stromata* 31 (1975) (R.D.)

1972.A *Sentido y Referencia en la Lógica de Gottlob Frege*. Editorial Tecnos: Madrid 1972. 176 S. (Spanische Übersetzung von 1965 durch José Sanmartín Esplugues, mit neuem „Prefacio del autor a la version española").

○ Rezensionsaufsatz:

Teorema IV/4 (1974) (Esteban Requena)

○ Rezensionen:

1. *Folia Humanistica* 10 (1972) (Fn. de Urmeneta)
2. *Pensamiento* 31 (1975), 331–332 (Alberto Dou)

1972.B *Grundlagenkrise und Grundlagenstreit. Studie über das normative Fundament der Wissenschaften am Beispiel von Mathematik und Sozialwissenschaft*. Anton Hain Verlag: Meisenheim am Glan 1972. 226 S.

○ Rezensionen:

1. *Zentralblatt für Mathematik und ihre Grenzgebiete* Zbl. 0233.02001 (1972, G.T. Kneebone)
2. *Deutsches Ärzteblatt* 69 H. 45 (1972) (Rudolf Kötter [sen.])
3. *Archimedes* 24 (1972), 108 (unsigniert; vermutlich Franz Denk)
4. *Rete. Strukturgeschichte der Naturwissenschaften* 1973–1975 [letztes Heft, 1975] (H.-J. Höppner / Herbert Mehrtens)
5. *Erasmus* 28 (1976) (Jean Widmer)

1983 *Elementare Logik* [Zweiteiliger Kurs der FernUniversität/Gesamthochschule Hagen – nicht im Buchhandel]. Fachbereich Erziehungs- und Sozialwissenschaften der FernUniversität/

Gesamthochschule Hagen: Hagen 1983. Kurseinheit 1: 145 S. + 4 S. Einsendeaufgaben; Kurseinheit 2: 124 S. + 4 S. Einsendeaufgaben.

1995 *Philosophie und Mathematik. Eine Einführung in ihre Wechselwirkungen und in die Philosophie der Mathematik.* Wissenschaftliche Buchgesellschaft: Darmstadt 1995 (*Wissenschaft im 20. Jahrhundert. Transdisziplinäre Reflexionen*). 3 unp. + 364 S. [siehe auch 2005].

○ Rezensionen:

1. *Philosophischer Literaturanzeiger* 49 (1996) (Siegfried Paul)
2. *Mathematical Reviews* MR 1337277 (96k:00007, Hans Niels Jahnke)
3. *History and Philosophy of Logic* 17 (1996) (Ivor Grattan-Guinness)
4. *Teorema* 16/2 (1997) (Andrew Powell)
5. *Philosophia Mathematica* (3) 5 (1997) (Steven J. Wagner)
6. *Revista de Filosofía* 11.1/2 (Nov. 1996) (Javier Legris)
7. *Vienna Circle Institute Yearbook* 5 (1997) (Hans-Christian Reichel)
8. *Philosophischer Literaturanzeiger* 51 (1998) (Reinhold Breil, in seinem „Literaturbericht. Systematische Untersuchungen zur Erkenntnis- und Wissenschaftstheorie"; nicht identisch mit Rezension 1)
9. *Jahresbericht der Deutschen Mathematiker-Vereinigung* 100 (1998) (Knut Radbruch)
10. *Praxis der Mathematik* 42.2 (April 2000) (E. Stein)
11. *The History of Mathematics from Antiquity to the Present* CD-ROM Edition, AMS (2000), 521 (# 4163, anonym)

1995* Polnische Übers. von Kapitel 16 als „Kryzys podstaw i spor o podstawy" in: Krzysztof Rotter (ed.), *Próby gramatyki filozoficznej. Antologia: Franz Brentano, Gottlob Frege, Christian Thiel* (Wydawnictwo Uniwersytetu Wrocławskiego: Wrocław 1997), 25–44.

1995** Studies in the Nineteenth-Century History of Algebraic Logic and Universal Algebra. A Secondary Bibliography. Compiled by Irving H. Anellis with the assistance of Thomas L. Drucker, Nathan Houser, Volker Peckhaus and Christian Thiel. *Modern Logic* 5 no. 1 (January 1995), 1–120.

2005 Sonderausgabe 2005 von *Philosophie und Mathematik* (vgl. 1995), „Gedruckt von BoD Books on Demand" in Hamburg.

Herausgebertätigkeit

1967 ed. *Georg Weippert: Stifters Witiko. Vom Wesen des Politischen.* Mit einem Nachwort von Theodor Pütz. Aus dem Nachlaß herausgegeben und mit Quellenangaben versehen von Christian Thiel. Verlag für Geschichte und Politik: Wien und R. Oldenbourg: München 1967. 323 S.

○ Rezensionen:

1. *Die Furche* 24. Jg., Nr. 13 (30. März 1968) (Richard C. Heinisch)
2. *Wiener Zeitung* Nr. 87 vom 13. April 1968 (signiert „n.g.“)

1975 ed. *Frege und die moderne Grundlagenforschung. Symposium, gehalten in Bad Homburg im Dezember 1973.* Herausgegeben von Christian Thiel. Verlag Anton Hain: Meisenheim am Glan 1975. VIII + 168 S. (= *Studien zur Wissenschaftstheorie*, hg. v. A. Diemer, Band 9).

○ Rezensionen:

1. *Deutsche Zeitschrift für Philosophie* 25 (1977) (Lothar Kreiser)
2. *Philosophische Rundschau* 25 (1978) (Werner Diederich)
3. *Archiv für Geschichte der Philosophie* 60 (1978) (Erich Fries)
4. *Grazer Philosophische Studien* 6 (1978) (Karel Berka)
5. *The Journal of Symbolic Logic* 44 (1979) (Matthias Schirn)

1976 ed. *Gottlob Frege: Nachgelassene Schriften und Wissenschaftlicher Briefwechsel.* Zweiter Band: *Wissenschaftlicher Briefwechsel.* Herausgegeben, bearbeitet, eingeleitet und mit Anmerkungen versehen von Gottfried Gabriel, Hans Hermes, Friedrich Kambartel, Christian Thiel, Albert Veraart. Felix Meiner Verlag: Hamburg 1976. XXVI + 310 S. (Edition von Freges Briefwechsel mit P. E. B. Jourdain, A.R. Korselt, L. Löwenheim und B. Russell).

○ Rezensionen:

1. *Times Literary Supplement* No. 3929 (July 1, 1977) (Peter Geach)
2. *Zentralblatt für Mathematik und ihre Grenzgebiete* Zbl 0341.01019 (1977, Philip Kitcher)
3. *Theologie und Philosophie* 52 (1977) (Geo Siegwart)
4. *Deutsche Zeitschrift für Philosophie* 1977 (Lothar Kreiser)
5. *Zeitschrift für philosophische Forschung* 31 (1977) (Erich Fries)
6. *Grazer Philosophische Studien* 6 (1978) (Karel Berka)

1979 ed. *Zugänge zur Philosophie. Aachener Vorträge.* Herausgegeben von Christian Thiel und Gerd Wolandt. Aloys Henn Verlag: Kastellaun / Hunsrück 1979. 136 S.

1980.1 ed. *Gottlob Freges Briefwechsel mit D. Hilbert, E. Husserl, B. Russell, sowie ausgewählte Einzelbriefe Freges.* Mit Einleitungen, Anmerkungen und Register herausgegeben von Gottfried Gabriel, Friedrich Kambartel, Christian Thiel. Felix Meiner Verlag: Hamburg 1980. VIII [+ 1 unpag.] + 134 S. (= *Philosophische Bibliothek*, Band 321).

○ Rezensionen:

1. *Actualidad Bibliográfica de Filosofía y Teología* 18 (1981) (E.C. [=Eusebio Colomer])
2. *History and Philosophy of Logic* 2 (1982) (unsigniert)

1980.2 ed. *Gottlob Frege: Philosophical and Mathematical Correspondence.* Edited by Gottfried Gabriel, Hans Hermes, Friedrich Kambartel, Christian Thiel, Albert Veraart. Abridged for the English edition by Brian McGuinness and translated by Hans Kaal. Basil Blackwell: Oxford 1980. xviii + 214 S. (Gekürzte englische Übersetzung von 1976 ed.).

○ Rezension:

1. *Revue Internationale de Philosophie* 1983 (Claude Imbert)

1982 ed. *Erkenntnistheoretische Grundlagen der Mathematik.* Herausgegeben und mit einer Einleitung sowie Anmerkungen versehen von Christian Thiel. Gerstenberg Verlag: Hildesheim 1982. 379 S. (= *Seminar-Textbücher.* Band 2, *Fach: Mathematik*).

○ Rezensionen:

1. *Referateblatt Philosophie* 21 (Berlin [Ost]) 1985/1 19–20a [4 Seiten] (Klaus Wuttich)
2. *Zentralblatt für Mathematik und ihre Grenzgebiete* Zbl 0558.00013 (1985, J.F.A.K. van Benthem)
3. *Zagadnienia Naukoznawstwa* 2 (86) (1986), S. 402–404 (Jan Woleński)

1983 ed. *Gottlob Frege: Alle Origine della Nuova Logica. Carteggio Scientifico con Hilbert, Husserl, Peano, Russell, Vailati e altri.* A cura di G. Gabriel, H. Hermes, F. Kambartel, C. Thiel, A. Veraart. Edizione italiana a cura di Corrado Mangione. Boringhieri: Torino 1983. XXVI + 288 S.

○ Rezension:

Epistemologia 8 (1985) (Carlo Penco)

1986 ed. *Gottlob Frege: Die Grundlagen der Arithmetik. Eine logisch ma-*

thematische Untersuchung über den Begriff der Zahl. Centenarausgabe. Mit ergänzenden Texten kritisch herausgegeben von Christian Thiel. Felix Meiner Verlag: Hamburg 1986. LXIII + 187 S.

○ Rezensionen:

1. *Mathematical Reviews* MR840876 (87j:01086, Ignacio Angelelli)
2. *Rivista di Filosofia* 1987 (Eva Picardi)
3. *Theologie und Philosophie* (1987) (Friedo Ricken)
4. *Bibliographie de la Philosophie* 34 (1987) (U. H.-D. [= Ulrike Hinke-Dörnemann])
5. *Theoria* 6 (Pisa 1986) (Roberto Casati)
6. *The Journal of Symbolic Logic* 53 (1988) (Matthias Schirn)
7. *Deutsche Zeitschrift für Philosophie* 36 (1988) (Lothar Kreiser)
8. *Pensamiento* 44 (1988) (L. Martinez G.)
9. *Deutsche Literaturzeitung* 109 (1988) (Siegfried Paul)
10. *ZDM Zentralblatt für Didaktik der Mathematik* 20 (1988), H. 5, 24
11. *Zentralblatt für Mathematik und ihre Grenzgebiete* Zbl. 0584.03001 (1986, Roman Murawski)

1988 ed. *Gottlob Frege: Die Grundlagen der Arithmetik. Eine logisch mathematische Untersuchung über den Begriff der Zahl.* Auf der Grundlage der Centenarausgabe herausgegeben von Christian Thiel. Felix Meiner Verlag: Hamburg 1988. XXII + 2 unpag. + 144 S. (= *Philosophische Bibliothek*, Band 366).

○ Kurzrezensionen:

1. *Actualidad Bibliográfic de Filosofía y Teología* 1988 (E.C.[= Eusebio Colomer])
2. *Bibliographia de la Philosophie* 35 (1988) (U.H.-D. [= Ulrike Hinke-Dörnemann]

1993 ed. *Modern Logic* Vol. 3, no. 4 (October 1993), Special issue (commemorating the publication of Frege's *Grundgesetze der Arithmetik*, Band I, Jena 1993), guest-edited by Christian Thiel.

1995 ed. Kroatische Übersetzung des in 1986 ed. und 1988 ed. kritisch edierten Textes in: Gottlob Frege, *Osnove Aritmetike i drugi spisi*, ed. Filip Grgić / Maja Hudoletnjak Grgić (KruZak [= Kruno Zakarija]: Zagreb 1995), 9–135.

1998 ed. *Akademische Gedenkfeier für Paul Lorenzen am 10. November 1995.* Universitätsbibliothek Erlangen-Nürnberg: Nürnberg

1998. 36 S. (*Akademische Reden und Kolloquien. Friedrich-Alexander-Universität Erlangen-Nürnberg*, Band 13). [Auf S. 13–24 Wiederabdruck von 1996.4].

1999 ed. (mit Volker Peckhaus:) *Disziplinen im Kontext. Perspektiven der Disziplingeschichtsschreibung.* Wilhelm Fink Verlag: München 1999 (*Erlanger Beiträge zur Wissenschaftsforschung*). 244 S.
○ Rezension:
Jan Westerhoff, Ein Sammelband zur Methodologie der Disziplingeschichte, https://literaturkritik.de/id/1017.

2003 ed. (mit Edgar Morscher:) Franz Příhonský, *Neuer Anti-Kant und Atomenlehre des seligen Bolzano.* Mit den Editionsmaterialien der von Heinrich Scholz und Walter Dubislav geplanten Ausgabe des *Neuen Anti-Kant* und einer ausführlichen Einleitung von Edgar Morscher neu herausgegeben von Edgar Morscher und Christian Thiel. Academia Verlag: Sankt Augustin 2003 (*Beiträge zur Bolzano-Forschung*, Band 9). LXXXIV + 310 S.

2006 ed. (mit Evandro Agazzi) *Operations and Constructions in Science. Proceedings of the Annual Meeting of the International Academy of the Philosophy of Science, Erlangen/Germany, 17–19 September 2004.* Universitätsbund Erlangen-Nürnberg e.V.: Erlangen 2006 (*Erlanger Forschungen*, Reihe A Geisteswissenschaften, Band 111). 143 S.

2007 ed. (Als Guest Editor:) Special Issue: Leopold Löwenheim (1878–1957) von *History and Philosophy of Logic* (vol. 28, no. 4, November 2007) mit Leopold Löwenheim, Funktionalgleichungen im Gebietekalkül und Umformungsmöglichkeiten im Relativkalkül (S. 305–336). [Einführender Kommentar dazu in Thiel 2007.4].

Aufsätze

1963.1 Bruno Bauch – ein schlesischer Philosoph. *Der Büchermarkt* Jg. 1963, Heft 2 (Juni 1963), 241–242.

1963.2 Über magische Zahlensterne. *Archimedes* 15 (1963), 65–72 (Heft 5/6).

1964.1 Ein Algorithmus in der Theorie der Zerfällungen. *Archimedes* 16 (1964), 67–68 (Heft 5).

1964.2 Georg Leonhard Rabus (1835–1916). *Jahrbuch für fränkische Landesforschung* 24 (1964), 400–410 (mit Porträtfoto).

1964.3 Ein Instrumentenbauer [d.i. Franz Hirsch]. *Musica* 18 (1964), 278–279 (mit Porträtfoto).

1964.4 Ein verdienter Instrumentenbauer. [Leicht veränderte Fassung von 1964.3]. *Nürnberger Nachrichten*, 31. Juli 1964, S. 17 (mit Porträtfoto).

1966.1 Ein ausgezeichneter magischer Zahlenstern. *Archimedes* 18 (1966), 93–94

1966.2 Was ist eine Lautentabulatur? *Beilage zum 3. Jahresbericht des Arbeitskreises für Lautenmusik e. V. Nürnberg* (1966), hektographiert, 12 S. + 2 Tafeln.

1967.1 Entitätentafeln. In: Arnold, Wilhelm / Zeltner, Hermann (eds.), *Tradition und Kritik. Festschrift für Rudolf Zocher zum 80. Geburtstag* (Frommann-Holzboog: Stuttgart-Bad Cannstatt 1967), 263–282.

1967.2 Tables of Entities [Abstract]. Program of the 65th *Annual Meeting of the Western Division of the American Philosophical Association*, Chicago, May 4–6, 1967. 1 S.

1968 Ein vereinfachter Beweis der Unmöglichkeit eines magischen Fünfsterns. *Archimedes* 20 (1968), 98–100.

1969.1 Würfel aus lauter Würfeln. *Archimedes* 21 (1969), 5–10 (Heft I).

1969.2 [Mitverfasser der anonym erschienenen] Erlanger Stellungnahme zu den „Empfehlungen und Richtlinien der Kultusminister-Konferenz zur Modernisierung des Mathematikunterrichts an den allgemeinbildenden Schulen" vom 3. Oktober 1968. *Betrifft: Erziehung* 2 (1969), 34–35 von Heft 11.

1969.3 Imprädikativität [Abstract], *Tagungsbericht 8/1969 des Mathematischen Forschungsinstituts Oberwolfach* (Mathematische Logik, 23.3.-29.3. 1969), 11.

1970.1 Würfel in Würfel in Würfel in … . *Bild der Wissenschaft* 7 (1970), 386–392 [Heft 4, April, in „Das mathematische Kabinett"].

1970.2 Was will die operative Mathematik? *Archimedes* 22 (1970), 51–53.

1970.3 [mit Rüdiger Inhetveen:] Hilbert, (David). In: *Encyclopaedia Universalis* 8 (Paris 1970), 390–393.

1971.1 [5 Artikel in:] Ritter, Joachim (ed.), *Historisches Wörterbuch der Philosophie*, Band 1 (A – C), (Schwabe & Co.: Basel / Stuttgart; Wissenschaftliche Buchgesellschaft: Darmstadt, 1971): – Algebra (Sp. 150–152) – Anzahl / Ordnungszahl (Sp. 428–429) – Arithmetik (Sp. 517–518) – Aussage, Peircesche (Sp. 671) – Axiomensystem, Peanosches (Sp. 751–752).

1971.2 El Problema de la Fundamentación de la Matemática y la Filosofía. *Teorema* 3 (Valencia, Sept. 1971), 5–24.

1971.3 La Historia del Problema de la Impredicatividad y su solución Constructiva. In: *La Filosofía Científica Actual en Alemania. Simposio de Lógica y Filosofía de la Ciencia* (Madrid 1971), 87–99.

1972.1 Wozu Geschichte der Logik? Erlanger Antrittsvorlesung vom 13.7.70. *Philosophisches Jahrbuch* 79 (1972), 77–87.

1972.2 Gottlob Frege: Die Abstraktion. In: Speck, Josef (ed.), *Grundprobleme der großen Philosophen*, Band *Philosophie der Gegenwart I* (Vandenhoeck & Ruprecht: Göttingen 1972 [*UTB* 147]), 9–44. Vgl. 1976.4, 1979.7 und 1985.1.

1972.3 Auf dem Weg zur Vereinheitlichung der logischen Symbolik. *Archimedes* 24 (1972), 48–49 (Heft I).

1972.4 Woher kommen die logischen Zeichen? *Archimedes* 24 (1972), 101–102 (Heft II).

1972.5 „Valor cognitivo" de Frege y paradoja de Dudman. *Teorema* 6 (Valencia, Juni 1972), 93–99.

1972.6 Der Grundlagenstreit in der Mathematik und in den Sozialwissenschaften. In: *9. Deutscher Kongreß für Philosophie, Düsseldorf 1969: Philosophie und Wissenschaft*, hrsg. v. Ludwig Landgrebe (Anton Hain Verlag: Meisenheim am Glan 1972), 583–591.

1973.1 Das Begründungsproblem der Mathematik und die Philosophie. In: Kambartel, Friedrich / Mittelstraß, Jürgen (eds.), *Zum normativen Fundament der Wissenschaft* (Athenäum: Frankfurt a. M. 1973 [*Wissenschaftliche Paperbacks: Grundlagenforschung*]), 91–114. Vgl. 1989.3.

1973.2 Was heißt „Wissenschaftliche Begriffsbildung"? In: Harth, Dietrich (ed.), *Propädeutik der Literaturwissenschaft* (Wilhelm Fink: München 1973 [*UTB* 205]), 95–125.

1973.3 Funktion. In: Krings, Hermann / Baumgartner, Hans Michael / Wild, Christoph (eds.), *Handbuch philosophischer Grundbegriffe*, Band I: *Das Absolute – Gesellschaft* (München 1973), 510–519.

1974.1 Neues vom Neusalzer Museum. *Neusalzer Nachrichten* Nr. 94 (Hamburg, März / April 1974), 34–36.

1974.2 Grundlagenstreit. In: Ritter, Joachim (ed.), *Historisches Wörterbuch der Philosophie*. Band 3 (*G-H*). (Schwabe & Co.: Basel / Stuttgart; Wissenschaftliche Buchgesellschaft: Darmstadt, 1974), Sp. 910–918.

1974.3 Grundlagenforschung und Grundlagen der Wissenschaften. Sonderbeitrag zu *Meyers Enzyklopädisches Lexikon*, Band 11: *Gros-He*. (Bibliographisches Institut [Lexikonverlag]: Mannheim / Wien / Zürich 1974), 100–103. Vgl. 1975.12.

1975.1 Rationales Argumentieren. In: Mittelstraß, Jürgen (ed.), *Methodologische Probleme einer normativ-kritischen Gesellschaftstheorie* (Suhrkamp: Frankfurt a. M. 1975), 88–106 [überarbeitete und um eine einleitende Fußnote ergänzte Fassung von § 5.3 aus 1972.B].

1975.2 Leben und Werk Leopold Löwenheims (1878–1957) [Teil I: Biographisches und Bibliographisches]. *Jahresbericht der Deutschen Mathematiker-Vereinigung* 77 (1975), 1–9, mit Porträtfoto Löwenheims (1. Abt., Heft 1).
○ Kurzrezension:
Mathematical Reviews MR490942 (58#10130, September 1979, unsigniert)

1975.3 Zur Beurteilung der intensionalen Logik bei Leibniz und Castillon. *Akten des II. Internationalen Leibniz-Kongresses, Hannover, 17.–22. Juli 1972.* Band IV: *Logik – Erkenntnistheorie – Methodologie – Sprachphilosophie* (Franz Steiner Verlag: Wiesbaden 1975), 27–37.

1975.4 Einleitung des Herausgebers. In 1975 ed., 1–4.

1975.5 Erläuterungen zu dem Porträtfoto gegenüber der Titelseite. In 1975 ed., 5–8.

1975.6 Zur Inkonsistenz der Fregeschen Mengenlehre. In 1975 ed., 134–159.

1975.7 Philosophie und Technologie. *Alma Mater Aquensis. Berichte aus dem Leben der Rheinisch-Westfälischen Technischen Hochschule Aachen,* Band XI/XII (1973/74, publ. 1975), 78–84.

1975.8 Nishi Doitsu Ni Okeru Kagakutetsugakukaenkyu No Genjyo [Der gegenwärtige Forschungsstand der Wissenschaftstheorie in der BRD]. *Riso* Nr. 511 (12/1975: Die deutsche Philosophie der Gegenwart), 1–10.

1975.9 Diskussionsvotum zu Hans Poser: Der Wissenschaftsbegriff der Mathematik. In: *Der Wissenschaftsbegriff in den Natur- und in den Geisteswissenschaften. Symposion der Leibniz-Gesellschaft Hannover, 23. und 24. November 1973* (Franz Steiner Verlag: Wiesbaden 1975), 17–37, Votum S. 37.

1975.10 Diskussionsvotum zu Peter Mittelstaedt: Der Wissenschaftsbegriff der Physik. In: *Der Wissenschaftsbegriff in den Natur- und in den Geisteswissenschaften. Symposion der Leibniz-Gesellschaft Hannover, 23. und 24. November 1973* (Franz Steiner Verlag: Wiesbaden 1975), 38–56, Votum S. 54.

1975.11 Diskussionsvotum zu Herbert Schnädelbach: Der Wissenschaftsbegriff der Philosophie. In: *Der Wissenschaftsbegriff in den Natur- und in den Geisteswissenschaften. Symposion der Leibniz-Gesellschaft Hannover, 23. und 24. November 1973* (Franz Steiner Verlag: Wiesbaden 1975), 146–164, Votum S. 161 f.

1975.12 Neudruck von 1974.3. In: *Forum heute. 50 maßgebende Persönlichkeiten zu 50 grundlegenden Themen unserer Zeit. Eine Sammlung von 50 Sonderbeiträgen aus Meyers Enzyklopädischem Lexikon* (Bibliographisches Institut: Mannheim / Wien / Zürich 1975), 339–343.

1976.1 Tendencias constructivas en la obra de Frege. *Teorema* VI / 1 (Valencia 1976), 147–160.

1976.2 Abstract von 1976.1. *The Philosopher's Index* vol. 10 no. 3 (Fall 1976), 115.

1976.3 Wahrheitswert und Wertverlauf. Zu Freges Argumentation im § 10 der „Grundgesetze der Arithmetik". In: Schirn, Matthias (ed.), *Studien zu Frege I. Logik und Philosophie der Mathematik* (Frommann-Holzboog: Stuttgart-Bad Cannstatt 1976 [Reihe *problemata*, 42]), 287–299.
○ Kurzrezension:
Mathematical Reviews MR0505205 (58#21410, November 1979, unsigniert)

1976.4 Gottlob Frege: Die Abstraktion. Überarbeiteter, um die beiden Einführungsparagraphen gekürzter Neudruck von 1972.2. In: Schirn, Matthias (ed.), *Studien zu Frege I. Logik und Philosophie der Mathematik* (Frommann-Holzboog: Stuttgart-Bad Cannstatt 1976 [Reihe *problemata*, 42]), 243–264.

1976.5 [3 Artikel in:] Ritter, Joachim † / Gründer, Karlfried (eds.), *Historisches Wörterbuch der Philosophie*, Band 4 (*I–K*), (Schwabe & Co.: Basel / Stuttgart; Wissenschaftliche Buchgesellschaft: Darmstadt, 1976): – Imprädikativität (Sp. 270–272) – Indefinit (Sp. 279–281) – Infinitesimalrechnung II (Sp. 351–354).

1977.1 ¿Que significa ‚Constructivismo'? *Teorema* VII / 1 (Valencia 1977), 5–21.

1977.2 Leopold Löwenheim: Life, Work, and Early Influence. In: Gandy, Robin / Hyland, J. M. E. (eds.), *Logic Colloquium 76. Proceedings of a Conference held in Oxford in July 1976* (North Holland Publishing Company: Amsterdam / New York / Oxford 1977), 235–252.
○ Kurzrezension:
Mathematical Reviews MR0497811 (58#16043, Oktober 1979, unsigniert)

1977.3 Ontologie im Mathematikunterricht? *Zentralblatt für Didaktik der Mathematik* 9 (Heft 3, September 1977), 130–136.

1978.1 Die Unvollständigkeit der Fregeschen „Grundgesetze der Arithmetik“. In: Mittelstraß, Jürgen / Riedel, Manfred (eds.), *Vernünftiges Denken. Studien zur praktischen Philosophie und Wissenschaftstheorie* (Walter de Gruyter: Berlin / New York 1978), 104–106.

1978.2 Duality Lost? Transforming Gentzen Derivations into Winning Strategies for Dialogue Games. *Teorema* [Internationale Ausgabe] VIII / 1 (Valencia 1978), 57–66.
○ Abstract: *The Philosopher's Index* 12.4 (Winter 1979, für 1978), 123a
○ Kurzrezension:
Mathematical Reviews MR479930 (58#133, Juli 1979, 22f., B.H. Mayoh, Aarhus)

1978.3 ¿La Dualidad Perdida? Transformación de las Derivaciones de Gentzen en Estrategias de Ganancia para Juegos Dialógicos. *Teorema* [spanische Ausgabe] VIII / 1 (Valencia 1978), 57–66 [spanische Übersetzung von 1978.2].

1978.4 Gedanken zum hundertsten Geburtstag Leopold Löwenheims. *Teorema* [Internationale Ausgabe] 8 (1978), 263–267 (mit Porträtfoto).

1978.5 Reflexiones en el centenario de Leopold Löwenheim. *Teorema* [spanische Ausgabe] 8 (1978), 263–267 mit Porträtfoto [spanische Übersetzung von 1978.4].

1979.1 Abstract von 1978.2. *The Philosopher's Index* vol. 12 (1978 Cumulative Edition, publ. 1979), 389.

1979.2 Abstract von 1978.3. *The Philosopher's Index* vol. 13 no. 4 (Winter 1979), 141.

1979.3 Zur Bestimmung der Arithmetik. In: Lorenz, Kuno (ed.), *Konstruktionen versus Positionen. Beiträge zur Diskussion um die konstruktive Wissenschaftstheorie.* Band I [von 2 Bänden]: *Spezielle Wissenschaftstheorie* (Walter de Gruyter: Berlin / New York 1979), 29–34.

1979.4 Die Unwissenschaftlichkeit der Wissenschaftstheorie. In 1979 ed., 27–36.

1979.5 Die Quantität des Inhalts. Zu Leibnizens Erfassung des Intensionsbegriffs durch Kalküle und Diagramme. In: Heinekamp, Albert / Schupp, Franz (eds.), *Die intensionale Logik bei Leibniz und in der Gegenwart: Symposium der Leibniz-Gesellschaft, Hannover,*

10. u. 11. November 1978 (Franz Steiner Verlag: Wiesbaden 1979 [*studia leibnitiana* Sonderheft 8]), 10–23.

1979.6 Bedeutungsvollständigkeit und verwandte Eigenschaften der logischen Systeme Freges. In: *„Begriffsschrift". Jenaer Frege-Konferenz, 7.–11. Mai 1979* (Friedrich-Schiller-Universität, Jena 1979 [Wissenschaftliche Bearbeitung: Dietrich Alexander; Veröffentlichung der Friedrich-Schiller-Universität Jena, Herausgeber: Der Rektor, Prof. Dr. Dr. h. c. Franz Bolck]), 483–494.
○ *Rezension/Anzeige*:
Mathematical Reviews MR0601253 (82f:03011, Ignacio Angelelli)

1979.7 Gottlob Frege: Die Abstraktion. Neudruck von 1972.2 in der 2. Auflage (Göttingen 1979), 9–44. [Japanische Übersetzung siehe 1982.4]

1980.1 Über Ursprung und Problemlage des argumentationstheoretischen Aufbaus der Logik. In: Gethmann, Carl Friedrich (ed.), *Theorie des wissenschaftlichen Argumentierens* (Suhrkamp: Frankfurt a. M. 1980 [Reihe *Theorie-Diskussion*]), 117–135.

1980.2 Eine konstruktive Theorie der Wissenschaften [Paul Lorenzen zum 65. Geburtstag]. *Erlanger Tagblatt* Nr. 70 vom 22./23. März 1980 (unpaginiert; 3 Spalten).

1980.3 Neudruck von 1980.2 unter dem Titel „Prof. Lorenzen 65". In: *uni kurier. Zeitschrift der Friedrich-Alexander-Universität Erlangen-Nürnberg* 6. Jg., Nr. 30/31 (Juli 1980), 64–65.

1980.4 [184 Artikel in:] Mittelstraß, Jürgen (ed.), *Enzyklopädie Philosophie und Wissenschaftstheorie. Band 1: A – C* (Bibliographisches Institut, B.I.- Wissenschaftsverlag: Mannheim/Wien/Zürich 1980). Darunter mit über 100 Zeilen Umfang: Alchemie (67–74) – Algebra (79–80) – Antinomien, logische (132–133) – Antinomien der Mengenlehre (134–135) – Argumentation (161) – Arithmetik (180–182) – Astrologie (200–201) – Axiom (239–241) – Boutroux, Pierre Léon (340–341) – Cauchy (382–383) – definierbar/D efinierbarkeit (436–437) – Drobisch (500–501) – Frege (671–674) – Funktion (691–692) – Funktion, rekursive (692–693) – Gauß (708–710) – Gentzenscher Hauptsatz (735–736).

1980.5 [2 Artikel in:] Speck, Josef (ed.), *Handbuch wissenschaftstheoretischer Begriffe I – III* (Vandenhoeck & Ruprecht: Göttingen 1980 [*UTB* 966–968]), in Band I: – Art (39–40); – Eigenschaft (145).

1980.6 Leibnizens Definition der logischen Allgemeingültigkeit und der

„arithmetische Kalkül“. In: *Theoria cum Praxi. Zum Verhältnis von Theorie und Praxis im 17. und 18. Jahrhundert. Akten des III. Internationalen Leibniz-Kongresses Hannover, 12.–17. November 1977.* Band III: *Logik, Erkenntnistheorie, Metaphysik, Theologie* (Franz Steiner Verlag: Wiesbaden 1980), 14–22.
○ Rezension:
Mathematical Reviews MR655043 (83j:01014, M. Guillaume)

1980.7 Neudruck von 1969.2 in: Volk, Dieter (ed.), *Didaktik und Mathematikunterricht. Didaktische Modelle und ihre Konkretisierung durch Unterrichtsentwürfe* (Beltz: Weinheim / Basel 1980), 109–115.

1980.8 Beweis der „Peano-Axiome“. [Auszug aus 1973.1, dort S. 104–122]. In: Volk, Dieter (ed.), *Didaktik und Mathematikunterricht. Didaktische Modelle und ihre Konkretisierung durch Unterrichtsentwürfe* (Beltz: Weinheim / Basel 1980), 160–167.

1981.1 Philosophie der Mathematik oder Wissenschaftstheorie der Formalwissenschaften? In: Schwemmer, Oswald (ed.), *Vernunft, Handlung und Erfahrung. Über die Grundlagen und Ziele der Wissenschaften* (C.H. Beck: München 1981), 34–48.

1981.2 Lakatos' Dialektik der mathematischen Vernunft. In: Poser, Hans (ed.), *Wandel des Vernunftbegriffs* (Karl Alber: Freiburg / München 1981), 201–221.

1981.3 A Portrait; or, How to Tell Frege from Schröder. *History and Philosophy of Logic* 2 (1981), 21–23 (Porträtfoto auf S. 21).

1981.4 Mathematics, Logic and Ontology. *Epistemologia 4* (1981), 95–111 (vol. 4, no. 1: Sonderheft *Un siècle dans la philosophie des mathématiques*, Vorträge des Kolloquiums der Académie Internationale de Philosophie des Sciences, Orbetello, 17.-21.4.1979).

1981.5 Geleitwort zu: *Aachener Schriften zur Wissenschaftstheorie, Logik und Logikgeschichte*, hrsg. v. Christian Thiel. Heft 1 (Juli 1981): Haas, Gerrit / Stemmler, Elke, *Der Nachlaß Heinrich Behmanns* [4 unpag. + 39 S.], 2 unpag. S.

1982.1 From Leibniz to Frege: Mathematical Logic between 1679 and 1879. In: Cohen, L.J. / Pfeiffer, H. / Podewski, K.-P. (eds.), *Logic, Methodology and Philosophy of Science VI. Proceedings of the Sixth International Congress for Logic, Methodology and Philosophy of Science*, Hannover 1979 (North Holland Publishing Company: Amsterdam / New York / Oxford; PWN – Polish Scientific Publishers: Warszawa 1982), 755–770.

1982.2 Frege und die Widerspenstigkeit der Sprache. *Zeitschrift für*

Phonetik, Sprachwissenschaft und Kommunikationsforschung, 35 Heft 6 (1982), 620–626.

1982.3 „Vorwort“ zur Ausstellung von Hans Joachim Stenzel, *Aquarelle (Palais Stutterheim, Erlangen), 28. November – 23. Dezember 1982*. 1 S. (Faltprospekt bzw. separates Beiblatt). Vgl. 1987.7.

1982.4 Frege: chu sho. Japanische Übersetzung von 1979.7 in: Speck, Josef (ed.), *Daitetsugakusha no konponmondai* (Fuji shoten: Tokyo 1982), 9–47.

1983.1 On Gödel's Involvement in the Debate on Behmann's Treatment of the Paradoxes. [Abstract]. *7th International Congress of Logic, Methodology and Philosophy of Science, Salzburg, Austria, July 11th – 16th 1983.* Volume 6: *Abstracts of Sections 13 and 14*, 195–196.

1983.2 The „Explicit“ Philosophy of Mathematics Today. [Abstract]. *Logic Colloquium '83 and European Summer Meeting of the ASL, RWTH Aachen, West Germany, July 18th – 23rd, 1983*, 106.

1983.3 Clavius und die Consequentia Mirabilis. In: *Leibniz. Werk und Wirkung. IV. Internationaler Leibniz-Kongreß. Hannover, 14. bis 19. November 1983. Vorträge*, herausgegeben von der Gottfried-Wilhelm-Leibniz-Gesellschaft e. V. [Hannover 1983], 765–774.

1983.4 Some Difficulties in the Historiography of Modern Logic. In: Abrusci, V.M. / Casari, E. / Mugnai, M. (eds.), *Atti del Convegno Internazionale di Storia della Logica, San Gimignano*, 4–8 dicembre 1982 (Cooperativa Libraria Universitaria Editrice: Bologna 1983), 175–191.

1983.5 Madrigueras para las antinomias: Una nueva consideración de la llamada lógica superior de Frege. *Teorema* XIII / 1–2 (1983), 201–212.

1983.6 Die Revisionsbedürftigkeit der logischen Semantik Freges. *Anuario Filosófico* XVI / 1 (1983; *Numero Monográfico dedicado al I Simposio de Historia de la Lógica, Pamplona, 14–15 de Mayo de 1981*), 293–301.

1984.1 [71 Artikel, davon 2 als Ko-Autor, in:] Mittelstraß, Jürgen (ed.), *Enzyklopädie Philosophie und Wissenschaftstheorie. Band 2: H – O* (Bibliographisches Institut, B.I.-Wissenschaftsverlag: Mannheim / Wien / Zürich 1984). Darunter mit über 100 Zeilen Umfang: Hermetisch / Hermetik (90–92) – Hilbertprogramm (103–105) – Husserl (145–149) – imprädikativ / Imprädikativität (216–218) – indefinit / Indefinitheit (220–221) – Infinitesimalrechnung (239–241) – Jevons (310–313) – Kabbala (333–336) –

Konstruktivismus (449–453) – Le Roy, E. (589–591) – Logik (626–631) – Logik, algebraische (631–634) – Lorenzen (710–713) – Łukasiewicz (722–724) – Makrokosmos (748–750) – Mystik [mit S. Blasche] (947–951) – Negation (980–983) – objektiv / Objektivität (1052–1054).

1984.2 Die Kontroverse um die intuitionistische Logik vor ihrer Axiomatisierung durch Heyting 1930. [Abstract]. *Tagungsbericht 22/1984 des Mathematischen Forschungsinstituts Oberwolfach* (Geschichte der Mathematik, 13.4.-19.4.1984), 10. Vgl. 1988.2.

1984.3 Folgen der Emigration deutscher und österreichischer Wissenschaftstheoretiker und Logiker zwischen 1933 und 1945. *Berichte zur Wissenschaftsgeschichte* 7 (1984), 227–256. (Heft 4, Dezember 1984).

1985.1 Gottlob Frege: Die Abstraktion. Neudruck von 1972.2 in der 3., teilweise überarbeiteten Auflage (Göttingen 1985), 9–46 (geringfügig erweitert).

1985.2 [mit Volker Peckhaus:] Eröffnungskolloquium für DFG-Projekt: Sozialgeschichte der Logik. *FAU Uni-Kurier* Nr. 63/64 (August 1985), 37 [unsigniert].

1986.1 Frege, Gottlob. In: Sebeok, Thomas (ed.), *Encyclopedic Dictionary of Semiotics*. Tome I: *A – M* (Mouton de Gruyter: Berlin / New York / Amsterdam 1986 [*Approaches to Semiotics*, 73]), 274–277.

1986.2 Bernard Bolzano: „Wissenschaftslehre“ (4 Bde.). In: *Ostdeutsche Gedenktage 1987. Persönlichkeiten und historische Ereignisse* (Kulturstiftung der deutschen Vertriebenen: Bonn 1986), 278–280.

1986.3 Einleitung des Herausgebers. In 1986 ed., XXI–LXIII.

1986.4 Anmerkungen des Herausgebers. In 1986 ed., 143–173; wiederabgedruckt in 1988 ed., 109–139.

1987.1 Zur Dynamik von Wissenschaft, Grenzwissenschaften und Pseudowissenschaften in der Moderne. In: Holländer, Hans / Thomsen, Christian W. (eds.), *Besichtigung der Moderne: Bildende Kunst, Architektur, Musik, Literatur, Religion. Aspekte und Perspektiven* (DuMont: Köln 1987), 215–232. Vgl. 1988.5.

1987.2 Realisierung und Ideation. In: Menne, Albert (ed.), *Philosophische Probleme von Arbeit und Technik* (Wissenschaftliche Buchgesellschaft: Darmstadt 1987), 190–202.

1987.3 Die Entmaterialisierung der Natur. In: Burrichter, Clemens / Inhetveen, Rüdiger / Kötter, Rudolf (eds.), *Zum Wandel des Naturverständnisses* (Ferdinand Schöningh: Paderborn etc. 1987), 59–67.

1987.4 Transzendentale Semantik und Philosophie für alle. Zum hundertsten Geburtstag des Neukantianers Rudolf Zocher, der in Erlangen von 1925 bis 1968 lehrte. *Nürnberger Zeitung* Nr. 162, 18. Juli 1987, S. 9.

1987.5 Scrutinizing an alleged dichotomy in the history of mathematical logic [Abstract]. *8th International Congress of Logic, Methodology and Philosophy of Science. Abstracts*, Vol. 3 (*Section 13*) (Moskau 1987), 254–255.

1987.6 Zehn Jahre Wissenschaftstheorie in Aachen. In: Gatzemeier, Matthias (Red.), *Wissenschaftstheorie, Wissenschaft und Gesellschaft: Dokumentation einer Vortragsreihe* (Rader: Aachen 1987 [*Aachener Schriften zur Wissenschaftstheorie, Logik und Sprachphilosophie*, Band 1]), 6–27.

1987.7 Neudruck von 1982.3. In: *Hans Joachim Stenzel. Aquarelle und Zeichnungen* (ed. Hans Joachim Stenzel [Selbstverlag], Nürnberg o. J. [Einleitung signiert 12. Juni 1987]), 11.

1988.1 Einleitung des Herausgebers. In 1988 ed., XIII–XXII.

1988.2 Die Kontroverse um die intuitionistische Logik vor ihrer Axiomatisierung durch Heyting im Jahre 1930. *History and Philosophy of Logic* 9 (1988), 67–75. Vgl. 1984.2.
○ Rezension:
Zentralblatt für Mathematik und ihre Grenzgebiete Zbl. 0645.01013 (1989, B. van Rootselaar)

1988.3 Selbstanzeige („edited“, d. h. redaktionell bearbeitet) von 1988.2: *The Philosopher's Index* 22 (1988 Cumulative Edition, publ. 1989), 68b.

1988.4 Zu Begriff und Geschichte der Abstraktion. In: Prätor, Klaus (Red.), *Aspekte der Abstraktionstheorie. Ein interdisziplinäres Kolloquium* (Rader: Aachen 1988 [*Aachener Schriften zur Wissenschaftstheorie, Logik und Sprachphilosophie*, Band 2]), 36–48.

1988.5 Neudruck von 1987.1. *Zeitschrift für Parapsychologie und Grenzgebiete der Psychologie* 30 (1988), 152–171.

1988.6 Pascals Regeln und die Definitionstheorie des 20. Jahrhunderts. In: Hinke-Dörnemann, Ulrike (ed.), *Die Philosophie in der modernen Welt. Gedenkschrift für Prof. Dr.med. Dr.phil. Alwin Diemer* (Peter Lang: Frankfurt a. M./Bern/New York/Paris 1988), Teil I [von zwei Teilen], 319–336.

1989.1 Wissenschaftstheorie und Menschenbild. In: Levenig, Heinrich / Schöler, Walter (eds.), *Kommunikation und Begegnung. Reflexionen und pragmatische Ansätze der Pädagogik. Festschrift zum*

75. Geburtstag von Johannes Zielinksi (I.H. Sauer-Verlag: Heidelberg 1989), 464–470.

1989.2 [4 Artikel in:] Seiffert, Helmut / Radnitzky, Gerard (eds.), *Handlexikon zur Wissenschaftstheorie* (Ehrenwirth: München 1989): Abstraktion (5–7) – Anfang (7–9) – Begriff (9–14) – Funktion(alismus) (86–88).

1989.3 Philosophy and the Problem of the Foundations of Mathematics. In: Butts, Robert E. / Brown, James Robert (eds.), *Constructivism and Science. Essays in recent German Philosophy* (Kluwer: Dordrecht / Boston / London 1989), 105–126. [englische Übersetzung von 1973.1].

1989.4 Wissenschaftstheorie und Wissenschaftsethik. In: Gatzemeier, Matthias (ed.), *Verantwortung in Wissenschaft und Technik* (B.I. Wissenschaftsverlag: Mannheim / Wien / Zürich 1989), 86–101.

1989.5 Otto Jaekel und Lotte Jaekel – Zwei Gedenktage 1989. *Neusalzer Nachrichten* Nr. 158 (4. Vierteljahr 1989), 100–103 (mit 2 Porträtfotos und 1 Federzeichnung von Lotte Jaekel). Vgl. „Berichtigung" in Nr. 159 (1. Vierteljahr 1990), 144.

1990.1 Paul Lorenzen wird 75. [redaktionell gekürzt und bearbeitet]. *Nürnberger Zeitung* – NZ am Wochenende Nr. 70 vom 24.3.90., 25. (Weniger stark gekürzte Fassung unsigniert und ohne Überschrift auch in der Spalte „Namen im Gespräch" in *Erlanger Nachrichten / Erlanger Tagblatt* 132. Jg., 24./25.3.90., S. 3 des Erlanger Teils).

1990.2 Rationalität und Ganzheit. Aufgabe und Chancen des Humanen in der Welt von heute. In: Friede, Christian K. / Zielinski jr., Johannes (eds.), *Forschen und Feiern 2. Reden zum 75. Geburtstag von Johannes Zielinski.* o. O. [Klagenfurt?] o. J. [1990], 84–93.

1990.3 Must Frege's Rôle in the History of Philosophy and Logic be Rewritten? In: Angelelli, Ignacio / D'Ors, Angel (eds.), *Estudios de Historia de la Lógica. Actas del II Simposio de Historia de la Lógica, Universidad de Navarra, Pamplona, 25–27 de Mayo de 1987* (Ediciones Eunate: Pamplona 1990 [Reihe *Acta Philosophica*]), 571–584.

1990.4 Löwenheim, Leopold. *Dictionary of Scientific Biography*, ed. Frederic L. Holmes, Vol. 18 = Supplement II (Charles Scribner's Sons: New York s. d. [1990], 571–572.

1990.5 Ein Mitgestalter und Bewahrer schlesischen Kulturlebens. Erinnerungen an meinen Vater Hermann Otto Thiel zum 10. Todestag. *Neuzalzer Nachrichten* Nr. 161 (3. Vj. 1990), 194–199.

1991.1 Ernst Schröder and the Distribution of Quantifiers. *Modern Logic* 1, nos. 2/3 (Winter 1990/1991, publ. 1991), 160–173.

1991.2 Brouwer's Philosophical Language Research and the Concept of the Ortho-Language in German Constructivism (transl. by H.G. Callaway). In: Heijerman, Erik / Schmitz, H. Walter (eds.), *Significs, Mathematics and Semiotics. The Signific Movement in the Netherlands. Proceedings of the International Conference Bonn 19–21 November 1986* (Nodus Publikationen: Münster 1991), 21–31.

1991.3 Ein Besuch in Neusalz vor 200 Jahren. *Neuzalzer Nachrichten* Nr. 164 (2. Vj. 1991), 291–294.

1991.4 Boolean Algebra. In: Burkhardt, Hans / Smith, Barry (eds.), *Handbook of Metaphysics and Ontology, Vol. 1 A – K* (Munich / Philadelphia / Vienna 1991, 96–98.

1991.5 Friedrich Herneck. Skizze aus Anlaß seines goldenen Doktorjubiläums. *IGW-Report* 5 (1991), 103–107 (Heft 2).

1991.6 Hausdorff, Felix. Mathematiker. In: *Ostdeutsche Gedenktage 1992. Persönlichkeiten und historische Ereignisse* (Kulturstiftung der deutschen Vertriebenen: Bonn 1991), 25–27. https://kulturstiftung.org/biographien/hausdorff-felix-paul-mongre-2.

1991.7 Die Maler Willy Kluge und Carl Robert Pohl. Eine Neusalzer Jahrhundert-Betrachtung. *Neusalzer Nachrichten* Nr. 166 (4. Vj. 1991), 356–362 mit 4 farbigen Abb. auf S. XXV–XXVII.

1991.8 Zeit in wissenschaftstheoretischer Sicht. In: Kößler, Henning (ed.), *Zeit. Fünf Vorträge* (Universitätsbund Erlangen-Nürnberg: Erlangen 1991; *Erlanger Forschungen, Reihe A*, Bd. 59), 11–25.

1991.9 Straightening Leibniz's diagram calculi. *Theoria* (2) 6 no. 14–15 (= Sonderheft zur 325. Wiederkehr des Erscheinens der *Dissertatio de Arte Combinatoria*), 363–368.

1992.1 Neuere Überlegungen zur Geschichtsschreibung einzelwissenschaftlicher Disziplinen. In: Janich, Peter (ed.), *Entwicklungen der methodischen Philosophie* (Suhrkamp: Frankfurt a.M. 1992; *stw* 979), 125–147.

1992.2 Der Observator. Umwälzungen im Weltbild durch Galileo Galilei. *Nordbayerische Zeitung* [= *Nürnberger Zeitung*] 189. Jg. Nr. 3 (4./5. Januar 1992), S. 1 der Beilage „NZ am Wochenende" [Titel, Untertitel und Zwischenüberschriften von der Redaktion].

1992.3 Kurt Gödel: Die Grenzen der Kalküle. In: Speck, Josef (ed.), *Grundprobleme der großen Philosophen. Philosophie der Neuzeit VI* (Vandenhoeck & Ruprecht: Göttingen 1992; *UTB für Wissenschaft: Uni-Taschenbücher*, 1654), 138–181.

1992.4 Neudruck von 1989.2 in der Paperback-Ausgabe (dtv: München 1992; *Wissenschaftliche Reihe*, Nr. 4586).

1993.1 Geo Siegwarts Szenario. Eine katastrophentheoretische Untersuchung. Zugleich ein Versuch, enttäuschte Kenner wieder aufzurichten. *Zeitschrift für philosophische Forschung* 47 (1993), 261–270 [Heft 2].
○ Abstract (Selbstreferat):
The Philosopher's Index 27 no. 4 (Winter 1993), 244

1993.2 Die Erlanger Philosophie im Zeitalter der Wissenschaften. In: Kößler, Henning (ed.), *250 Jahre Friedrich-Alexander-Universität Erlangen-Nürnberg. Festschrift* (Universitätsbund Erlangen e.V.: Erlangen 1993 [*Erlanger Forschungen: Sonderreihe*; Bd. 4]), 437–446 [= Teil 3 von Forschner / Riedel / Thiel: Philosophie in Erlangen, ebd. 421–446].

1993.3 Zum Verhältnis von Syntax und Semantik bei Frege. In: Stelzner, Werner (ed.), *Philosophie und Logik. Frege-Kolloquien Jena 1989/1991* (Walter de Gruyter: Berlin / New York 1993; *Perspektiven der Analytischen Philosophie*, Band 3), 3–15.

1993.4 Editor's Introduction [zu 1993 ed.). *Modern Logic* 3 no. 4 (October 1993), 331–333.

1993.5 Carnap und die wissenschaftliche Philosophie auf der Erlanger Tagung 1923. In: Rudolf Haller / Friedrich Stadler (eds.), *Wien-Berlin-Prag. Der Aufstieg der wissenschaftlichen Philosophie.* Hölder-Pichler-Tempsky: Wien 1993; *Veröffentlichungen des Instituts Wiener Kreis*, Band 2), 175–188.

1993.6 Hans-Jürgen Klink zum 60. Geburtstag. *Neusalzer Nachrichten* Nr. 114 (4. Vierteljahr 1993), 244–246 und Porträt auf S. LIX.

1994.1 Friedrich Albert Langes bewundernswerte Logische Studien. *History and Philosophy of Logic* 15 (1994), 105–126.
○ Abstract (Selbstreferat):
The Philosopher's Index 28 no. 3 (Fall 1994), 199.
○ Kurzrezension:
Historia Mathematica 23 (1996), 346 (# 23.3.112; Irving Anellis)

1994.2 Der klassische und der moderne Begriff des Begriffs. Gedanken zur Geschichte der Begriffsbildung in den exakten Wissenschaften. In: Bock, Hans-Hermann / Lenski, Wolfgang / Richter, Michael M. (eds.), *Information Systems and Data Analysis. Prospects – Foundations – Applications. Proceedings of the 17th Annual Conference of the Gesellschaft für Klassifikation e. V. University of Kaiserslautern, March 3–5, 1993* (Springer: Berlin etc.

1994; *Studies in Classification, Data Analysis, and Knowledge Organization*), 175–190.

1994.3 Cassirer, Ernst. In: *Ostdeutsche Gedenktage 1995. Persönlichkeiten und historische Ereignisse* (Kulturstiftung der deutschen Vertriebenen: Bonn 1994), 100–103. https://kulturstiftung.org/biographien/cassirer-ernst-2.

1994.4 Schröders zweiter Beweis für die Unabhängigkeit der zweiten Subsumtion des Distributivgesetzes im logischen Kalkül. *Modern Logic* 4 no. 4 (October 1994), 382–391.

1994.5 Obituary: Paul Lorenzen. *Modern Logic* 4 no. 4 (October 1994), 404.

1994.6 Frege, Gottlob. In: Thomas A. Sebeok (ed.), *Encylopedic Dictionary of Semiotics*, Second edition, revised and updated (Mouton De Gruyter: Berlin / New York 1994; *Approaches to Semiotics*, 73), vol. I, 274–277 [Neudruck von 1986.1].

1995.1 „Nicht aufs Gerathewohl und aus Neuerungssucht“: Die Begriffsschrift 1879 und 1893. In: Max, Ingolf / Stelzner, Werner (eds.), *Logik und Mathematik. Frege-Kolloquium Jena 1993* (Walter de Gruyter: Berlin / New York 1995; *Perspektiven der Analytischen Philosophie*, Band 5), 20–37.

1995.2 Nachweisen, was sich nachweisen läßt. Zwischenbericht über die Ahnenkette eines (angeblichen?) Galilei-Zitats. In: Mann, Heinz Herbert / Gerlach, Peter (eds.), *Regel und Ausnahme. Festschrift für Hans Holländer* (Thouet: Aachen / Leipzig / Paris 1995), 63–65.

1995.3 [59 Artikel, davon 1 als Ko-Autor, in:] Mittelstraß, Jürgen (ed.), *Enzyklopädie Philosophie und Wissenschaftstheorie. Band 3: P – So* (J.B. Metzler: Stuttgart / Weimar 1995). Darunter mit über 100 Zeilen Umfang: Paracelsus (30–33) – Paradoxien, zenonische (42–45) – Parallelenaxiom (49–50) – Parapsychologie (54–57) – Pareto (57–61) – Peano (76–78) – Phänomenologie (115–119) – Psephoi (390–391) – Sinn (810–812).

1995.4 Die Metaphysik der Form: Emil Lask und das Problem einer philosophischen Grundlehre. In: Brandl, Johannes L. / Hieke, Alexander / Simons, Peter M. (eds), *Metaphysik. Neue Zugänge zu alten Fragen* (academia Sankt Augustin 1995), 55–67.

1995.5 Speciosa. In: Ritter, Joachim † / Gründer, Karlfried (eds), *Historisches Wörterbuch der Philosophie*, Band 9 (Se – Sp), (Schwabe & Co.: Basel / Wissenschaftliche Buchgesellschaft: Darmstadt, 1996), Sp. 1350.

1996.1 The Continuum as a Conundrum: Poincaré's Analysis of Cantor's Diagonal Procedure. In: *Henri Poincaré. Science et philosophie / Science and Philosophy/Wissenschaft und Philosophie. Congrès International/International Congress/Internationaler Kongress, Nancy, France, 1994*, ed. Jean-Louis Greffe/Gerhard Heinzmann/Kuno Lorenz (Akademie Verlag: Berlin, Albert Blanchard: Paris, 1996; *Publikationen des Henri-Poincaré-Archivs*), 379–387.

1996.2 The Twisted Logical Square. In: *Calculemos ... Matemáticas y libertad. Homenaje a Miguel Sánchez-Mazas*, ed. Javier Echeverría / Javier de Lorenzo / Lorenzo Peña (Trotta: Madrid 1996; *Colección Estructuras y Procesos, Serie Filosofía*), 119–126.

1996.3 Research on the History of Logic at Erlangen. In: *Studies on the History of Logic. Proceedings of the III. Symposium on the History of Logic*, ed. Ignacio Angelelli / Maria Cerezo (Walter de Gruyter: Berlin / New York 1996; *Perspectives in Analytical Philosophy*, Vol. 8) 397–401 mit 8 Abb. auf 3 Tafeln zwischen S. 400 und 401.

1996.4 Paul Lorenzen (1915–1994). *Journal for General Philosophy of Science* 27 (1996), 1–13 (mit Porträtfoto Lorenzens gegenüber S. 1). [Wiederabgedruckt in 1998 ed.].

1996.5 Bibliographie der Schriften von Paul Lorenzen. *Journal for General Philosophy of Science* 27 (1996), 187–202.

1996.6 On the Structure of Frege's System of Logic. In: *Frege: Importance and Legacy*, ed. Matthias Schirn (Walter de Gruyter: Berlin / New York 1996; *Perspectives in Analytical Philosophy*, Vol. 13), 261–279.
○ Abstract (Selbstreferat):
The Philosopher's Index 31 no. 2 (Summer 1997), 248.

1996.7 Philippine Knigges „Versuch einer Logic für Frauenzimmer". In: *Adolph Freiherr Knigge in Kassel*, ed. Birgit Nübel (Weber & Weidemeyer: Kassel 1996), 98–106.

1996.8 [46 Artikel, davon 3 als Ko-Autor, in:] Mittelstraß, Jürgen (ed.), *Enzyklopädie Philosophie und Wissenschaftstheorie. Band 4: Sp – Z* (J.B. Metzler: Stuttgart / Weimar 1996). Darunter mit über 100 Zeilen Umfang: Theorie (260–270) – Theosophie (290–292) – Twardowski (356–358) – Typentheorien (360–363) – Variable (473–475) – verträglich / Verträglichkeit (535–536) – Vieta (545–547) – Wahrnehmung, außersinnliche (603–605) – Wallis, John (620–622) – Warschauer Schule (mit Volker Peckhaus, 628–629) – Zahlbegriff (809–813).

1997.1 Comments on Hans Hahn's philosophical writings. In: Hans Hahn, *Gesammelte Abhandlungen. Band 3 / Collected Works. Volume 3*, ed. Leopold Schmetterer / Karl Sigmund (Springer: Wien / New York 1997), 385–400.
○ Rezensionen:
1. *Vienna Circle Institute Yearbook* 5 (1997) (Thomas Mormann)
2. *History and Philosophy of Logic* 18 (1997) (Ivor Grattan-Guinness)

1997.2 Der mathematische Hintergrund des Erweiterungsschrittes in Freges „Grundgesetzen der Arithmetik". In: *Das weite Spektrum der analytischen Philosophie. Festschrift für Franz von Kutschera*, ed. Wolfgang Lenzen (Walter de Gruyter: Berlin / New York 1997; *Perspectives in Analytical Philosophy*, Vol. 14), 401–407.
○ Abstract (Selbstreferat): *The Philosopher's* Index 31 no. 2 (Summer 1997), 248a

1997.3 Philosophische Probleme der Mathematik. In: *Interaktionen zwischen Wissenschaften und Philosophien. Eine Ringvorlesung im Sommersemester 1995*, ed. Hans Jörg Sandkühler (Zentrum Philosophische Grundlagen der Wissenschaften: Bremen 1997; *Schriftenreihe* Band 18), 83–99.

1997.4 Frege und die Frösche. In: *Dialogisches Handeln. Eine Festschrift für Kuno Lorenz*, ed. Michael Astroh / Dietfried Gerhardus / Gerhard Heinzmann (Spektrum: Heidelberg / Berlin / Oxford 1997), 355–359.

1997.5 Was heißt Sicherheit der Erkenntnis in der Mathematik? *Mitteilungen der Deutschen Mathematiker-Vereinigung* 3/97 (1997), 41–42 (Sonderbeilage „Mathematik und Erkenntnis" zum International Congress of Mathematicians 1998 in Berlin).

1997.6 Natorps Kritik an Freges Zahlbegriff. In: *Frege in Jena. Beiträge zur Spurensicherung*, ed. Gottfried Gabriel / Wolfgang Kienzler (Königshausen & Neumann: Würzburg 1997; = *Kritisches Jahrbuch für Philosophie*, Band 2), 123–128.

1998.1 Corrigenda zu Gottlob Frege: *Grundgesetze der Arithmetik* [...]. In: Gottlob Frege, *Grundgesetze der Arithmetik. Begriffsschriftlich abgeleitet.* [...] *Mit Ergänzungen zum Nachdruck von Christian Thiel* (Georg Olms: Hildesheim / Zürich / New York 1998). 5 unpaginierte Seiten am Schluß des Bandes.

1998.2 Rudolf Taschner und der konstruktive Gedanke. *Ethik und Sozialwissenschaften* 9 (1998), 481–482.

1998.3 Oesterreich, Traugott Konstantin. In: *Ostdeutsche Gedenktage 1999. Persönlichkeiten und historische Ereignisse* (Kulturstiftung der deutschen Vertriebenen: Bonn 1998), 182–185. https://kulturstiftung.org/biographien/oesterreich-traugott-konstantin-2.

1999.1 (mit Volker Peckhaus:) Kontextuelle Disziplingeschichtsschreibung. In: V. Peckhaus / C. Thiel 1999 ed., 7–19.

1999.2 Foreword. In: Jan Woleński: *Essays in the History of Logic and Logical Philosophy* (Jagiellonian University Press: Kraków 1999; *Dialogikon*, Vol. VIII), 9–10.

1999.3 Logikgeschichte und Philosophieunterricht. In: Kai Buchholz / Shahid Rahman / Ingrid Weber (eds.), *Wege zur Vernunft. Philosophieren zwischen Tätigkeit und Reflexion* (Campus: Frankfurt / New York 1999), 123–130.

1999.4 Beth and Lorenzen on the History of Science. *Philosophia Scientiae* [Paris] Vol. 3 (1998–1999), Cahier 4: *Un Logicien consciencieux. La philosophie de Evert Willem Beth*), 33–48.

1999.5 Zur Merkmalslogik im 18. Jahrhundert. In: *Vorträge zur Wissenschaftsgeschichte.* Hallescher Verlag: Halle 1999 (*Akademische Studien & Vorträge*, ed. Matthias Kaufmann / Günter Schenk, Nr. 2), 101–114.

1999.6 Brief an Gershom Scholem vom 26. 1. 1978. Abgedruckt in: Gershom Scholem, *Briefe III. 1971–1982.* Herausgegeben von Itta Shedletzky (C. H. Beck: München 1999), S. 404–405 [editorische Endnote zu Brief Nr. 160 von Gershom Scholem an Christian Thiel vom 8. März 1978.]

2000.1 On Some Determinants of Mathematical Progress. In: Emily Grosholz / Herbert Breger (eds.), *The Growth of Mathematical Knowledge* (Kluwer: Dordrecht / Boston / London 2000; *Synthese Library*, vol. 289), 407–416.

2000.2 Frege als Methodologe. In: Gottfried Gabriel / Uwe Dathe (eds.), *Gottlob Frege. Werk und Wirkung* (mentis: Paderborn 2000), 137–149.

2000.3 Gibt es noch eine Grundlagenkrise der Mathematik? Manfred Riedel zum 60. Geburtstag. In: Friedrich Stadler (ed.), *Elemente moderner Wissenschaftstheorie. Zur Interaktion von Philosophie, Geschichte und Theorie der Wissenschaften* (Springer: Wien / New York 2000; *Veröffentlichungen des Instituts Wiener Kreis*, Band 8), 57–71.

2001.1 Methodische Philosophie und die Konstruktivismen der Gegenwart. *Strukturen der Wirklichkeit. Zeitschrift für Wissenschaft, Kunst und Kultur* 2. Jg. Nr. 1 (März / April 2001), 11–15, 129.

2001.2 Zahl. I. Philosophisch. *Lexikon für Theologie und Kirche* (3., völlig neu bearb. Aufl.: Herder: Freiburg etc. 2001), 10. Band, Sp. 1368–1369.

2001.3 Freges *Grundgesetze* als nichtklassisches Logiksystem. In: Werner Stelzner / Manfred Stöckler (eds.), *Zwischen traditioneller und moderner Logik. Nichtklassische Ansätze* (mentis: Paderborn 2001; *Perspektiven der Analytischen Philosophie. Neue Folge*), 105–111.

2001.4 Lebensreform und alternative Weltbilder. In: Kai Buchholz / Rita Latocha / Hilke Peckmann / Klaus Wolbert (eds.), *Die Lebensreform. Entwürfe zur Neugestaltung von Leben und Kunst um 1900.* Band I (haeusser media / Verlag Häusser: Darmstadt 2001), 37–39.

2001.5 „This galaxy of paradox and obscurity" – Freges System in heutiger Sicht. In: Jens Kulenkampff / Thomas Spitzley (eds.), *Von der Antike bis zur Gegenwart. Erlanger Streifzüge durch die Geschichte der Philosophie* (Palm & Enke: Erlangen / Jena 2001), 111–127. [Polnische Übersetzung s. 2002.7].

2001.6 Husserl, Edmund (1859–1938). *International Encyclopedia of the Social & Behavioral Sciences* (Elsevier: Amsterdam etc. 2001), vol. 10, 7088–7092.

2001.7 Normative Aspects of Social and Behavioral Science. *International Encyclopedia of the Social & Behavioral Sciences* (Elsevier: Amsterdam etc. 2001), vol. 16, 10711–10714.

2002.1 Euklid fehlt. [Leserbrief zu E.-L. Winnacker, Naturwissenschaft im Unterricht: Die Wolke und der Kern, SZ Nr. 58 vom 9./10. 3. 2002, 16], *Süddeutsche Zeitung* Nr. 78 (4. 4. 2002), 11.

2002.2 Paul Lorenzen und das konstruktive Denken. *Strukturen der Wirklichkeit. Zeitschrift für Wissenschaft, Kunst und Kultur* 3. Jg. Nr. 1 (März / April 2002), 9–14.

2002.3 Was könnte „Realismus" in der Philosophie der Mathematik bedeuten? In: Mathias Gutmann / Dirk Hartmann / Michael Weingarten / Walter Zitterbarth (eds.), *Kultur – Handlung – Wissenschaft, Für Peter Janich* (Velbrück Wissenschaft: Weilerswist 2002), 322–333.

2002.4 Zukunftsvisionen zwischen Astrologie, Technokratie und Science Fiction. In: Walter Sparn (ed.), *Apokalyptik versus Chiliasmus? Die kulturwissenschaftliche Herausforderung des neuen Milleniums* (Universitätsbund Erlangen-Nürnberg: Erlangen 2002; *Erlanger Forschungen.* Reihe A, Geisteswissenschaften, Band 97), 225–236.

2002.5 Gödels Anteil am Streit über Behmanns Behandlung der Antinomien. In: Bernd Buldt / Eckehart Köhler / Michael Stöltzner / Peter Weibel / Carsten Klein / Werner DePauli-Schimanovich-Göttig (eds.), *Kurt Gödel. Wahrheit und Beweisbarkeit. Band 2. Kompendium zum Werk* (öbv & hpt: Wien 2002), 387–394.

2002.6 [7 Artikel in:] *Erlanger Stadtlexikon*, ed. Christoph Friederich / Bertold Frhr. von Haller / Andreas Jakob (W. Tümmels: Nürnberg 2002): Fichte, Johann Gottlieb (258) – Hensel, Paul (359) – Herrigel, Eugen Viktor (361) – Kemmerich, Dietrich Hermann (412) – Mehmel, Gottlieb Ernst August (492) – Philosophisches Seminar (556) – Schelling, Friedrich Wilhelm Joseph von (608–609) – Schubert, Gotthilf Heinrich von (620–621).

2002.7 „This galaxy of paradox and obscurity" – system Fregego w swietle badan współczesnych. *Kwartalnik Filozoficzny* 30 (2002), 117–138 (Heft 1). (Polnische Übersetzung von 2001.5 durch Krzysztof Rotter).

2002.8 Leibnizens Gegenwart am Ausgang des 20. Jahrhunderts. In: Günter Löffladt / Michael Toepell (eds.), *Medium Mathematik. Anregungen zu einem interdisziplinären Gedankenaustausch. Band I* (div Verlag Franzbecker: Hildesheim / Berlin 2002; *Mathematikgeschichte und Unterricht,* II), 23–31.

2002.9 Oesterreich als Historiker der Philosophie. *Psychologie und Geschichte* 10 (2002, Heft 1–2 = Juni), 20–33.

2003.1 Leibniz, Daidalos und der Faden der Ariadne. *Strukturen der Wirklichkeit. Zeitschrift für Kultur, Wissenschaft und Spiritualität* 4. Jg. Nr. 1 (März / April 2003), 11–20.

2003.2 Johannes Kepler wird kaiserlicher Hofastronom in Prag. In: *Ostdeutsche Gedenktage 2001/2002. Persönlichkeiten und Historische Ereignisse* (Kulturstiftung der deutschen Vertriebenen: Bonn 2003), 320–323. https://kulturstiftung.org/zeitstrahl/johannes-kepler-wird-kaiserlicher-hofastronom-in-prag.

2003.3 Über Regeln in der Begriffsschrift. In: Ingolf Max (ed.), *Traditionelle und moderne Logik. Lothar Kreiser gewidmet* (Leipziger Universitätsverlag: Leipzig 2003; *Leipziger Schriften zur Philosophie,* Band 15), 11–21.

2003.4 Die außer Kraft gesetzte Behauptung. In: Dirk Greimann (ed.), *Das Wahre und das Falsche. Studien zu Freges Auffassung von Wahrheit* (Georg Olms: Hildesheim / Zürich / New York 2003; *Studien und Materialien zur Geschichte der Philosophie*; Band 64), 293–303.

2003.5 Bedeutungsdefinitheit und Widerspruchsfreiheit. In: Matthias Kaufmann / Andrej Krause (eds.), *expressis verbis. Philosophische Betrachtungen. Festschrift für Günter Schenk zum fünfundsechzigsten Geburtstag* (Hallescher Verlag: Halle / Saale 2003), 59–65.

2003.6 The Extension of the Concept Abolished? Reflexions on a Fregean Dilemma. In: Jaakko Hintikka / Tadeusz Czarnecki / Katarzyna Kijania-Placek / Tomasz Placek / Artur Rojszczak † (eds.), *Philosophy and Logic. In Search of the Polish Tradition. Essays in Honour of Jan Woleński on the Occasion of his 60th Birthday* (Kluwer: Dordrecht / Boston / London 2003; *Synthese Library*, vol. 323), 269–273.

2004.1 In Search of a Tertium Quid: Ferdinand Gonseth's Interpretation of Intuitionistic Logic [Abstract]. *Sovremennaja Logika: Problemy teorii, istorii i primenenija v nauke. Materialy VIII Obščerossijskoy konferencii 24–26 ijunja 2004* (ed. Sankt-Peterburgskij Gosudarstvennyj Universitet; Sankt-Peterburg 2004), 328.

2004.2 Zahl; Zählen. I: Vorgeschichte und frühe Begriffsgeschichte [mit Margarita Kranz]. *Historisches Wörterbuch der Philosophie.* Band 12: W – Z (Schwabe & Co.: Basel 2004), Sp. 1119–1128.

2004.3 Zahl; Zählen. III: Neuzeit. *Historisches Wörterbuch der Philosophie.* Band 12: W – Z (Schwabe & Co.: Basel 2004), Sp. 1131–1145.

2005.1 Rekonstruieren, was es nie gab? Gedanken über Phantasie und Methode in der Mathematikgeschichte. In: Gereon Wolters / Martin Carrier (eds.), *Homo Sapiens und Homo Faber. Epistemische und technische Rationalität in Antike und Gegenwart. Festschrift für Jürgen Mittelstraß* (Walter de Gruyter: Berlin / New York 2005), 3–15.

2005.2 Becker und die Zeuthensche These zum Existenzbegriff in der antiken Mathematik. In: Volker Peckhaus (ed.), *Oskar Becker und die Philosophie der Mathematik* (Wilhelm Fink: München 2005; *Neuzeit & Gegenwart. Philosophie in Wissenschaft und Gesellschaft*), 35–45.

2005.3 Paul Lorenzen und das konstruktive Denken. *ARHE. Časopis za filozofiju* 2 (Novi Sad 2005, Heft 1), 147–153. (Wiederabdruck von 2002.2 mit serbokroatischer Zusammenfassung „Paul Lorencen i konstruktivno mišljenje" auf S. 153).

2005.4 [87 Artikel, davon 4 als Ko-Autor, in:] Mittelstraß, Jürgen (ed.), *Enzyklopädie Philosophie und Wissenschaftstheorie.* 2., neubearbeitete und wesentlich ergänzte Auflage. *Band 1: A – B* (J.B.

Metzler: Stuttgart / Weimar 2005). Darunter mit über 100 Zeilen Umfang: Alchemie (75–83) – Algebra (89–91) – Analogie (117–18) – Antinomien, logische (162–163) – Antinomien der Mengenlehre (164–165) – Argumentation (201–203) – Arithmetik (231–233) – Astrologie (267–269) – Axiom (332–333) – Boutroux, Pierre Léon (516–517).

2005.5 [86 Artikel, davon 2 als Ko-Autor, in:] Mittelstraß, Jürgen (ed.), *Enzyklopädie Philosophie und Wissenschaftstheorie*. 2., neubearbeitete und wesentlich ergänzte Auflage. *Band 2: C – F* (J.B. Metzler: Stuttgart / Weimar 2005). Darunter mit über 100 Zeilen Umfang: Cauchy (30–32) – definierbar / Definierbarkeit (133–135) – Drobisch (247–248) – Frege (553–558) – Funktion (590–592) – Funktion, rekursive (592–593).

2005.6 Zu den Ursprüngen der Quantorenlogik in der Analysis. [Abstract]. Fachtagung der Deutschen Mathematiker-Vereinigung, Fachsektion Geschichte der Mathematik und der Gesellschaft für Didaktik der Mathematik, Arbeitskreis Mathematikgeschichte und Unterricht, Rummelsberg bei Nürnberg, 4.–8. Mai 2005.
Vgl. 2006.4.

2005.7 Die Bedeutung mathematischer Erkenntnis [Abstract]. In: *Mathematik – eine gesellschaftliche Ressource. 18. Bremer Universitäts-Gespräch am 17. und 18. November 2005*. Programmheft S. 6 [unpag.].
Vgl. 2006.1.

2005.8 ‚Not arbitrarily and out of a craze for novelty'. The Begriffsschrift 1879 and 1893. In: Michael Beaney / Erich H. Reck (eds.), *Gottlob Frege*. [Reihe *Critical Assessments of Leading Philosophers*]. *Volume I: Frege's philosophy in context* (Routledge: London / New York 2005), 13–28. [Englische Übersetzung von 1995.1; Übers. Michael Beaney].

2005.9 (mit Michael Beaney:) Frege's Life and Work. Chronology and bibliography. In: Michael Beaney / Erich H. Reck (eds.), *Gottlob Frege*. [Reihe *Critical Assessments of Leading Philosophers*]. *Volume II: Frege's philosophy of logic* (Routledge: London / New York 2005), 23–39.

2006.1 Die Bedeutung mathematischer Erkenntnis. In: Hans-Eberhard Porst (ed.), *Mathematik – Eine gesellschaftliche Ressource*. 18. Bremer Universitäts-Gespräch am 17. und 18. November 2005 im Park Hotel Bremen (Aschenbeck & Isensee: Bremen / Oldenburg 2006), 55–64.

2006.2 (mit Evandro Agazzi): Introduction. In: 2006 ed., 3–12.

2006.3 On Lorenzen's Constructivist / Operativist Approach to the Formal Sciences. In: 2006 ed., 127–143.

2006.4 Zu den Ursprüngen der Quantorenlogik in der Analysis. In: Magdalena Hykšová / Ulrich Reich (eds.), *Wanderschaft in der Mathematik. Tagung zur Geschichte der Mathematik in Rummelsberg bei Nürnberg (4.5. bis 8.5.2005)* (Erwin Rauner Verlag: Augsburg 2006; *Algorismus. Studien zur Geschichte der Mathematik und der Naturwissenschaften*, Heft 53), 219–226.
○ Rezension:
Zentralblatt für Mathematik und ihre Grenzgebiete Zbl. 1117.03006 (Albert C. Lewis)

2006.5 Das Transzendentale und das Operative. In: John Michael Krois / Norbert Meuter (eds.), *Kulturelle Existenz und symbolische Form. Philosophische Essays zu Kultur und Medien* (Parerga: Berlin 2006), 255–270.

2006.6 Kreativität in der mathematischen Grundlagenforschung. In: Günter Abel (ed.), *Kreativität. XX. Deutscher Kongress für Philosophie 26.–30. September 2005 an der Technischen Universität Berlin. Kolloquienbeiträge* (Felix Meiner: Hamburg 2006), 360–375.

2006.7 Philosophie der Mathematik zwischen ontologischer Askese und Libertinage. *Erwägen – Wissen – Ethik* 17 (2006; Heft 3), 423. [Kritische Bemerkungen zu Bernulf Kanitscheider, Naturalismus und logisch-mathematische Grundlagenprobleme, ibid. S. 325–338].

2006.8 Gödel, Kurt. In: *Ostdeutsche Gedenktage 2005/2006*. Persönlichkeiten und Historische Ereignisse (Kulturstiftung der deutschen Vertriebenen: Bonn 2006), 306–310. https://kulturstiftung.org/biographien/godel-kurt-2.

2007.1 The Operation Called Abstraction. In: Randall E. Auxier / Lewis Edwin Hahn (eds.), *The Philosophy of Michael Dummett* (Open Court: Chicago / La Salle, Ill. 2007; *The Library of Living Philosophers*, vol. 31), 623–633.

2007.2 Das mathematisch Unendliche als Gegenstand philosophischer Kritik. *Der Mathematikunterricht* 53 (Heft 5, Oktober 2007), 31–40.

2007.3 Auf der Suche nach einem Tertium Quid: Ferdinand Gonseths Interpretation der intuitionistischen Logik. In: Thomas Müller / Albert Newen (eds.), *Logik, Begriffe, Prinzipien des Handelns / Log-*

ic, Concepts, Principles of Action (mentis: Paderborn 2007), 123–131.

2007.4 A Short Introduction to Löwenheim's Life and Work and to a Hitherto Unknown Paper. *History and Philosophy of Logic* 28 (no. 4, November 2007), 287–303.
○ Rezension:
Mathematical Reviews MR2374247 (2009h:03004, V. Peckhaus)

2007.5 Begriffsbildungen der mathematischen Analysis als Anlaß zur Entwicklung der Quantorenlogik. In: Fabio Minazzi (ed.), *Filosofia, scienza e bioetica nel dibattito contemporaneo. Studi internazionali in onore di Evandro Agazzi* (Presidenza del Consiglio dei Ministri. Dipartimento per l'Informazione e l'Editoria. Istituto Poligrafico e Zecca dello Stato: Roma 2007), 927–933.

2008.1 Friedmann, Hermann. In: *Ostdeutsche Gedenktage 2007. Persönlichkeiten und historische Ereignisse* (Kulturstiftung der deutschen Vertriebenen: Bonn 2008), 132–138. https://kulturstiftung.org/biographien/friedmann-hermann-2.

2008.2 [29 Artikel, davon 1 als Ko-Autor, in:] Mittelstraß, Jürgen (ed.), *Enzyklopädie Philosophie und Wissenschaftstheorie*. 2., neubearbeitete und wesentlich ergänzte *Auflage. Band 3: G–Inn* (J.B. Metzler: Stuttgart/Weimar 2008). Darunter mit über 100 Zeilen Umfang: Gauß (23–25) – Geltung (64–65) – Gentzenscher Hauptsatz (84–85) – Gnomon (154–157) – hermetisch/Hermetik (371–373) – Hilbert (394–395) – Hilbertprogramm (395–397) – Horoskop (444–446) – Hunde-Syllogismus (469–470) – Husserl (470–476) – imprädikativ/Imprädikativität (368–370) – indefinit/Indefinitheit (572–573) – Infinitesimalrechnung (603–605).

2008.3 Münchhausen, Tu Quoque und der transzendentale Trick. *ARHE. Časopis za filozofiju / ARCHE. Journal of Philosophy* [Novi Sad, Serbien] Jg. 5, no. 9 (2008), 123–135.

2008.4 [mit Damir Smiljanić] Über Sinn und Bedeutung methodischen Denkens. Ein Gespräch mit Christian Thiel. *ARHE. Časopis za filozofiju / ARCHE. Journal of Philosophy* [Novi Sad, Serbien] Jg. 5, no. 9 (2008), 161–187.

2008.5 What is it Like to be Formal? In: Cédric Dégremont / Laurent Keiff/Helge Rückert (eds.), *Dialogues, Logics and Other Strange Things* (College Publications: London 2008), 187–197.

2009.1 Interview, geführt von Lothar Kreiser (unter dem Titel „3.4 Christian Thiel"), in: Lothar Kreiser, *Logik und Logiker in der DDR. Eine*

Wissenschaft im Aufbruch (Leipziger Universitätsverlag: Leipzig 2009), 424–427.

2009.2 Gottlob Frege and the Interplay between Logic and Mathematics. In: Leila Haaparanta (ed.), *The Development of Modern Logic* (Oxford University Press: Oxford etc. 2009), 196–202.

2010.1 Frege, Gottlob (1848–1925). In: Thomas A. Sebeok / Marcel Danesi (eds.), *Encylopedic Dictionary of Semiotics*, Third edition, revised and updated (De Gruyter Mouton: Berlin / New York 2010; *Approaches to Semiotics*, 73), vol. I, 283–285 [Neudruck von 1994.6; bibliographische Angaben in Vol. 3 „Bibliography": Bell p. 1228, Dummett p. 1307, Frege p. 1338, Gabriel p. 1341, Sluga p. 1596].

2010.2 [25 Artikel, davon 1 als Ko-Autor, in:] Mittelstraß, Jürgen (ed.), *Enzyklopädie Philosophie und Wissenschaftstheorie.* 2., neubearbeitete und wesentlich ergänzte Auflage. *Band 4: Ins – Loc* (J.B. Metzler: Stuttgart / Weimar 2010). Darunter mit über 100 Zeilen Umfang: Integral (8–9) – G. Jacoby (84–86) – W.S. Jevons (98–101) – Kabbala (130–134) – al-Kindi (210–213) – F. Klein (237–238) – Konstruktivismus (314–319) – E. Lask (463–464) – K. Laßwitz (468–469) – O. Liebmann (574–575).

2011.1 What is a „Fact" in the History of Logic? In: Edoardo Ballo / Carlo Cellucci (eds.), *La Ricerca logica in Italia. Studi in onore di Corrado Mangione. Milano, 10–11 settembre 2009* (Cisalpino: Milano 2011; *Quaderni di Acme*, 124), 59–66.

2011.2 Von der Oder an die Donau und dann ins Frankenland. In: Eckart Kuhlwein (ed.), *Generation Abi 56. Erinnerungen einer Nachkriegsklasse aus der Oberrealschule an der Löbleinstraße in Nürnberg* (tredition: o. O. 2011), 86–125 + 1 Einlageblatt zu S. 104; im korrigierten Neudruck (ebenfalls 2011) 85–126.

2012.1 Zum Geleit. In: Franziska Bomski / Stefan Suhr (eds.), *Fiktum versus Faktum? Nicht-mathematische Dialoge mit der Mathematik* (Erich Schmidt: Berlin 2012), 7–10.

2012.2 Leibniz, Daedalus und der Faden der Ariadne. In: Günter Löffladt (ed.), *Mathematik – Logik – Philosophie. Ideen und ihre historischen Wechselwirkungen* (Harri Deutsch: Frankfurt am Main 2012), 40–58.

2012.3 Der Sinn von „Konstruktivität" in Lorenzens Zugang zu Mathematik und Metamathematik. In: Jürgen Mittelstraß (ed.), *Zur Philosophie Paul Lorenzens* (mentis: Münster 2012), 55–62.

2013.1 Dubislav and Classical Monadic Quantificational Logic. In: Nikolay Milkov / Volker Peckhaus (eds.), *The Berlin Group and the*

Philosophy of Logical Empiricism (Springer: Dordrecht etc. 2013; *Boston Studies in the Philosophy and History of Science*, vol. 273), 179–189.

2013.2 [12 Artikel, davon 1 als Ko-Autor, in:] Mittelstraß, Jürgen (ed.), *Enzyklopädie Philosophie und Wissenschaftstheorie*. 2., neubearbeitete und wesentlich ergänzte Auflage. *Band 5: Log – N* (J.B. Metzler: Stuttgart / Weimar 2013). Darunter mit über 100 Zeilen Umfang: Logik (1–5) – Logik, algebraische (5–9) – Logizismus (101–103) – Lorenzen (112–115) – Löwenheimscher Satz (121–122) – Łukasiewicz (137–138) – Lullus (140–142) – Makrokosmos (186–189) – Minkowski (407–408) – Mystik (mit S. Blasche, 478–482) – Negation (526–530) – von Neumann, John (541–542).

2013.3 Mathematisches Wissen. In: Thomas Bonk (ed.), *Lexikon der Erkenntnistheorie* (Wissenschaftliche Buchgesellschaft: Darmstadt 2013), 144–150.

2014.1 Phenomenology, „Grundwissenschaft“ and „Ideologiekritik“: Hermann Zeltner's Critique of the Erlangen school. In: Manuel Rebuschi et al. (eds.), *Interdisciplinary Works in Logic, Epistemology, Psychology and Linguistics. Dialogue, Rationality, and Formalism* (Springer: Cham etc. 2014), 11–19.

2014.2 Auf dem Wege zur Enttarnung des Rezensenten „G – l“ im *Literarischen Centralblatt*. *Denkströme. Journal der Sächsischen Akademie der Wissenschaften*, Heft 13 (2014), 95–102.

2015.1 Neusalzer Schmuckplatz. *Freystädter Kreisblatt / Grünberger Wochenblatt* Jg. 56, Nr. 10/2015, 11. (Notiz der Redaktion mit Zitat aus einem Brief von C.T.).

2016.1 [36 Artikel, davon 1 als Ko-Autor, in:] Mittelstraß, Jürgen (ed.), *Enzyklopädie Philosophie und Wissenschaftstheorie*. 2., neubearbeitete und wesentlich ergänzte Auflage. *Band 6: O – Ra* (J.B. Metzler: Stuttgart 2016). Darunter mit über 100 Zeilen Umfang: Paracelsus (86–89) – Paradoxien, zenonische (99–101) – Parapsychologie (112–114) – Pareto (114–118) – Peano (134–136) – Phänomenologie (176–180) – Psephoi (486–488).

2016.2 Methode und Methoden. Zur frühen Programmatik der späteren Erlanger Schule. In: Jürgen Mittelstraß (ed.), *Paul Lorenzen und die konstruktive Philosophie* (mentis: Münster 2016), 27–37.

2016.3 Oskar Becker und die Pyramiden. In: Ralf Krömer / Gregor Nickel (eds.), *SieB. Siegener Beiträge zur Geschichte und Philosophie der Mathematik*, 7 (2016), 145–157.

2017.1 Zwischen Kreativität und Kalkül: Leibniz aus der Sicht des 21. Jahrhunderts. *Aufklärung und Kritik* 24 (2017, Heft 4), 29–41.

2017.2 Mathematiker in der Science Fiction. Годишњак Филозофског факултета у Новом Саду [Godišnjak Filozofskog fakulteta u Novom Sadu] / *Annual Review of the Faculty of Philosophy, Novi Sad* 42.2 (2017), 23–32.

2018.1 Die Zermelo-Russellsche Antinomie, „Frege's Way Out" und die Folgen. In: Karsten Engel (ed.), *Von Schildkröten und Lügnern. Paradoxien und Antinomien in den Wissenschaften* (mentis: Münster 2018), 149–157.

2018.2 (mit Matthias Wille: „[Matthias Wille] in Zusammenarbeit mit Christian Thiel"): Bibliographie zur *Begriffsschrift* (1879–2016), in: M. Wille, *Gottlob Frege: Begriffsschrift, eine der arithmetischen nachgebildete Formelsprache des reinen Denkens* [Reihe „Klassische Texte der Wissenschaft"], (Springer: Berlin/Heidelberg 2018), 305–327.

2018.3 [33 Artikel, davon 1 als Ko-Autor, in:] Mittelstraß, Jürgen (ed.), *Enzyklopädie Philosophie und Wissenschaftstheorie*. 2., neubearbeitete und wesentlich ergänzte Auflage. *Band 7: Re – Te* (J.B. Metzler: Stuttgart 2018). Darunter mit über 100 Zeilen Umfang: Rosenkreuzer (175–177) – Russell, B. A. W. (187–190) – Schicht (247–248) – Schiller, F. C. S. (249–250) – scientia generalis (304–305) – Sinn (386–389) – Skolem, T.A. (405–407) – Sohar (412–413) – Stein der Weisen (519–520) – Steiner, Rudolf (520–523).

2018.4 [33 Artikel, davon 2 als Ko-Autor, in:] Mittelstraß, Jürgen (ed.), *Enzyklopädie Philosophie und Wissenschaftstheorie*. 2., neubearbeitete und wesentlich ergänzte Auflage. *Band 8: Th – Z* (J.B. Metzler: Stuttgart 2018). Darunter mit über 100 Zeilen Umfang: Theorie (20–29) – Theosophie (49–51) – Twardowski, K. (134–137) – Typentheorien (140–142) – Variable (257–269) – Vieta, F. (331–333) – Wahrnehmung, außersinnliche (395–397) – Wallis, J. (413–415) – Wang, Hao (415–417) – Warschauer Schule [mit Volker Peckhaus] (423–424) – Zahlbegriff (629–633) – Zermelo, E. (664–666) – Zermelo-Fraenkelsches Axiomensystem [mit Volker Peckhaus] (666–667) – Zermelo-Russelsche Antinomie (667–669) – Zick-Zack-Theorie (669–670).

2019.1 Heinrich Behmanns Beitrag zur Grundlagendebatte. In: *SieB. Sie-*

gener Beiträge zur Geschichte und Philosophie der Mathematik 11 (2019), 191 – 202.

2020.1 Ein paar Gedanken zu einer künftigen Fregeforschung. In: Matthias Wille (ed.), *Fregesche Variationen. Essays zu Ehren von Christian Thiel* (mentis: Paderborn 2020), 233–244.

2020.2 Berichtigungen zu G. Frege, *Die Grundlagen der Arithmetik*, ed. C. Thiel, Hamburg 1986. In: Matthias Wille (ed.), *Fregesche Variationen. Essays zu Ehren von Christian Thiel* (mentis: Paderborn 2020), 270–273.

2020.3 Oskar Becker und die Pyramiden. In: Jochen Sattler (ed.), *Oskar Becker im phänomenologischen Kontext* (Wilhelm Fink: Paderborn 2020), 161–171. [Geringfügig erweiterte Fassung von 2016.3].

2020.4 Wenn Sätze Eigennamen wären. In: Andrej Krause / Danaë Simmermacher (eds.), *Denken und Handeln. Perspektiven der praktischen Philosophie und der Sprachphilosophie. Festschrift für Matthias Kaufmann zum 65. Geburtstag* (Duncker & Humblot: Berlin 2020), 373–380.

2021.1 *Gottlob Freges späte Wirkung. Vortrag anlässlich der Frege-Ehrung 1998*. Heft 01/2021 der Wismarer Frege-Reihe. Hochschule Wismar, Gottlob Frege Centre: Wismar 2021.

Rezensionen

R 1963 Runes, Dagobert / Schnieper, Xaver: Illustrierte Geschichte der Philosophie (Nagel: Genf u. a. 1962). *Der Büchermarkt* Jg. 1963, Heft 2 (Juni 1963), 302–303.

R 1964 Gross, Martin L.: Die Seelentester (Econ: Düsseldorf / Wien 1963). *Die Neue Bücherei* Jg. 1964, Heft 3, 359–360.

R 1965.1 Walker, Kenneth: Die andere Wirklichkeit. Parapsychologische Phänomene im Wandel der Zeit (Rascher: Zürich / Stuttgart 1964). *Die Neue Bücherei* Jg. 1965, Heft 2, 212.

R 1965.2 Chapin, Henry: Geheimnisvoller Delphin. Eine Studie (Parey: Hamburg / Berlin 1965). *Die Neue Bücherei* Jg. 1965, Heft 6, 597–598.

R 1966.1 Good, Irving John: Phantasie in der Wissenschaft. Eine Anthologie unausgegorener Ideen (Econ: (Düsseldorf / Wien 1965). *Die Neue Bücherei* Jg.1966, Heft 1, 101.

R 1966.2 Kliemann, Horst: Anleitungen zum wissenschaftlichen Arbeiten.

Praktische Ratschläge und erprobte Hilfsmittel (Rombach: Freiburg i.B. [5]1965). *Die Neue Bücherei* Jg. 1966, Heft 4/5, 475–476.

R 1968 Zur Philosophie der Mathematik: Frege. [= Rezension von Ignacio Angelelli, Studies on Gottlob Frege and Traditional Philosophy, D. Reidel: Dordrecht 1967]. *Archimedes* 20 (1968), 131–132.

R 1969.1 Horn, Dieter: Rechtssprache und Kommunikation. Grundlegung einer semantischen Kommunikationstheorie (Duncker & Humblot: Berlin 1966). *Philosophische Rundschau* 16 (1969), 119–130.

R 1969.2 de Mauro, Tullio: Ludwig Wittgenstein. His Place in the Development of Semantics (D. Reidel: Dordrecht 1967). *Archimedes* 21 (1969), 35.

R 1969.3 Goering, Herbert: Elementare Methoden zur Lösung von Differentialgleichungsproblemen (Akademie-Verlag: Berlin [Ost]/Pergamon Press: Oxford / Friedr.Vieweg & Sohn: Braunschweig 1967), *Archimedes* 21 (1969), 35.

R 1969.4 Schorr, Karl Eberhard: Gottlob Freges Totalitätsanspruch der Logik (Studium Generale 18, 1965, 542–548). *The Journal of Symbolic Logic* 34 (1969), 141–142.

R 1970 Angelelli, Ignacio: Studies on Gottlob Frege and Traditional Philosophy (D. Reidel: Dordrecht 1967). *L'Age de la Science* 3 (1970), 347–350 [Erweiterte englische Fassung von R 1968].

R 1972 Fuchs, Walter R.: Denkspiele vom Reißbrett. Eine Einführung in die moderne Philosophie (Knaur: München / Zürich 1972), *Archimedes* 24 (1972), 164–165 (Heft III–IV).

R 1978 Popper, Karl: Unended Quest. An Intellectual Autobiography (Fontana/ Collins: London [Glasgow ?] 1976). *Annals of Science* 35 (1978), 231–232.

R 1979 Morscher, Edgar: Das logische An-sich bei Bernard Bolzano (Anton Pustet: Salzburg / München 1973). *Archiv für Geschichte der Philosophie* 61 (1979), 225–229.

R 1981.1 Lakatos, Imre: Beweise und Widerlegungen. Die Logik mathematischer Entdeckungen. Ed. John Worrall / Elie Zahar (Friedr. Vieweg & Sohn: Braunschweig / Wiesbaden 1979). *Philosophischer Literaturanzeiger* 34 (1981), 225–228 (Heft 3).

R 1981.2 Schmit, Roger: Husserls Philosophie der Mathematik. Platonistische und konstruktivistische Momente in Husserls Mathematikbegriff (Bouvier Verlag Hermann Grundmann: Bonn 1981). *Philosophischer Literaturanzeiger* 34 (1981), 313–316 (Heft 4).

R 1982.1 Börger, Egon / Barnocchi, Donatella / Kaulbach, Friedrich (eds.): Zur Philosophie der mathematischen Erkenntnis (Königshausen & Neumann: Würzburg 1981). *Philosophischer Literaturanzeiger* 35 Heft 2 (April – Juni 1982), 109–111.

R 1982.2 Schilpp, Paul Arthur (ed.): Albert Einstein als Philosoph und Naturforscher (Friedr.Vieweg & Sohn: Braunschweig / Wiesbaden 1979). *Philosophischer Literaturanzeiger* 35 Heft 3 (Juli – September 1982), 238–242.

R 1982.3 Frank, Philipp: Einstein. Sein Leben und seine Zeit (Friedr. Vieweg & Sohn: Braunschweig / Wiesbaden 1979). *Philosophischer Literaturanzeiger* 35 Heft 3 (Juli – September 1982), 261–262.

R 1982.4 Szabó, Arpád: The Beginnings of Greek Mathematics (D. Reidel: Dordrecht / Boston 1978). *Philosophischer Literaturanzeiger* 35 Heft 3 (Juli – September 1982), 271–273.

R 1982.5 Kennedy, Hubert C.: Peano. Life and Works of Giuseppe Peano (D. Reidel: Dordrecht / Boston / London 1980). *Jahresbericht der Deutschen Mathematiker-Vereinigung* 84 Heft 2 (1982), 2. Abt. 10–12.

R 1983.1 Bell, David: Frege's Theory of Judgement (Clarendon Press: Oxford 1979). *Archiv für Geschichte der Philosophie* 65 Heft 1 (1983), 105–109.

R 1983.2 Hahn, Hans: Empiricism, Logic and Mathematics. Philosophical Papers, ed. Brian McGuinness (D. Reidel: Dordrecht / Boston / London 1980). *Philosophischer Literaturanzeiger* 36 Heft 4 (Oktober – Dezember 1983), 369–372.

R 1984 Schüler, Wolfgang: Grundlagen der Mathematik in transzendentaler Kritik. Frege und Hilbert (Felix Meiner: Hamburg 1983). *Philosophischer Literaturanzeiger* 37 Heft 4 (Oktober – Dezember 1984), 315–318.

R 1985 Grim, Patrick (ed.): Philosophy of Science and the Occult (State University of New York Press: Albany 1982). *Philosophischer Literaturanzeiger* 38 Heft 4 (1985), 353–355.

R 1986 Davis, Philip J. / Hersh, Reuben: The Mathematical Experience (Birkhäuser: Boston / Basel / Stuttgart 1981). *Philosophischer Literaturanzeiger* 39 Heft 4 (1986), 277–279.

R 1991 Götz von Olenhusen, Albrecht (Hrsg., in Verbindung mit Nicolas Barker, Herbert Franke und Helmut Möller): Wege und Abwege. Beiträge zur europäischen Geistesgeschichte der Neuzeit. Festschrift für Ellic Howe zum 20. September 1990 (HochschulVerlag: Freiburg i.B. 1990). *Zeitschrift für Parapsychologie und Grenzgebiete der Psychologie* 33, Nr. 3/4 (1991), S. 275–277.

R 2004 Inhetveen, Rüdiger: *Logik. Eine dialog-orientierte Einführung* (Eagle Edition am Gutenbergplatz: Leipzig 2003). *Philosophischer Literaturanzeiger* 57 (2004; Heft 1, Januar – März), 13–16.

Kurzreferate für Studium Generale

Vol. 21 (1968) Fasc. 3:

1. S. 285, Nr. 19 – Richard G. Henson: Ordinary Language, Common Sense, and the Time-Lag Argument. Mind 76 (1967), 21–33.
2. S. 289, Nr. 28 – Edo Pivcević: Husserl versus Frege. Mind 76 (1967), 155–165.
3. S. 289 f., Nr. 29 – L.R. Reinhard: Propositions and Speech Acts. Mind 76 (1967), 166–183.
4. S. 294, Nr. 41 – Storrs McCall: Connexive Implication and the Syllogism. Mind 76 (1967), 346–356.

Vol. 21 (1968), Fasc. 7:

5. S. 655 f., Nr. 137 – Thomas J. Richards: Self-Referential Paradoxes. Mind 76 (1967), 387–403.

Vol. 22 (1969), Fasc. 2:

6. S. 204 f., Nr. 249.1-249.7 – (u. a. Yehoshua Bar-Hillel: Is „Everything has just doubled in size“ falsifiable? Mind 77 (1968), 576–596).

Vol. 22 (1969), Fasc. 9:

7. S. 961 f., Nr. 378 – D.F. Gustafson: Momentary Intentions. Mind 77 (1968), 1–13.
8. S. 962 f., Nr. 380 – R.H. Stoothoff: Elimination Theses. Mind 77 (1968), 36–47.
9. S. 963 f., Nr. 381 – R.L. Caldwell: Pretence. Mind 77 (1968), 48–57.
10. S. 964, Nr. 382 – J. E. R. Squires: Visualising. Mind 77 (1968), 58–67.

Vol. 22 (1969), Fasc. 10:

11. S. 1059, Nr. 383 – A. Cody: On the Creation of a Speaker. Mind 77 (1968), 68–76.
12. S. 1059 f., Nr. 384 – H. Lacey / G. Joseph: What the Gödel Formula Says. Mind 77 (1968), 77–83.

Vol. 22 (1969), Fasc. 11:

13. S. 1179 f., Nr. 387.1-10 – (Discussions: T. Stroup, M. Hammerton, P.T. Geach, R.B. Edwards, N. Cooper, R. Hoffmann, D.H. Mellor, J. DeBoer, R. Sharpe, R. Cole) Mind 77 (1968), 104–135.

Vol. 23 (1970), Fasc. 11:

14. S. 1169, Nr. 684 – George Brutian: On the Conception of Polylogic. Mind 77 (1968), 351–359.
15. S. 1172, Nr. 692 – J. Duerlinger: Aristotle's Conception of Syllogism. Mind 77 (1968), 480–499.
16. S. 1172, Nr. 693 – C. Kirwan: On the Connotation and Sense of Proper Names. Mind 77 (1968), 500–511.
17. S. 1176, Nr. 705 – W. Yourgrau: Gödel and Physical Theory. Mind 78 (1969), 77–90.

Übersetzung

Ü 1982 Poincaré über die Logik des Unendlichen. In: Thiel 1982 ed., 146–156. Deutsche Übersetzung der §§ 1, 2, 6 und 7 aus Henri Poincaré, Dernières Pensées (Ernest Flammarion: Paris 1913), dort S. 101–112 bzw. 132–139.

Namenverzeichnis

Erwähnungen von Gottlob Frege werden nicht nachgewiesen.